中国社会科学院

“登峰战略”优势学科“气候变化经济学”

成果

气候变化经济学系列教材

总主编　潘家华

碳市场经济学

Carbon Market Economics

主编 ■ 齐绍洲　禹　湘

中国社会科学出版社

图书在版编目（CIP）数据

碳市场经济学／齐绍洲，禹湘主编．—北京：中国社会科学出版社，2021.10（2023.1 重印）

ISBN 978－7－5203－8197－0

Ⅰ.①碳…　Ⅱ.①齐…②禹…　Ⅲ.①二氧化碳—排污交易—市场经济学　Ⅳ.①X511

中国版本图书馆 CIP 数据核字（2021）第 058696 号

出 版 人　赵剑英
项目统筹　王　茵
责任编辑　马　明　施英巍
责任校对　张依婧
责任印制　王　超

出　　版　中国社会科学出版社
社　　址　北京鼓楼西大街甲 158 号
邮　　编　100720
网　　址　http://www.csspw.cn
发 行 部　010－84083685
门 市 部　010－84029450
经　　销　新华书店及其他书店

印刷装订　北京君升印刷有限公司
版　　次　2021 年 10 月第 1 版
印　　次　2023 年 1 月第 2 次印刷

开　　本　710×1000　1/16
印　　张　17.25
字　　数　305 千字
定　　价　99.00 元

气候变化经济学系列教材
编 委 会

碳市场经济学
编 委 会

总　　序

气候变化一般被认为是一种自然现象，一个科学问题。以各种自然气象灾害为表征的气候异常影响人类正常社会经济活动自古有之，虽然具有“黑天鹅”属性，但灾害防范与应对似乎也司空见惯，见怪不怪。但20世纪80年代国际社会关于人类社会经济活动排放二氧化碳引致全球长期增温态势的气候变化新认知，显然超出了“自然”范畴。这一意义上的气候变化，经过国际学术界近半个世纪的观测研究辨析，有别于自然异变，主要归咎于人类活动，尤其是工业革命以来的化石能源燃烧排放的二氧化碳和持续大规模土地利用变化致使自然界的碳减汇增源，大气中二氧化碳浓度大幅快速攀升、全球地表增温、冰川融化、海平面升高、极端天气事件频次增加强度增大、生物多样性锐减，气候安全问题严重威胁人类未来生存与发展。

“解铃还须系铃人”。既然因之于人类活动，防范、中止，抑或逆转气候变化，就需要人类改变行为，采取行动。而人类活动的指向性十分明确：趋利避害。不论是企业资产负债表编制，还是国民经济财富核算，目标函数都是当期收益的最大化，例如企业利润增加多少，经济增长率有多高。减少温室气体排放最直接有效的就是减少化石能源消费，在给定的技术及经济条件下，会负向影响工业生产和居民生活品质，企业减少盈利，经济增长降速，以货币收入计算的国民福祉不增反降。而减排的收益是未来气候风险的减少和弱化。也就是说，减排成本是当期的、确定的、具有明确行动主体的；减排的收益是未来的、不确定的、全球或全人类的。这样，工业革命后发端于功利主义伦理原则而发展、演进的常规或西方经济学理论体系，对于气候变化“病症”，头痛医头，脚痛医脚，开出一个处方，触发更多毛病。正是在这样一种情况下，欧美一些主流经济学家试图将“当期的、确定的、具有明确主体的”成本和“未来的、不确定的、全球的”收益综合一体分析，从而一门新兴的学科，即气候变化经济学也就萌生了。

由此可见，气候变化经济学所要解决的温室气体减排成本与收益在主体与时间上的错位问题是一个悖论，在工业文明功利主义的价值观下，求解显然是困难的。从1990年联合国气候变化谈判以来，只是部分的、有限的进展；正解在现行经济学学科体系下，可能不存在。不仅如此，温室气体排放与发展权益关联。工业革命以来的统计数据表明，收入水平高者，二氧化碳排放量也大。发达国家与发展中国家之间、发展中国家或发达国家内部富人与穷人之间，当前谁该减、减多少，成为了一个规范经济学的国际和人际公平问题。更有甚者，气候已经而且正在变化，那些历史排放多、当前排放高的发达国家由于资金充裕、技术能力强，可以有效应对气候变化的不利影响，而那些历史排放少、当前排放低的发展中国家，资金短缺、技术落后，受气候变化不利影响的损失多、损害大。这又成为一个伦理层面的气候公正问题。不论是减排，还是减少损失损害，均需要资金与技术。钱从哪儿来？如果筹到钱，又该如何用？由于比较优势的存在，国际贸易是双赢选择，但是如果产品和服务中所含的碳纳入成本核算，不仅比较优势发生改变，而且也出现隐含于产品的碳排放，呈现生产与消费的空间错位。经济学理论表明市场是最有效的。如果有限的碳排放配额能够通过市场配置，碳效率是最高的。应对气候变化的行动，涉及社会的方方面面，需要全方位的行动。如果一个社区、一座城市能够实现低碳或近零碳，其集合体国家，也就可能走向近零碳。然而，温室气体不仅仅是二氧化碳，不仅仅是化石能源燃烧。碳市场建立、零碳社会建设，碳的核算方法必须科学准确。气候安全是人类的共同挑战，在没有世界政府的情况下，全球气候治理就是一个艰巨的国际政治经济学问题，需要国际社会采取共同行动。

作为新兴交叉学科，气候变化经济学已然成为一个庞大的学科体系。欧美高校不仅在研究生而且在本科生教学中纳入了气候变化经济学的内容，但在教材建设上尚没有加以系统构建。2017年，中国社会科学院将气候变化经济学作为学科建设登峰计划·哲学社会科学的优势学科，依托生态文明研究所

（原城市发展与环境研究所）气候变化经济学研究团队开展建设。2018 年，中国社会科学院大学经批准自主设立气候变化经济学专业，开展气候变化经济学教学。国内一些高校也开设了气候变化经济学相关课程内容的教学。学科建设需要学术创新，学术创新可构建话语体系，而话语体系需要教材体系作为载体，并加以固化和传授。为展现学科体系、学术体系和话语体系建设的成果，中国社会科学院气候变化经济学优势学科建设团队协同国内近 50 所高校和科研机构，启动《气候变化经济学系列教材》的编撰工作，开展气候变化经济学教材体系建设。此项工作，还得到了中国社会科学出版社的大力支持。经过多年的努力，最终形成了《气候变化经济学导论》《适应气候变化经济学》《减缓气候变化经济学》《全球气候治理》《碳核算方法学》《气候金融》《贸易与气候变化》《碳市场经济学》《低碳城市的理论、方法与实践》9 本 252 万字的成果，供气候变化经济学教学、研究和培训选用。

令人欣喜的是，2020 年 9 月 22 日，国家主席习近平在第七十五届联合国大会一般性辩论上的讲话中庄重宣示，中国二氧化碳排放力争于 2030 年前达到峰值，努力争取 2060 年前实现碳中和。随后又表示中国将坚定不移地履行承诺。在饱受新冠肺炎疫情困扰的 2020 年岁末的 12 月 12 日，习近平主席在联合国气候雄心峰会上的讲话中宣布中国进一步提振雄心，在 2030 年，单位 GDP 二氧化碳排放量比 2005 年水平下降 65% 以上，非化石能源占一次能源消费的比例达到 25% 左右，风电、太阳能发电总装机容量达到 12 亿千瓦以上，森林蓄积量比 2005 年增加 60 亿立方米。2021 年 9 月 21 日，习近平主席在第七十六届联合国大会一般性辩论上，再次强调积极应对气候变化，构建人与自然生命共同体。中国的担当和奉献放大和激发了国际社会的积极反响。目前，一些发达国家明确表示在 2050 年前后实现净零排放，发展中国家也纷纷提出净零排放的目标；美国也在正式退出《巴黎协定》后于 2021 年 2 月 19 日重新加入。保障气候安全，构建人类命运共同体，气候变化经济学研究步入新的境界。这些内容尽管尚未纳入第一版系列教材，但在后续的修订和再版中，必将得到充分的体现。

人类活动引致的气候变化，是工业文明的产物，随工业化进程而加剧；基于工业文明发展范式的经济学原理，可以在局部或单个问题上提供解决方案，但在根本上是不可能彻底解决气候变化问题的。这就需要在生态文明的发展范式下，开拓创新，寻求人与自然和谐的新气候变化经济学。从这一意义上讲，目前的系列教材只是一种尝试，采用的素材也多源自联合国政府间气候变化专门委员会的科学评估和国内外现有文献。教材的学术性、规范性和系统性等方面还有待进一步改进和完善。本系列教材的编撰团队，恳望学生、教师、科研人员和决策实践人员，指正错误，提出改进建议。

潘家华

2021 年 10 月

前　　言

2020年，一场突如其来的新型冠状病毒肺炎疫情袭击全球，对人类生命健康安全造成重大危害，并对全球经济产生巨大冲击。与此同时，全球多种极端气候事件也不断发生：澳大利亚山火、东非蝗灾、加拿大雪灾、新西兰水灾、中国南方多地持续暴雨和水灾……，这一切正严重影响着人们的生产、生活和生命健康安全，都直接和间接地与人类活动引起的气候变化有关。自工业革命以来，人类无限制地使用化石能源向大气中排放以二氧化碳为主的温室气体，导致气候变暖、南北极和冰川融化、海平面上升、水资源分布失衡、极端天气事件频发、粮荒饥荒潜在风险日益加大、森林和土地退化、生物多样性遭到破坏、各种公共卫生健康事件和新的病毒以及灾后疫情不断。应对气候变化，与自然和谐相处，走绿色低碳可持续发展道路，实现碳中和，生态文明建设，刻不容缓！

碳排放权交易制度（简称碳市场）是一种市场化的节能减排、应对气候变化的政策工具，是《巴黎协议》推荐的重要的气候政策，《巴黎协议》一半以上的成员国都正在实施或计划实施碳市场政策。截至2019年底，全球已有29个司法管辖区的21个碳市场，占全球GDP的42%，较2005年翻了一番。从管控行业看，电力、工业、航空、交通、建筑、废弃物、林业等不同行业或部门都有所涉及。全球主要碳市场的碳价格经历长期大幅波动后逐步建立了价格稳定机制，目前，欧盟、美国加州碳市场的碳价格分别在25．3欧元/吨和16．7美元/吨左右，整体呈上升趋势。中国于2011年11月宣布湖北省、广东省、北京市、上海市、天津市、重庆市和深圳市等7个省市作为碳市场试点，为建立全国碳市场提供经验借鉴。经过九年左右的试点建设与实践，中国于2017年12月19日宣布启动全国碳市场，试点碳市场逐步向全国碳市场转换，试点碳市场和全国碳市场平行运行的二元碳市场体系将存在一段时期，最终走向全国统一的碳市场。碳市场是一项系统性制度或政策，涉及到法律保障体系、关键政策要素体系、MRV数据支撑体系，注册登记体系、交易体系、监管体系这六大基础体系，其中，关键政策要素体系包括总量设置、覆盖范围、配额分配及管理、履约、抵消机制、价格稳定机制、竞争力和碳泄露解决机制以及效果评估等。目前出版的一些与碳市场有关的专著或教材，包括本人主编和翻译的四本碳市场方面的专著，都侧重于这些政策本身的设计原理及其背后的政策考量，还没有从纯粹经济学的角度，来分析其经济学原理和经济学意义。

作为气候变化经济学系列教材之一，本书努力用经济学的方法、概念、分析工具和话语体系来阐述碳市场的基本经济学原理，主要涵盖以下八章的内容：

第一章是绪论。主要对全球碳市场发展的背景、现状与趋势、基础性制度和关键政策要素进行概述，让学生从总体上了解碳市场发展的来龙去脉、总体制度框架以及关键的政策要素的基本概念和关系，为后续各章节的深入学习提供背景知识。第二章是碳市场的经济学理论基础。主要对碳市场的理论源起，包括稀缺性理论、外部性理论、科斯定理、庇古理论以及排放权交易理论从碳市场视角进行解读和剖析；然后对基于总量的配额交易、基于减排信用的交易以及自愿减排交易三种类型的碳市场的经济学原理进一步阐释；最后围绕碳价格形成机制，从供求均衡模型、边际成本模型和期权定价模型三个维度进行分析。第三章是碳市场的需求与供给。主要对碳市场的需求和供给的概念、内涵、特点、影响因素以及需求和供给规律及其曲线进行阐释，分析碳市场均衡价格及其变动规律，考察碳配额价格弹性，从而揭示碳市场供求与一般商品供求的异同。第四、五章是碳市场的覆盖范围、碳配额总量及其分配、履约与抵消机制。为了对碳市场政策设计中的上述五大关键政策要素进行深入详细的经济学分析，我们用两章的篇幅对这五大关键政策要素的基本概念和内涵进行详细界定，然后着重对碳市场这五大关键政策要素的政策设计进行成本－收益、公平－效率的经济学分析。第六章主要对碳价格的波动和稳定机制展开经济学分析。合理的碳价格是保证碳市场以成本有效的方式实现节能减排目标的关键所在，这一章系统梳理了碳价格波动和稳定机制的理论争论，在经济理论层面深入剖析了“量价之争”问题、碳价格上下限和碳配额动态调整的理论问题，并围绕固定价格或价格上下限、价格触发机制、稳定储备机制和碳配额分类管理机制四类稳定价格机制的实践进行了详细的经济学分析。第七章围绕碳市场引起的国际竞争力和碳泄漏这两个国际影响问题展开经济学分析。这一章深入剖析竞争力问题的理论依据、挑战和影响因素，详细考察碳泄露的渠道和理论模型，最后结合对这两个问题的经验研究结果，讨论应对措施的经济可行性。第八章综合了宏观经济学、环境经济学和福利经济学的概念、方法与模型，深入系统地对碳市场政策效应的事前预测和事后评估进行阐释，系统性地回答了以下问题：作为创新性的市场化气候政策，碳市场的节能减排效果、经济影响和福利影响到底如何？怎样界定碳市场的节能减排效果、环境效应、经济效应和福利效应的概念和内涵？如何量化这些指标？有哪些经济学方法和模型可供使用，各自的原理、适用性和缺陷是什么？

作为经济学教材，本书适合经济类本科高年级或者硕士研究生低年级使用。本书尽可能用经济学的思维、站在经济学的视角，基于经济学的概念、方法和语言，来分析碳市场最具有经济学意义的理论、概念、关键政策要素、问题、争论和措施以及评估，努力培养学生对碳市场的经济学理解和把握。作为教材，本书尽可能做到深入浅出、内容丰富、形式多样。因此每一章都配有专栏、有计算的地方尽可能安排例题，章后附有思考题和延伸阅读，以帮助学生深化或拓展对相关内容的理解。

本书由来自高校和研究机构的作者共同编写完成。主编为武汉大学经济与管理学院的齐绍洲教授和中国社会科学院生态文明研究所的禹湘副研究员。第一章由碳排放权交易湖北省协同创新中心和湖北经济学院低碳经济学院的程思执笔；第二章由中国社会科学院生态文明研究所的禹湘执笔；第三章由碳排放权交易湖北省协同创新中心和湖北经济学院低碳经济学院的的孙永平、刘习平共同完成；第四章由中国科学院广州能源研究所的王文军执笔；第五章由中国科学院广州能源研究所的骆志刚、漆小玲和王文军共同完成；第六章由武汉大学的谭秀杰和华中科技大学的王班班共同完成；第七章由武汉大学的谭秀杰完成；第八章由复旦大学的吴力波和钱浩祺共同完成。感谢中国科学院广州能源研究所的赵黛青研究员作为审读专家提供的宝贵意见。另外，武汉大学的汤思妍、王鹤樟、陈豪、黄小燕、杨芷萱、段博慧和郑晓威，复旦大学的周颖、任飞州、马戎，上海社会科学院的孙可哿，中国科学院广州能源研究所的谢鹏程、骆跃军，北京农学院的赵栩婕等老师和同学，在资料查找、技术支持、翻译和格式编辑等方面做出了贡献。

碳市场作为一项制度创新和社会实践，理论和实践还在不断发展演变当中，作为第一本“碳市场经济学”教材，还有很多不尽如人意甚至错漏之处。我们希望抛砖引玉，期待有更多更好的教材问世，共同培养应对气候变化的高层次专业人才。

目　　录

第一章
绪　　论

近百年来，特别是20世纪70年代以来，地球经历了明显的变暖，逐渐引起国际社会的密切关注。人类活动是当前全球变暖的主要原因，21世纪内要把全球平均气温上升幅度控制在工业化前水平1.5℃—2℃以内，需要全球各国进行快速而深远的转型。碳排放权交易市场（以下简称“碳市场”）作为一种应对气候变化的市场化政策工具和制度安排，在全球范围内方兴未艾。

本章首先介绍全球碳市场的发展背景，然后分析全球碳市场的发展现状与主要趋势，最后阐述碳市场基本制度框架和关键政策要素。

第一节　全球碳市场的发展背景

一　全球应对气候变化的紧迫性

与20世纪90年代初的气候变化研究相比，经过近30年的研究，人们越来越多地认识到了气候变化发生的确定性。政府间气候变化专门委员会（Intergovernmental Panel on Climate Change，IPCC）发布的第五次评估报告对至今观测到的气候系统变化及成因进行了全面评估，指出气候变化的事实毋庸置疑，自20世纪50年代以来许多观测到的变化在几十年乃至上千年时间里都是前所未有的。根本原因在于人类活动，特别是工业革命以来对化石能源的大规模使用，无限制地向大气中排放温室气体而产生了温室效应。在联合国全球气候大会所形成的《京都议定书》中规定了需要削减的六种主要温室气体，分别是二氧化碳（CO_2）、甲烷（CH_4）、一氧化二氮（N_2O）、氢氟碳化物（HFCs）、全氟碳化物（PFCs）和六氟化硫（SF_6），其中二氧化碳占了这六种温室气体排放的70%以上。

目前，IPCC评估报告已经确认，人类活动是当前全球变暖的主要原因（95%的置信度）。图1-1是IPCC第五次评估报告中关于全球陆地和海洋表面温升（图a）、海平面上升（图b）、大气中主要温室气体浓度（图c）以及来自化石燃料燃烧、工业过程和土地使用所排放的二氧化碳量（图d）。人类对气候系统的影响是明显的，而且这种影响在不断增强。从工业化前的时代起，人为温室气体排放已经使大气中的二氧化碳（CO_2）、甲烷（CH_4）和一氧化二氮（N_2O）浓度出现了大幅增加，当前已达到至少是过去80万年以来前所未有的水平①。极有可能的是，1951—2010年全球平均表面温度升高的一半以上是由温室气体浓度的人为增加和其他的人为强迫共同导致的。

IPCC于2018年10月8日发布的《全球升温1.5℃特别报告》② 指出，自从工业化以来，人类活动已经引起了全球大约1℃的升温。如果按照目前的速率升温，到2030—2052年，全球升温幅度很可能达到1.5℃③。

从全球来看，经济发展和人口增长仍然是导致化石燃料消费增长及由此带来的二氧化碳排放增加的重要因素中的两个原因。在整个气候系统中都已经探测到了这类影响以及其他人为驱动因素的影响，而且这些影响极有可能是自20世纪中叶以来观测到变暖的主要原因。2000—2010年，人口增长对碳排放增加的贡献率仍然保持与之前30年大致相同的水平，但经济发展的贡献率急剧上升。

2018年IPCC发布《全球升温1.5℃特别报告》，针对普遍认为不可行的1.5℃升温和排放途径进行了评估，并与2℃温升影响的差别进行了对比分析，指出将全球温升限制在1.5℃而不是2℃或更高的温度，可避免一系列气候变化的严重不利影响。例如，到2100年，将全球变暖限制在1.5℃而非2℃，全球海平面上升将减少10厘米。与全球升温2℃导致夏季北冰洋没有海冰的可能性为至少每十年一次相比，全球升温1.5℃则为每世纪一次。如果全球升

① IPCC，"Climate Change 2014：Synthesis Report"，Geneva，Switzerland，2014.

② 全称为《IPCC在加强全球应对气候变化威胁、实现可持续发展和努力消除贫困的背景下，关于全球升温高于工业化前水平1.5℃的影响和相关全球温室气体排放路径的全球升温1.5℃特别报告》。

③ IPCC，*Special report on global warming of 1.5℃*，UK：Cambridge University Press，2018.

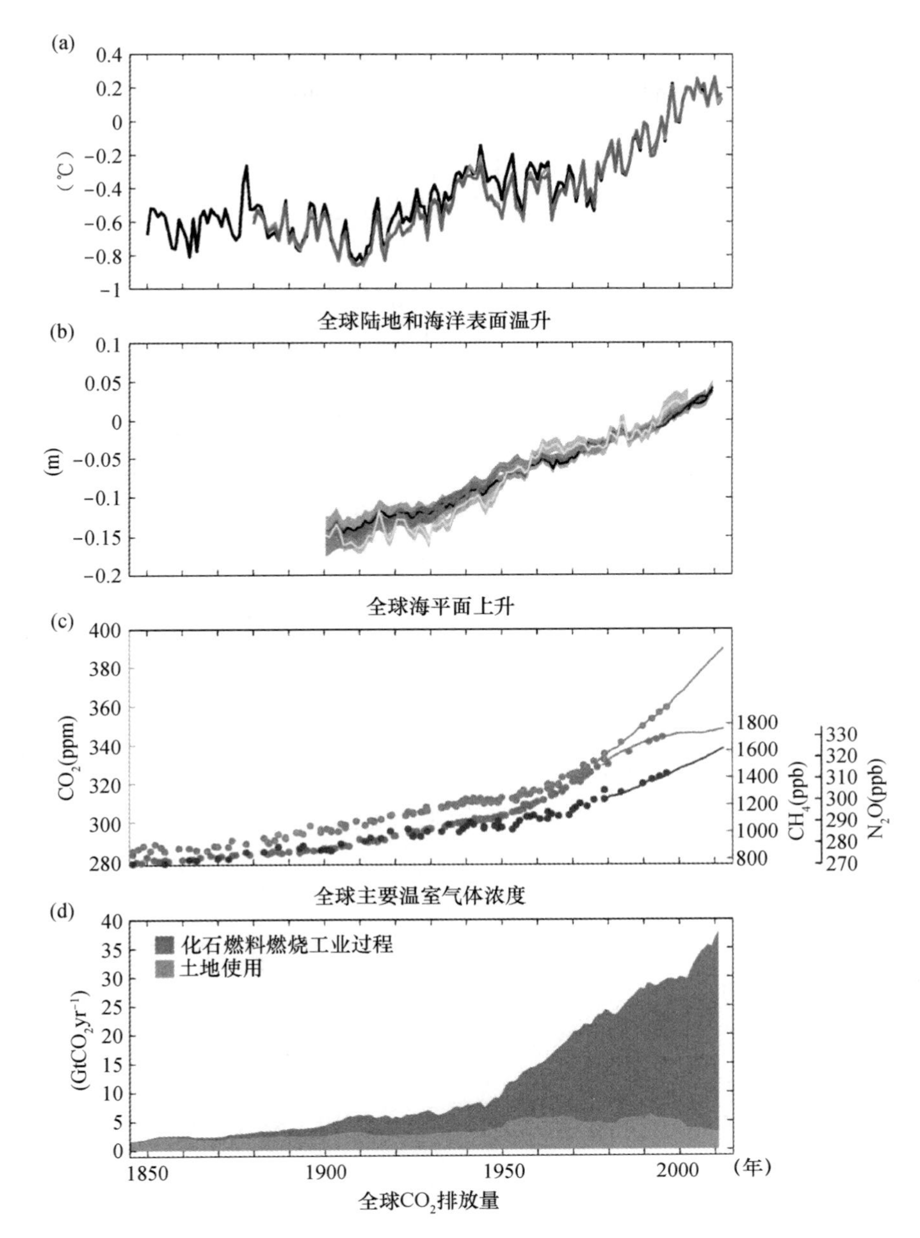

图1-1　全球陆地和海洋表面温升、海平面上升、GHG 浓度及 CO_2排放

资料来源：IPCC 第五次评估报告。

温 1.5℃，珊瑚礁将减少 70%—90%，而升温 2℃珊瑚礁将消失殆尽。[①]

将全球温升限制在 1.5℃，需要社会各方面进行快速而深远的转型。将全球温升限制在 1.5℃，意味着全球二氧化碳排放量需要比 2010 年的水平下降大约 45%，到 2050 年左右达到净零排放或碳中和。这样的转型途径，将要求人类社会进行前所未有的减排努力，带来的挑战也将是空前的。

二　碳市场在全球应对气候变化中的重要性

碳市场作为市场化的政策工具，近年来在全球应对气候变化中发挥着越来越重要的作用。碳市场是《京都议定书》下三种灵活机制中目前应用范围最广、最有发展前景的一种低成本减排市场工具。在 2005 年正式生效的《京都议定书》第 6 条、第 12 条和第 17 条中确定将联合履约（JI）、清洁发展机制（CDM）和排放交易体系（ETS）作为各国“联合减排”政策的具体实施机制。ETS 最初主要服务于发达国家之间的联合减排活动，帮助各国降低减排成本，随着发达国家减排活动的深入，ETS 逐渐演变成为国家和国家集团实现内部减排目标的市场工具，与 CDM 一道成为帮助发达国家实现《京都议定书》第一承诺期减排义务的主要手段。[②] 通过这三种机制，发达国家之间、发达国家与发展中国家之间将实现碳排放权配额[③]互换、资源互补，并催生国际碳市场的建立和发展。其中，ETS 机制催生了基于碳配额的交易市场，在该机制下，温室气体排放权在排放总量目标约束下具有了经济学意义上的“稀缺性”，并以商品的形式在交易体系内实现买卖、流通和转让，交易方可以购买另一方通过减排努力而节省下来的碳配额以完成自身的碳排放约束目标。而做出减排努力的交易方可以通过碳配额的市场转让获得收益。碳市场通过这种机制实现奖优汰劣的市场化激励与惩罚。

之后，全球不少国家和地区也开始引入碳市场，以控制本国或地区内的高

---

① 姜克隽：《IPCC 1.5℃特别报告发布，温室气体减排新时代的标志》，《气候变化研究进展》2018 年第 6 期。

② 王文军、赵黛青、傅崇辉：《国际经验对我国省级碳排放交易体系的适用性分析》，《中国科学院院刊》2012 年第 27 期。

③ 碳排放权配额（以下简称碳配额）是指控排主体（以下统称控排企业）在特定区域、特定时期内可以合法排放温室气体的许可，代表的是各控排企业在相应履约年度温室气体的排放权利，是碳市场交易的主要标的物，以吨为单位，精确到个位数。因为二氧化碳占温室气体的近 70%，所以大多数碳市场都是重点控制二氧化碳的排放。

排放企业的过量排放。政府通过给控排企业[①]发放碳配额来约束企业的年度排放量，如果企业实际排放量低于发放的碳配额，就可以在碳市场上卖出多余的碳配额获利；反之，如果企业实际排放量高于发放的碳配额，就必须在碳市场上购买碳配额以履行减排责任。碳市场通过激励企业节能减排，使全社会以成本有效的方法实现节能减排的目标。

（一）碳市场是实现经济增长和应对气候变化双赢的重要手段

长期以来，降低二氧化碳排放量以减缓全球气候变化的行动，常被认为会对经济增长产生负面的影响，降低社会总福利水平。比如，全球经济复苏的脆弱性常被用作推迟实施应对气候变化行动的理由。但是，全球经济和气候委员会的最新报告《新气候经济：更好的增长、更好的气候》（Better Growth，Better Climate：The New Climate Economy Report）否定了这一说法。该报告指出，应对气候变化的努力，不但不会阻碍经济增长，反而可以极大地促进高质量增长。

该报告的研究表明，各个收入水平的国家目前都有机会实现持续的经济增长，同时减少气候变化的巨大风险。全球经济领域内的结构和技术革新，以及提高经济效益的机会使得经济增长和减少气候变化风险可以双赢，坚强的政治领导、可信的连贯政策以及明确的碳价格信号是取得双赢的重要保障。

随着全球经济进入深度结构调整期，未来 15 年非常关键。有研究显示，未来 15 年，全球经济增长率将会超过 50%，十多亿人口将进入城市生活，快速的技术进步也将继续改变各行各业和生活方式。未来 15 年的投资也决定着全球气候系统的变化。未来 15 年，若不采取更强有力的行动，几乎可以肯定，全球平均变暖幅度将超过 2℃，这是国际社会公认的不应超过的升温幅度。如果按照目前趋势继续下去，到 21 世纪末，全球变暖幅度将超过 4℃，这将造成极端且无法逆转的后果。延迟削减碳排放会导致温室气体浓度增加和高碳资产存量的固化，最终导致向低碳经济转型的成本越发昂贵。

未来的经济增长不能复制过去高碳的模式，在城市、土地利用和能源领域进行结构转型、效率提升及技术革新投资的潜力巨大。《新气候经济：更好的增长、更好的气候》报告提出《十点全球行动方案》，其中包括引入强有力的、可预测的碳定价机制，作为财政改革和商业实践活动的一个重要举措，向

① 控排企业是指纳入碳市场管理范围的碳排放主体或碳排放源。

整个经济发出强烈信号。

（二）《巴黎协定》推动碳市场发展

全球碳减排的责任是共同但有区别的，发达国家有义务和能力实施碳减排，发展中国家不必承担强制性碳减排义务。根据《京都议定书》，《联合国气候变化框架公约》附件一国家（以发达国家为主）根据自身减排能力承诺到2012年必须实现的温室气体减排目标，附件一国家的减排目标各不相同。本质上，这是一种“自上而下”的碳排放治理模式。随着世界经济的发展，非附件一国家（发展中国家）排放的温室气体体量越来越不容忽视。在《京都议定书》第一承诺期到期之后，国际社会寻求新的温室气体控制方案，新规则应运而生。

2015年12月12日，《联合国气候变化框架公约》第21次缔约方会议在巴黎举行，近200个缔约方协商一致，通过了《巴黎协定》。《巴黎协定》是继1992年《联合国气候变化框架公约》和1997年《京都议定书》之后的第三个国际社会应对全球气候变化的重要协议，是国际社会碳减排历程上具有里程碑意义的重大事件。《巴黎协定》规定，缔约方将加强对气候变化威胁的全球应对，把全球平均气温较工业化前水平的升高幅度控制在2℃之内，同时为把升温幅度控制在1.5℃之内而努力。缔约方以“自主贡献”的方式应对全球气候变化，即国家根据自身情况确定应对气候变化行动目标。此方式是一种“自下而上”的治理模式，在这种模式下，所有《联合国气候变化框架公约》缔约方均要制定《国家自主减排贡献》（National Determined Contribution，NDC），并提交大会秘书处，每五年进行一次盘点。2016年1月11日，国际货币基金组织（IMF）发表题为《巴黎会议之后：气候变化的财政、宏观经济和金融含义》（After Paris：Fiscal，Macroeconomic，and Financial Implications of Climate Change）的报告，研究财政政策在协助各国实施《巴黎协定》中的作用，呼吁全球所有国家采取包括碳市场在内的碳定价措施以实现《巴黎协定》。

《巴黎协定》的通过，确定了缔约国新的温室气体减排责任，对国际碳市场产生了深刻的影响，对促进全球2020年之后碳市场的扩展，具有里程碑式的作用。截至2018年，已有88个相关方正在考虑采用碳定价作为实现减排承诺的工具，而51个国家和地区已经实施或计划实施基于碳定价的解决方案。[①]

专栏1－1　《新气候经济综合报告》中的《十点全球行动方案》

1. 通过将气候问题融入核心经济决策程序，加快向低碳经济转型。这需要各级政府和企业对政策和项目评估工具、业绩指标、风险模型以及报告标准进行系统变革。

2. 达成一个强有力的、持久的、公平的国际气候协议。增加各国国内政策改革所需的信心、提供发展中国家所需的支持，向投资者发出一个强烈的市场信号。

3. 逐步取消对化石燃料和农业收入的补贴，取消鼓励城市扩张的政策。促进资源的更有效利用，并腾出公共资金用于其他事项，包括让低收入者收益的项目。

4. 引入强有力的、可预测的碳价格机制，作为良好的财政改革和商业实践活动的一部分，向整个经济体系发出强烈信号。

5. 大幅降低低碳基础设施投资的资本成本，扩大制度性资本（Institutional capital）范围并降低其低碳资产成本。

6. 加大在低碳和气候应对方面的关键技术创新，将清洁能源研发领域的公共投资提高3倍并移除创业和创新壁垒。

7. 让互联、紧凑的城市成为城镇化发展的首选模式，鼓励更高效管理的城市增长模式以及优先投资高效、安全的公共交通系统。

8. 在2030年前停止对天然林的砍伐。加大对长期投资和森林保护的激励措施，将每年的国际资金增加至50亿美元左右，并逐步与绩效挂钩。

9. 在2030年前恢复至少五亿公顷已遗弃或退化的森林和农业用地，加强农村地区收入和粮食安全。

10. 加快远离污染型的燃煤发电方式，立即淘汰发达经济体新增的燃煤电厂，并在2025年前逐步淘汰中等收入国家新增燃煤电厂。

---

① World Bank and Ecofys, "State and Trends of Carbon Pricing 2018", Washington, D. C.: World Bank, 2018.

第二节 全球碳市场的发展现状与发展趋势

一 全球碳市场的发展现状

截至2019年，全球已建成21个碳市场，覆盖29个司法管辖区。另有5个司法管辖区，即墨西哥、乌克兰、加拿大新斯科舍省、美国弗吉尼亚州和中国台湾计划实施碳市场。除此之外，还有10个不同级别的政府正在考虑实施碳市场，作为其气候政策的重要组成部分，其中包括哥伦比亚、泰国和美国华盛顿州。

全球碳市场大致可以分为三种类型：欧盟碳市场（EU ETS）；国家级碳市场，如新西兰、瑞士、哈萨克斯坦、韩国、新加坡等；地区性碳市场，如美国区域温室气体倡议（RGGI）、美国加州碳市场、加拿大安大略省碳市场和中国碳排放权交易试点。

（一）欧盟碳市场

欧盟碳市场覆盖的国家数量为31个，包括欧盟28个成员国以及挪威、冰岛和列支敦士登。2003年10月，欧盟通过了《建立欧盟温室气体排放配额交易机制的指令》（Directive 2003/87/EC），建立起欧盟碳市场。自2005年正式启动以来，欧盟碳市场取得了瞩目的成绩，已经成为全球最具影响力的碳市场。

作为一项长期性政策工具，欧盟碳市场在实际操作过程中分阶段实施，目前已明确的阶段有三期：第一期（2005—2007年）为探索阶段，其目的在于积累经验，未与《京都议定书》减排承诺挂钩；第二期（2008—2012年）与《京都议定书》第一承诺期一致，即与1990年水平相比下降8%，各成员国需履行相应减排承诺，但在制度上基本与第一期保持一致；第三期（2013—2020年）是成熟发展阶段，欧盟在充分吸收前两期经验教训的基础上，对制度进行了全面改进和完善。2017年，欧盟议会通过了关于欧盟碳市场改革里程碑式的协议，包括一系列措施，强化欧盟碳市场，使其能够重新成为欧洲脱碳进程的主要驱动力，计划于2021年生效。

（二）国家级碳市场

国家级碳市场即在国家层面开展的碳市场。在国家级碳市场中，新西兰碳市场是历史最悠久的碳市场之一，而中国全国碳市场则为全球最大碳市场。

1. 新西兰碳市场

新西兰碳市场于2008年启动，最初基于《京都议定书》下的规定，并且独创性地将林业部门作为排放源和碳汇纳入体系。1997年年底，新西兰签署了《京都议定书》，承诺在京都第一承诺期（2008—2012年）将排放量保持在1990年的水平。随后，经过多年的立法及修正，逐步建立了新西兰碳市场。2002年，新西兰出台《气候变化应对法2002》，建立了注册登记制度和温室气体排放核查制度；2006年国会批准了《气候变化应对法2006修正案》，主要目的是建立森林碳汇制度；2008年《气候变化应对法（排放交易）2008年修正案》[①] 通过，确定了碳市场的基本法律框架，标志着新西兰碳市场正式建立。

进入实施阶段后，新西兰碳市场根据运行情况已经进行了三次修改完善：2009年6月对森林碳汇的部分细节进行了改进；2009年12月的修改幅度较大，主要是引入过渡阶段、免费分配方式由历史法（又称祖父法）改为基线法（又称标杆法）、减缓逐年核减免费碳配额的进程、调整部分行业纳入的时间等；2011年的修改则调整了管理机构，改由新成立的环保部负责管理。2015—2017年，新西兰对其碳市场制度设计进行了深入的系统回顾，决定实施一系列改革措施，旨在使该体系与新西兰在《京都议定书》下的减排目标相对应，并为未来与其他碳市场实现链接扫除障碍。

2. 中国全国碳市场

目前，规模最大、最具代表性的是中国碳市场。2011年10月底，中国启动了“两省五市”（湖北省、广东省、北京市、上海市、天津市、重庆市和深圳市）碳市场试点。从2013年6月开始，7个碳市场试点先后启动交易。

2015年9月底，中国在《中美元首气候变化联合声明》中宣布，将于2017年启动全国碳市场。中国国家碳市场首先纳入电力行业，纳入的电力行业碳排放量约为40多亿吨，约占该行业排放总量的80%，约占到全国碳排放总量的40%，从规模上看，中国碳市场启动之日就超越欧盟碳市场，成为全球最大的碳市场。中国碳市场从发电行业开始，逐步推进，未来将分步骤有序纳入其他行业，包括化工、石化、钢铁、有色金属、建材、造纸和航空业，等等。

---

① 法案文本见http：//www. legislation. govt. nz/act/public/2008/0085/latest/whole. html。

国家主管部门先后制定了《碳排放权交易管理暂行办法》（2014 年）、《全国碳排放权配额总量设定与分配方案》（2016 年）和《全国碳排放权交易市场建设方案（发电行业）》（2017 年）等全国碳市场建设政策文件。陆续发布了 24 个行业企业排放核算报告指南和 10 个行业企业碳排放核算国家标准，在全国范围组织开展了对电力等 8 个行业的 7000 余家重点排放单位的历史碳排放数据核算、报告与核查工作。

中国碳市场覆盖的碳排放源类别不仅包括化石燃料燃烧产生的直接碳排放，也包括电力和热力使用产生的间接碳排放，由于我国电力市场尚缺乏价格传导机制，这是为刺激电力消费部门节电与发电部门共同采取减排行动而采取的方法，也是我国碳市场设计有别于目前大多数国外碳市场机制的一个特点。

（三）地区性碳市场

地区性碳市场即省、州和城市层面建立的碳市场。美国和日本等国由于立法程序常常受阻，国家层面的碳市场迟迟不能建立，但是地方政府在应对气候变化政策的制定方面发挥着积极作用，自觉建立省、州级或城市层面的碳市场，形成了“自下而上”的减排局面。

1. 美国区域温室气体倡议

“区域温室气体倡议”（Regional Greenhouse Gas Initiative，RGGI）是北美最早的碳市场，覆盖美国东北部地区的电力行业，目标是到 2018 年电厂二氧化碳排放总量较 2009 年水平下降 10%。2005 年，康涅狄格、特拉华、缅因、新罕布什尔、新泽西、纽约和佛蒙特 7 个州宣布启动 RGGI，并签署谅解备忘录（MOU），2007 年，马萨诸塞州、罗得岛州和马里兰州签署 MOU 并加入 RGGI。RGGI 在 MOU 确定的框架基础上制定了示范规则（The Model Rule），各成员州需根据示范规则制定本州法律，以建立相关制度及其实施体系。通过这种方式，RGGI 将 10 个州连接成一个协调、统一的区域性碳市场①。

2009 年 1 月 1 日，RGGI 正式实施，成为美国第一个以市场为基础的强制性区域性温室气体减排行动倡议。RGGI 将减排目标分为两个阶段实施：第一期为 2009—2014 年，具体分为两个履约期，每个履约期 3 年，该阶段是一个缓冲期，区域内电厂二氧化碳排放量只需保持在 2009 年的水平不变；第二期

① 2011 年，新泽西州宣布退出，因此从第二个履约期开始 RGGI 只有 9 个州参与。

为2015—2018年，区域内电厂二氧化碳排放量需降低10%，即每年降低2.5%。

2. 美国加州总量交易计划

美国加州是全球碳市场乃至应对气候变化领域的引领者。2006年加州通过了《全球变暖应对法》，即AB32法案，该法案确立了加州的减排目标：2020年温室气体排放减少到1990年水平，2050年进一步比1990年减少80%。为实现上述目标，AB32法案建立了一套综合性的规则和市场化措施，其中总量交易计划是核心措施，其他措施还包括可再生能源组合标准、清洁汽车标准、低碳燃料标准等，这些措施共计18项，由加州空气资源局（ARB）负责制定和实施。

3. 美国西部气候倡议

2007年2月，加州联合亚利桑那、新墨西哥、俄勒冈和华盛顿州发起"西部气候倡议"（Western Climate Initiative，WCI），计划采取联合行动利用市场化手段实现减排目标[①]。通过18个月的共同讨论和协商，各成员在2008年9月发布了WCI总量交易计划的建议稿，随后又进行了多轮修改。按照规划，WCI的目标是2020年区域内温室气体排放量较2005年减少15%，总量交易计划的启动时间为2012年1月1日，随后9年被平分为3个阶段，每个阶段即为一个履约期。WCI总量交易计划将由各个成员州/省的子计划组成，各成员州/省自行制定辖区内的碳配额总量和分配方案，并各自设立辖区内的权力机构来负责运行和管理。WCI区域层面则建立总量设置及碳配额分配委员会，为各成员州/省提供制定总量和分配方案的指南，并定期审查它们的制定和执行情况。各成员州/省的碳配额总量之和就构成了WCI的碳配额总量，不同成员州/省的碳配额可以相互流通和用于履约，从而构成区域性的碳市场。

4. 中国碳排放权交易试点

按照中国"十二五"规划纲要关于"逐步建立碳排放权交易市场"的要求，2011年，国家发展与改革委发布《国家发展改革委办公厅关于开展碳排放权交易试点工作的通知》，在北京市、天津市、上海市、重庆市、湖北省、

① 随后美国西部的蒙大拿州和犹他州以及加拿大的不列颠哥伦比亚省、曼尼托巴省、安大略省和魁北克省加入WCI。

广东省及深圳市启动碳排放权交易试点工作。2013 年年底，深圳、上海、北京、广东和天津的碳市场先后启动交易；2014 年第二季度，湖北和重庆碳市场相继上线交易。

试点地区经过6—7 年的发展，已初步形成了制度要素齐全、各具特色的碳市场，包括法律法规、总量和覆盖范围、碳配额分配和管理、MRV①、抵消、交易、履约制度等。截至 2019 年 5 月，七个试点碳市场共覆盖行业 20 余个，包括电力、水泥、钢铁、化工等关键行业，重点排放单位近 3000 家（ICAP，2019），已完成 4—5 次履约。截至 2019 年 5 月 16 日，试点碳市场累积成交量 1.7 亿吨，成交额 36.8 亿元②。

二 全球碳市场的发展趋势

全球碳市场经过十余年的发展，不断总结经验，优化制度设计。在《巴黎协定》和 NDC 的约束下，政策制定者面临三个关键问题：第一，如何设计符合《巴黎协定》规定的碳定价政策；第二，碳定价方法如何实现其 NDC 目标；第三，如何证明其利用碳定价机制满足 NDC 目标的路径符合“行动和支持”的透明框架。总体来看，全球碳市场发展呈现以下趋势。

（一）碳市场覆盖范围不断扩大、碳配额总量不断紧缩以实现环境效益

自 2005 年欧盟碳市场启动以来，新的碳市场纷纷建立，碳市场所覆盖的全球碳排放份额随着中国全国碳市场的启动，增长了近三倍，从 5% 到 15%，控制的排放由 2005 年的 21 亿吨二氧化碳当量增长到 2018 年的 74 亿吨二氧化碳当量③。碳市场覆盖行业更加多样，囊括了电力、工业、建筑、交通、航空、废弃物和林业。2005—2018 年全球碳市场增长情况见图 1 - 2。

在碳市场覆盖范围不断扩大的同时，发放给控排企业的碳配额总量不断紧缩，以保证更严格的减排目标的实现。就全球主要碳市场而言，2018 年与 2017 年相比总量均有不同程度下降。欧盟碳市场 2018 年碳配额总量与 2017

① 监测（Monitoring）、报告（Reporting）和核查（Verification）的简称。

② 碳 k 线，http://k.tanjiaoyi.com/#l。

③ ICAP，“Emissions Trading Worldwide：Status Report 2018”，Berlin：ICAP，2018.

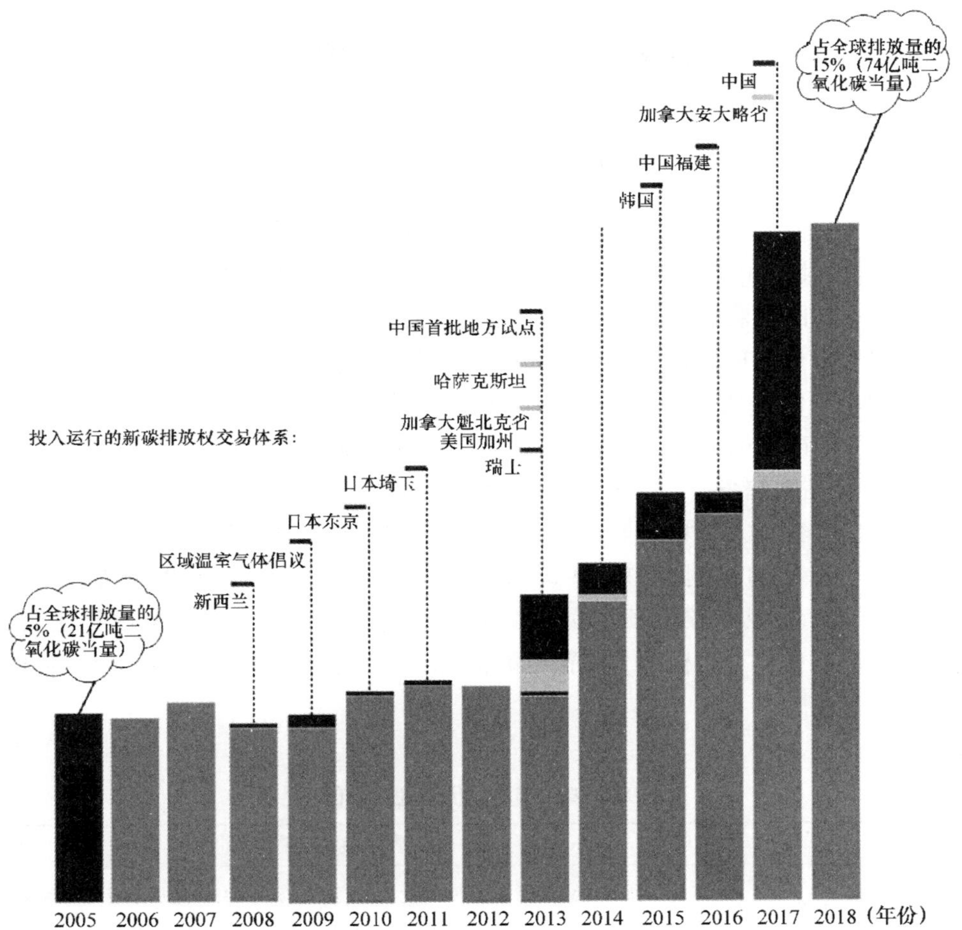

当新的体系启动时，在当年会用不同颜色表示，之后统一为灰色；中国首批地方试点为：广东省、上海市、深圳市和天津市

图 1－2　2005—2018 年全球碳市场增长情况

资料来源：ICAP，“Emissions Trading Worldwide：Status Report 2018”，Berlin：ICAP，2018.

年相比下降率为 1.79%，韩国碳市场为 2.27%，美国区域温室气体倡议为 3.38%。而由美国加州等西部 7 个州和加拿大中西部 4 个省于 2007 年 2 月签订成立的西部气候倡议的碳配额总量下降率达到了 3.52%。

从长期来看，为了满足 2030 年气候目标要求，全球碳市场在 2020 年后发放的碳配额总量下降幅度比 2020 年前更大。欧盟碳市场要求其覆盖行业的排放比2005年水平减少43%；美国区域温室气体倡议要求2021—2030年碳配额总量上限每年下降3%，到2030年，将比2020年水平下降30%；美国加州碳市场要求2021—2030年碳配额总量上限每年下降约4%，到2030年，将比2020年水平下降40%。

（二）开发创新的碳价管理机制

作为一种市场机制，碳价格是引导企业节能减排决策和投资行为的重要信号。企业根据碳市场传递的价格信号进行决策：如果单位减排成本低于碳价格，企业则选择采取减排行动，反之，企业则选择市场交易。

创新碳价管理机制，以稳定价格，释放有效的、可预见的价格信号。碳价管理机制包括基于价格和基于数量的两类机制。基于数量的机制，如EU ETS第三期改革引入的市场稳定机制（Market Stability Reserve，MSR）、RGGI的成本控制储备（Cost Containment Reserve，CCR）等，该机制在特定情形下将碳配额投入市场或撤回，使碳配额供给量能够根据需求的变化进行调整。基于价格的机制，如某些碳市场中会设定触发碳配额投入或撤回的“门槛价格”，或在碳配额拍卖中设定拍卖底价，此类价格一般逐年递增，从而向市场释放了积极的、可预测的价格信号。全球主要碳市场碳价格管理机制创新见表1-1。

表1-1 全球主要碳市场碳价管理机制创新

碳市场	碳价管理机制创新
欧盟碳市场	市场稳定储备（MSR）于2019年投入运行，前五年MSR能从市场中撤回碳配额的比率为24%。设立永久取消碳配额的机制以限制MSR的规模
美国区域温室气体倡议	设立排放控制储备（ECR），当碳价低于设定水平，将永久取消储备中的碳配额从而下调排放总量
美国加州碳市场	确定新的价格上限，一旦碳价高于此上限政府则提供碳配额给企业购买，所获收入将被定向用于减排领域
新西兰碳市场	二折一（履约单位缴回一个碳配额抵两吨排放）措施在2019年废止，还将制定新的价格上限措施

资料来源：ICAP，“Emissions Trading Worldwide：Status Report 2018”，Berlin：ICAP，2018.

（三）利用拍卖收入扩大碳市场减排效果

通过拍卖的方式分配碳配额，将温室气体排放的外部影响内部化，理论上说是最有效的分配方式。政府通过拍卖创造出一个“全新”的市场。截至2018年年底，全球碳市场共产生了573亿美元[①]的拍卖收入。

现有的碳市场对拍卖收入的使用进行了具体的规定，主要有以下几种处理方式：第一，投入其他低碳减排项目，利用拍卖收入支持有利于产生应对气候变化效益的项目（如提高能效和节能）。例如，EU ETS规定碳配额拍卖收入中必须至少有一半用于气候变化和能源相关的目的[②]；第二，返还给消费者。企业在付出成本购买碳配额后，往往会通过提价等方式把碳成本转嫁给消费者，从消费者手中收回成本，而政府可以将碳配额拍卖收入补贴给消费者，减少消费者负担。如美国加州碳市场配电企业所获得的所有免费碳配额都必须在市场上拍卖，且拍卖收入必须全部用于补贴电力消费者；RGGI的拍卖收入则用于消费者受益计划，包括能效、可再生能源、直接能源账单援助和其他的温室气体减排项目。

以上两种方式，一方面通过提高能效、节能减排的投资进一步扩大了碳市场的减排效果；另一方面通过补贴消费者减轻了消费者对于碳成本转嫁造成的价格上升的担忧。从而拍卖收入给予政府额外的政策工具进行减排投资和成本控制，同时又有利于赢得公众对碳市场的支持。

（四）碳市场链接和合作是新趋势

碳市场链接是指由一个碳市场通过直接或者间接的方式接受另一个碳市场的碳配额来达到各自的履约目标。碳市场链接作为一种自下而上的方式，在促进制度设计的合理性等方面更具优势，从而能够逐步进行参与主体之间碳市场的整合，最终促进全球碳市场的实现。

近年来，已经有一些国家或区域实现了碳市场的链接，包括2008年欧盟实现与挪威、冰岛和列支敦士登的正式链接；2011年，日本东京都碳市场与埼玉县碳市场链接；以及2014年1月1日美国加州和加拿大魁北克的碳市场链接。欧盟于2009年1月发表了《走向哥本哈根气候变化全球协议》，希望

---

① ICAP，“Emissions Trading Worldwide：Status Report 2017”，Berlin：ICAP，2019.

② Europe Commission（https：//ec. europa. eu/clima/policies/ets/auctioning_ en）.

2015 年与经合组织国家进行碳市场链接，到 2020 年进一步扩大到发展中国家。①2018 年碳市场链接与合作状况见图 1－3。

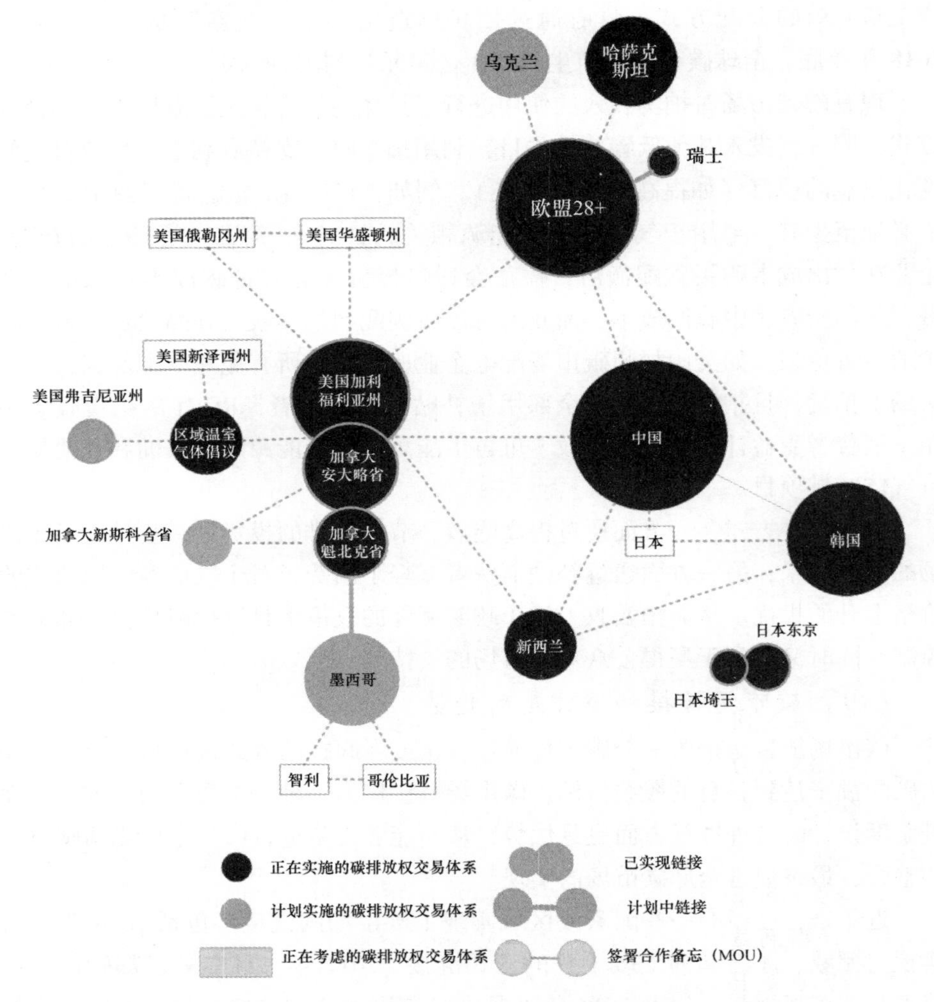

图 1－3　2018 年碳市场链接与合作状况

资料来源：ICAP，“Emissions Trading Worldwide：Status Report 2018”，Berlin：ICAP，2018.

① 傅京燕、章扬帆：《国际碳排放权交易体系链接机制及其对中国的启示》，《环境保护与循环经济》2016 年第 4 期。

不同碳市场之间的链接，可以在更广范围及经济领域内有效发现统一碳价，提高减排效率，降低减排成本。然而，碳市场链接也是一个复杂的过程，需要不同市场多方面的共同协作。现有碳市场链接一般通过谅解备忘录（MOUs）等非正式的合作形式为进一步的具体实践提供必要的政治基础，分享碳市场设计的建议和相关信息。美国加州和墨西哥于2014年、加拿大魁北克省和安大略省于2016年签署了关于气候变化和环境的谅解备忘录。

专栏1－2　美国区域温室气体倡议发展特点

美国区域温室气体倡议（RGGI）是美国第一个基于市场的强制性的区域性总量控制与交易的温室气体排放权交易体系。由美国东北部的10个州共同签署建立、联合运行，于2009年正式启动。截至2019年，经过近10年的运行，其制度呈现出显著的特征。

完全拍卖。RGGI是首个完全以拍卖方式分配碳配额的总量控制与交易体系。拍卖以季度为单位进行，3年为一个履约期，每个履约期进行12次拍卖，采取的是统一价格、密封投标和单轮竞价的拍卖方法。RGGI认为拍卖能够保证所有的主体以统一的方式获得碳配额，同时，通过拍卖碳配额而不是免费发放，可以实现碳配额价值在能源项目的再投资，从而使消费者获益，同时有利于清洁能源经济的建立。

仅覆盖电力行业。RGGI的覆盖范围仅为装机容量大于或等于25兆瓦的化石燃料发电厂，原因之一在于采取拍卖的方式分配碳配额可能会给企业造成过重的负担，从而使得企业不愿积极地参与碳市场。而电力企业由于成本容易向下游消费者转嫁，碳市场对企业造成的负担不会过重。除此之外，缓解利益冲突压力、促进温室气体减排目标的实现和缓解能源供应紧张状况也是RGGI在电力行业实施碳排放权交易政策的重要原因：第一，RGGI各州大多不是美国主要的化石燃料生产商或者主要的消费者，同时，各成员州化石燃料发电相对较少，电力行业的减排对电力供应的影响不大，因此电力行业来自传统能源利益集团对推行碳市场的压力相对较小。第二，化石燃料燃烧是美国碳排放的主要贡献者，而电力行业化石燃料燃烧的碳排放是RGGI各州化石燃料燃烧碳排放的主要来源，控制电力行业化石燃料排放对该地区实现温室气体的减排目标有重要作用。第三，RGGI地区能源供应紧张，能源价格和电价较高，实施区域性碳市场，可以提高燃料的多样性，缓解紧张的能源供求关系。

灵活全面的价格调控。RGGI采取了不同类型的措施以稳定价格，释放有效的、可预见的价格信号，包括以下三种类型。第一，延长时间框架的机制，即安全阀机制，包括履约期安全阀和抵消机制安全阀。对于履约期安全阀，正常情况下履约期为3年，当安全阀触发事件发生时（在某一履约期的前14个月，碳配额现货的平均价格持续12个月等于或超过10美元），则将履约期延长为4年。抵消机制安全阀机制与履约期安全阀机制类似。在履约期安全阀的作用下，如果碳价格在初次分配后过高，市场有充足的时间来消化价格失效的风险，并逐渐将碳价格调整到最优，而抵消机制安全阈值可以避免供求关系的严重失衡。第二，基于价格的机制，即拍卖保留价格。RGGI规定在每次拍卖中均需要使用保留价格。设置保留价格是为了防止碳市场中参与者的共谋行为使得拍卖价格过低。如果参与拍卖的预算源的竞拍价格比保留价格低，则各州将继续持有该碳配额。第三，基于供给的机制，包括成本控制储备机制（Cost Containment Reserve，CCR）和排放控制储备机制（Emissions Containment Reserve，ECR）。CCR是2014年RGGI改革后引入的新的调控机制，以替代安全阀机制。CCR由碳配额总量之外的固定数量的碳配额组成，只有在碳价格高于特定的价格水平的时候CCR碳配额才能被用于出售，此时CCR碳配额将以CCR触发价格或高于该价格的水平出售。CCR碳配额的作用是增加碳配额供给，防止拍卖结算价格过高。ECR是2017年新确定的调控机制，将在2021年实施。ECR在价格下限之上设定了阶梯价格，每一个阶梯价格对应着当碳价格低于阶梯价格时不进入市场的碳配额数量。ECR机制的作用是减少碳配额供给，从而防止碳价格过低。

完善的监测和监督机制。RGGI通过三个系统保障监测和报告的准确性。首先，连续排放监测系统（Continuous Emissions Monitoring System，CEMS）。为了确保排放量监测的精确性，根据《美国联邦法规》第四十章第75条的规定，各电厂安装符合要求的CEMS监测系统，该系统至少每15分钟进行一次记录，并永久记录烟气体积流量、烟气含水率和二氧化碳浓度等，用于记录设施的温室气体排放指标，且系统监测的排放量直接为设施的履约量。其次，碳配额跟踪系统（CO_2 Allowance Tracking System，COATS）。该系统为在线电子交易平台，对一级市场的拍卖和二级市场中的交易数据进行监管、核证，可以记录和跟踪各成员州的碳预算交易计划的相关数据，公众也能够查看、定制和下载碳配额市场和RGGI计划的报告。最后，交易市场监控。专业、独立的市场监管机构Potomac Economics受RGGI委托，负责监管一级市场拍卖及二级市场的交易活动，定期发布拍卖报告和二级市场报告，目的在于保护和促进市场竞争，同时增强各成员州、参与者和公众对碳市场的信心。

拍卖收益再投资。RGGI通过拍卖获得的收入被用于战略性能源项目和消费者项目。包括：第一，能效提高项目，旨在改善消费者的能源使用方式，提高能源使用效率，使其能够“用更少的能源做更多的事情”，如促进家庭使用高效能家电，促进企业节能技术和设备的更新；第二，清洁和可再生能源项目，以促进清洁和可再生能源设备和技术的普及和提升，如为企业或家庭提供资金或低息贷款以安装可再生或清洁能源系统；第三，温室气体减排项目，包括促进能源技术的开发，减少车辆行驶的里程，减少其他部门的温室气体排放等，如工业过程技术改进，燃料电池公交的推广等；第四，直接账单援助，主要针对低收入家庭和小型企业，以减轻其因冬季燃料成本上升而带来的经济压力。其中，能效提高项目以及清洁能源和可再生能源项目占比最大。

资料来源：齐绍洲、程思：《美国电力行业碳市场建设的主要经验借鉴》，《电力决策与舆情参考》2017年第47期。

第三节 碳市场基础性制度与关键政策要素

碳市场作为市场化的政策工具和制度安排，涉及多种基础性制度和关键政策要素。如图1-4所示，包括法律基础、MRV、交易机制和监管机制等制度基础和机制，以及覆盖范围、碳配额总量、碳配额分配与管理、履约与抵消机制、价格调控机制等关键政策要素。以上基础性制度、机制和关键政策要素设计是否科学合理关系到碳市场的运行效率和减排成效。

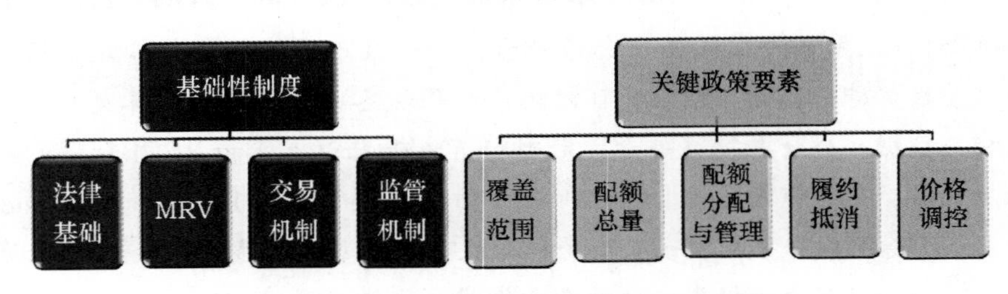

图1-4 碳市场基础性制度与关键政策要素

一 碳市场基础性制度

碳市场基础性制度包括法律基础、MRV、交易机制和监管机制。

(一) 法律基础

与常规商品市场不同，碳市场是一个由政策建立的强制性市场，强有力的法律法规是保障其有效运行的前提。因此碳市场需要以较高层级的立法来保证其规则的权威性，以规范包括纳入企业在内的市场参与各方的行为、督促各方履行各自义务。①

碳市场立法涉及碳市场的法律地位、交易产品和交易规则、碳配额的法律属性、市场主体的责权范围、MRV、履约和惩罚等。只有通过较高层级的立法，从法律上明确碳市场主管部门的职责，明晰参与各方的权利与义务，对违法违规行为进行强有力的处罚，才能确保体系的顺利运行，促进市场健康稳定发展。

从碳市场实践看，全球碳市场实践过程中，都建立了相对比较完整的法律体系，确定了实施碳市场的法律基础，从而保障碳市场的顺利进行。例如，欧盟碳市场以指令（Directive）、加州和魁北克则以法律修正案（Amendment Act）、深圳和北京试点则以人大常委会决定/规定等的形式分别确立了各自体系的法律基础。此外，部分碳市场还出台了技术层面的专门法律法规，规定交易涉及的具体细则，包括碳配额的分配方法、排放量的MRV、碳配额交易的监管等。例如，欧盟碳市场中，技术层面的法律法规包括针对登记注册的

① 段茂盛、吴力波主编：《中国碳市场发展报告——从试点走向全国》，人民出版社2018年版。

《登记系统法规》（Registry Regulation），针对 MRV 的《MRV 法规》（Regulations on MRV），针对碳配额分配的《分配决定 2011/278/EU》（Allocation Decision 2011/278/EU），还有《指南文件》（Guidance Documents）和《规则手册》（Rule Books）等指导性文件。[①] 全球部分碳市场基础性法律法规情况见表1-2。

表1-2　全球部分碳市场基础性法律法规

碳市场	基础性法律法规
欧盟碳市场	《指令 2003/87/EC》
美国区域温室气体倡议	RGGI 提供《示范规则》供参与州以此各自立法
美国加州碳市场	《加州法规，17 卷，第五章，第十节，气候变化》
新西兰碳市场	《气候变化应对法令 2002》

资料来源：根据碳市场相关文件整理。

（二）碳排放的监测、报告与核查（MRV）

要确认纳入碳市场的控排企业是否完成了其碳配额提交义务，需要在履约期结束时，对比其向主管部门提交的碳配额是否大于或等于其实际排放的数量。同时，进行碳配额分配、确定排放总量等也需要纳入企业的排放信息等。因此，必须对纳入碳市场的控排企业的排放量等信息进行碳排放量的监测（Monitoring）、报告（Reporting）和核查（Verification），简称 MRV。

数据监测：是指为了获得控排企业或具体设施的碳排放数据而采取的一系列技术管理措施，包括数据测量、获取、分析、处理、计算等。

报告：是指以规范的形式和途径向监管机构报告企业或具体设施的最终监测事实和监测数据结果等。

核查：目的是核实和查证企业是否根据相关要求如实地完成了监测过程，企业所报告的数据和信息是否真实准确。

碳市场对监测、报告和核查相关时间节点有严格规定。欧盟碳市场 MRV 具体流程见图1-5。

---

① 段茂盛、庞韬：《碳排放权交易体系的基本要素》，《中国人口·资源与环境》2013 年第 3 期。

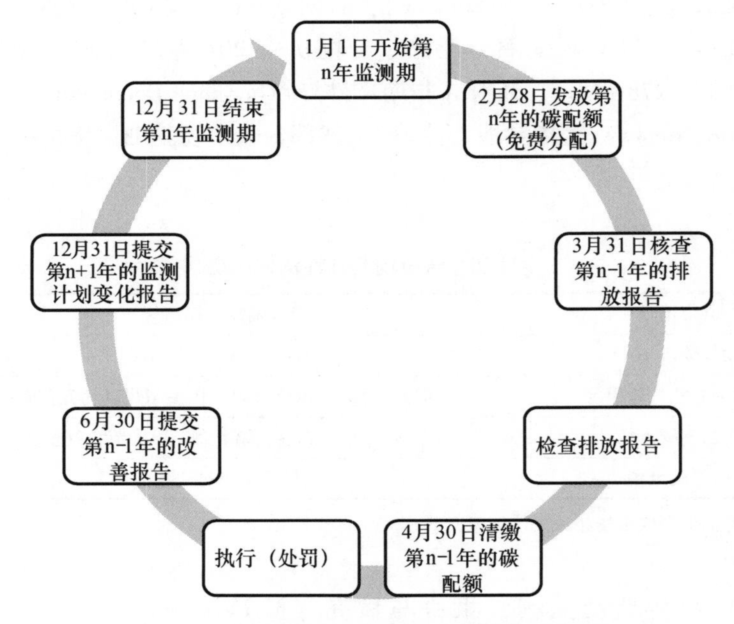

图1-5　欧盟碳市场监测、报告和核查机制

资料来源：市场准备伙伴计划（PMR）和ICAP：《碳排放交易实践手册：碳市场的设计与实施》，世界银行：华盛顿，2016年。

（三）交易机制

交易机制是实现控排企业降低减排成本的关键。通过规范化的市场交易行为，在边际减排成本不同的企业之间形成碳配额的交换，使得市场参与主体能以更低的成本实现减排目的。有效的交易机制设计是实现碳排放总量控制目标和碳配额资源有效配置的基础保障，而完善的碳排放权定价机制能够激励企业积极主动地对减排技术进行投资升级改造。

一般而言，碳市场交易机制的设计内容包括：交易主体、交易产品以及市场结构的规定、交易平台及其交易规则、交易主体的权利和义务、交易工具的设计、信息披露、交易价格及其管理机制、碳交易的监管机制等方面。

（四）监管机制

碳市场是建立在排放许可基础上的政策市场，维持碳市场的稳定运行，需要在市场各个环节进行合理监管，以保证其促进低成本减排的功能。无论是对风险欺诈和操纵行为监管不力和监督缺失，还是过度监管，均可能导致扼杀创新和交易成本上升的后果。市场监管包括三个方面的内容：（1）需要监管的内容和对象；（2）监管机构的设立和权限规定；（3）监管规则的制定和执行。市场监管涉及多个部门，包括碳配额初始分配的部门、排放交易的监管部门（包括拍卖环节、二级市场交易环节、交易结算和交割环节等）、覆盖设施排放量核查的监管部门、遵约机制的实施部门等。[①]

全球主要碳市场设置了较完善的碳市场监管机制。如欧盟碳市场的监管由特定的主管机构来执行，其中最重要的监管机构是欧盟和各成员国的环境部门，其职责通常包括碳配额的分配、对核证者的评审、管理用于新加入者的碳配额储备等，其下还存在相关下属机构。成员国级别的主管机构由成员国自行设立，并确定各机构的不同职责，且大多数成员国的管理机构不止一个，例如法国设立了6个管理机构。一些成员国还在国内设立了地区性和地方性的管理机构，负责碳配额的签发、对排放进行监测、报告与核证。美国区域温室气体倡议（WCI）委托专业、独立的市场监管机构 Potomac Economics 负责监管一级市场拍卖及二级市场的交易活动，定期发布拍卖报告和二级市场报告，目的在于保护和促进市场竞争，同时增强各成员州、参与者和公众对碳市场的信心。

二　碳市场关键政策要素

作为一个市场化政策工具，碳市场是一个较为复杂的系统，除了基础性制度安排外，还有一些关键政策要素需要进一步研究设计：覆盖范围、总量设定、碳配额分配及管理、履约与抵消机制及价格调控机制。本章在此对这些关键政策要素进行简要介绍，更为详细和完整的概念内涵见本书第四、第五章。

（一）覆盖范围（Coverage）

碳市场建设的首要任务是确定其覆盖范围，内容包括强制纳入碳市场管控的温室气体种类、区域、行业、企业、设施等几个维度。虽然理论上而言，碳市场覆盖的范围越广，就越能够充分挖掘低成本减排的机会，减排潜力越大。但是，大量小型排放源纳入碳市场很可能导致高额的管理成本，同时也面临难

① 段茂盛、庞韬：《碳排放权交易体系的基本要素》，《中国人口·资源与环境》2013年第3期。

以准确监测其排放量的困难。

因此，对于绝大多数碳市场，尤其是在建立初期，其覆盖范围主要包括数据基础好、减排潜力较大的大型排放源。例如，欧盟碳市场初期覆盖范围包括能源、钢铁、水泥、玻璃、陶瓷、制浆造纸等行业中的大型排放源。

（二）碳配额总量（CAP）

在确定覆盖范围的基础上，碳市场需要为范围内的控排企业设定年度碳排放总量限制。碳配额总量既是政府减排目标的体现，也是创造碳配额市场稀缺性的关键。在碳配额总量设定小于企业无约束排放的前提下，可将温室气体排放的外部性问题内部化，碳配额才具有交换价值。因此，可以说碳配额总量设定是碳市场的基础性工作，只有合理设定碳配额总量，才能保证碳配额的稀缺性，使交易具有理论基础和现实激励。①

理论上，覆盖范围越广意味着碳配额总量设置越大。碳配额总量的设置直接体现碳市场的减排效果，总量的松紧也就是碳市场承担区域减排责任的大小。同时，总量设置决定着市场碳配额的稀缺程度，直接左右碳价格水平，影响对低碳生产和投资的引导效果，在很大程度上决定了碳市场能否有效发挥产业政策、投资政策的功能，最终实现节能减排并向低碳经济转型的政策目标。因此，碳配额总量设定的合理性对于碳市场的成功与否至关重要。

然而，从目前碳市场的实践经验看，由于经济增长的不确定性、信息不对称和利益博弈带来的碳排放预测不准确和基准情景（Business as usual，BAU）下经济和碳排放增长的过高估计、历史数据缺乏或数据质量较低以及能源价格变化的不可预测性等原因，造成很多碳市场配额总量过松，导致碳价格较低，影响了碳市场对低碳投资的激励作用。

（三）碳配额分配与管理（Allocation & Management）

碳配额分配（Allowance Allocation）是碳市场体系设计中的关键环节。碳配额分配是指控排企业获得碳配额的方法。在“总量控制与交易”（Cap and Trade）的模式下，碳配额分配机制是指将碳配额分配到各个控排企业的规则。包括碳配额分配模式和分配方法。碳配额分配模式分为有偿和免费分配两大类，在有偿分配模式中，分配方法主要是定价出售和拍卖两种；在免费分配模式中，历史法（Grandfather）和基准线法（Benchmark）是主要分配方法。现

① 齐绍洲主编：《低碳经济转型下的中国碳排放权交易体系》，经济科学出版社2016年版。

实中，碳市场在碳配额分配时往往需要考虑更多的实际因素，包括政治可接受度、公平性、企业的承受力、减排效率、可操作性等。

同时，对于碳配额管理的设计也非常重要，尤其是碳配额的有效期、储存、预借等。碳配额的有效期指的是碳配额生效和失效的期限。储存（Banking）指的是企业当期没有使用完的碳配额可以存至下一期使用。预借（Borrowing）指的是企业可以预借下一期的碳配额供当期使用。碳配额的储存和预借允许企业在跨期交易决策时选择各期最优排放量，有助于企业和社会实现跨期减排成本的最小化。

（四）履约与抵消机制（Compliance & Offset）

履约机制（Compliance）指的是评估碳市场控排企业是否完成了其遵约义务以及其未完成遵约义务时将面临的惩罚后果相关的规则，对于促进控排企业完成其遵约义务至关重要。履约机制的主要内容包括：控排企业递交排放报告和上缴碳配额的义务，递交报告和上缴碳配额的时间及相关程序，未完成相关义务将面临的处罚。例如，欧盟碳市场规定，每年为一个履约期，控排企业每年度需按时递交核查报告，并上缴碳配额或减排信用，若未按时履约不仅面临罚款还要补缴所缺碳配额。

抵消机制（Offset）指的是碳市场控排企业通过购买抵消信用（Credit）完成遵约义务的机制。抵消机制允许未被碳市场覆盖的排放源产生的减排量和/或脱碳量申请成为抵消信用，信用一旦被接受，可以在碳市场中进行交易，用于控排企业的履约义务。在碳市场中引入抵消机制可促使更多符合条件的区域、行业和活动加入碳市场，增加减排方案选择的灵活性。此类减排方案的成本低于碳配额总量控制下的减排成本，因此允许使用抵消信用可降低碳市场履约主体的履约成本，有助于实现更大的减排目标。使用抵消机制往往带来经济、社会和环境等多重协同效应，促进未被碳市场覆盖的排放源开展低碳投资、深入学习并参与减排行动。[①] 因此，全球大部分碳市场允许使用抵消信用进行履约。

然而，引入抵消机制可能为碳市场带来一定的不利影响，包括过量抵消信用冲击市场的供给，拉低碳配额价格。因此，需审慎考虑并明确哪些地区、温

---

① 市场准备伙伴计划（PMR）和ICAP：《碳排放交易实践手册：碳市场的设计与实施》，世界银行：华盛顿，2016年。

室气体、行业、时间范围和活动类型等符合抵消信用的产生条件，并在数量和质量上加以限定。

（五）价格调控机制

合理的价格波动能够反映市场参与者与减排成本相关的价格信号，有助于促进企业进行长期低碳投资，以及低碳技术的研发和应用，实现社会经济发展的低碳转型。然而，外生冲击、监管不确定性和市场不完善性等因素可能会导致价格过度波动现象的发生。因此，需要价格调控以应对价格过度波动的情况。全球碳市场价格调控机制主要包括基于价格的调控机制和基于数量的调控机制。

基于价格的调控机制主要指价格上下限机制，即为碳价格设置上限，限制碳价过高，使得排放者的成本更加确定；或设置碳价格下限，防止碳价过低。例如，2013 年 4 月 1 日，英国单方面引入碳价格下限（CPF）机制，设置碳价格下限的目标在于减少碳市场收入不确定性和提高发电领域低碳投资的经济收益。

除直接的价格上下限规制之外，加州碳市场所使用的固定价格拍卖制度也是一种价格引导制度，相当于设定了价格的下限。

基于数量的调控机制是指增加或减少碳配额储备体系中的碳配额以及释放碳配额进入市场以达到调控价格的目的。欧盟碳市场稳定储备机制（MSR）于 2018 年建立，2019 年 1 月 1 日投入使用，目的在于解决目前碳配额过剩问题和通过调整待拍卖的碳配额供应量，提高碳交易体系抵御重大冲击的能力。该机制将通过调整每年碳配额拍卖数量来发挥作用，触发条件是流通中碳配额总数超出某一预先设定的范围：当市场上用于拍卖的碳配额过剩超过某一预先设定的范围，碳市场可以将一定比例的过剩吸收到市场稳定储备中；反之，当碳配额过剩低于某一预先设定的范围之后，则会从市场稳定储备中释放一定数量的碳配额回到市场。

专栏 1－3　碳市场体系设计的十个步骤

《碳排放权交易实践手册》阐释了设计一套碳排放权交易体系所需的十个步骤，其每一步均涉及一系列或可影响体系主要特征的决策或行动。

然而，正如本手册反复强调的那样，在每一步中作出的决策与行动都很可能相互联系、相互依存，这意味着完成这些步骤的工作进程很可能具有迭代性，而不是线性特征。

第一步：确定覆盖范围

√确定将要覆盖的行业

√确定将要覆盖的气体

√选择排放监管点

√选择将要监督的实体并考虑是否需要设置纳入门槛

第二步：设定总量

√创建强有力的数据基础，以确定总量

√确定排放总量的水平与类型

√选择设定排放总量的时间段，提供长期总量控制路径

第三步：分配碳配额

√匹配分配方法与政策目标

√定义碳配额免费分配的资格与方法，随时间推移通过拍卖进行平衡

√定义新进入者、关闭企业和清除处理方法

第四步：考虑使用抵消机制

√确定是否接受来自司法管辖区内部或外部未被覆盖的排放源与行业的抵消额度

√选择符合条件的行业、气体与活动

√权衡对比自行构建一套抵消机制所需成本与利用已有抵消机制所需的成本

√确定抵消额度的使用限制

√建立监测报告核查和管理制度

第五步：确定灵活性措施

√设定关于碳配额储存的规则

√设定关于碳配额预借和早期分配的规则

√设定报告周期和履约周期的长度

第六步：价格可预测性和成本控制

√构建市场干预的依据、确立相关的风险

√选择是否进行干预，以此应对低价、高价或两者同时

√选择适当工具对市场进行干预

√确定管理框架

第七步：确保履约与监督机制

√确定控排单位

√管理控排单位排放报告的执行情况

√审批和管理核查机构

√建立和监督碳交易体系

√登记处

√设计和实施处罚机制与执行机制

√规范和监管排碳配额交易的市场

第八步：加强利益相关方参与、交流及能力建设

√明确利益相关方及各自立场、利益和关切

√跨部门协调透明性决策过程，避免政策失调

√设计利益相关群体协商的互动策略，确立形式、时间表和目标

√设计与当地和即时公众关切产生共鸣的传播策略

√明确和回应碳交易体系相关能力建设需求

第九步：考虑市场链接

√确定链接的目标与策略

√确定链接的合作伙伴

√确定链接的类型

√调整各自碳市场机制中的重点要素

√完成和管理链接

第十步：实施、评估与改进

√确定碳交易体系实施的时间与流程

√确定审查的流程与范围

√评估碳交易体系，为审查提供支持

资料来源：市场准备伙伴计划（PMR）和 ICAP：《碳排放交易实践手册：碳市场的设计与实施》，世界银行：华盛顿，2016 年。

延伸阅读

1. 段茂盛、吴力波主编：《中国碳市场发展报告——从试点走向全国》，人民出版社2018年版。

2. 齐绍洲主编：《低碳经济转型下的中国碳排放权交易体系》，经济科学出版社2016年版。

3. 市场准备伙伴计划（PMR）和ICAP：《碳排放交易实践手册：碳市场的设计与实施》，世界银行：华盛顿，2016年。

练习题

1. 简述碳市场在全球应对气候变化中的重要性。

2. 全球碳市场发展呈现出哪些趋势？

3. 碳市场基础性制度和关键政策要素分别包括哪些？

第二章

碳市场的经济学理论基础

碳市场通过法律把碳排放权商品化的前提下，以市场化机制解决气候治理问题，体现了外部性问题内在化的经济学逻辑。碳市场的存在及运行均具备经济学的理论基础。本章第一节讲解碳市场缘起的经济学理论，主要涉及稀缺性理论、外部性理论、科斯定理、庇古税理论以及排污权交易理论。在阐述了碳市场缘起的基本经济学理论基础之后，第二节对碳市场运行的原理进行阐述，分别从基于总量与碳配额的交易机制、基于项目的交易机制以及自愿交易机制三种最为常见的交易方式进行讲述。第三节基于经济学理论对碳市场运行的价格形成机制进行分析，分别从免费和拍卖机制、供求机制、边际减排成本以及期权定价讲述碳价格在一级市场和二级市场的形成过程。

第一节　碳市场的理论缘起

碳市场的独特性在于，除了劳动、资本等传统的市场构成要素之外，将气候这种生态环境要素以碳排放权的形式商品化，并通过法律的强制力保证其稀缺性，建立起价格信号，从而将其纳入市场经济的内生要素，通过对市场主体的利益驱动，在理性人决策和市场利益的驱动下自动解决碳排放过度问题。在对科斯产权理论的发展和对“自由市场环保主义”（Free Market Environmentalism）的争议中，碳市场作为理论上可能克服“市场失灵”和“政府失灵”的良方走向了现实。①

碳市场的存在是为了解决温室气体排放过多导致的气候变化这一负外部性问题，根据科斯的“产权理论”，可将碳排放空间②的获取视为一种权利，通过界定其归属把外部性问题转化成产权问题，从而实现减少碳排放的目的。根据庇古提出的“排污者征税”理论，则可以通过对碳排放进行征税来解决碳排放外部性的问题。戴尔斯建立“排污权交易”的概念，给碳市场的运行提供了理论基础，这些理论共同奠定了碳市场的经济学理论基础。

一　稀缺性理论

稀缺性的存在是碳市场缘起的理论基石。稀缺性是经济学中的一个根本问题，它指的是在某一时间阶段，相对于人的无限需求，能满足这种需求的物品数量总是有限的。经济学认为人类欲望总是无限的、无止境的，表现在当一个较低层次的欲望一旦得到满足或部分得到满足时，就会产生新的更高层次欲望，故欲望实际上永无止境，正是这种欲望的无限性构成了人类经济活动不断进步的动力。然而，欲望的满足需借助于一定的物品来实现，而满足人们欲望所需要的物品却是有限的。

稀缺性既具有绝对性，又具有相对性。说它具有绝对性是因为这种稀缺性存在于一切社会和时代，并不随着社会制度或时代的变迁而消失。任何一个国家和个人，无论经济多么发达，资源多么丰富，也不可能达到满足人类一切欲望的程度，从这个意义上来说，资源的稀缺性是绝对的。说它具有相对性是因为这种稀缺性是相对于人类欲望的无限性而言的，而不是相对于某一绝对数量界限而言。

西方经济学把满足人们欲望的物品分为两大类，即自由取用物品（free goods）和经济物品（economic goods）。二者的主要区别在于前者在量上是无限的，因而可以自由取用，比如在一定历史时期和一定地点的清洁空气、阳光等。而后者是有限的，不能无限制自由取用，因为生产和制造这些经济物品所需要的资源总是稀缺的。

---

① 王白羽、张国林：《“此市场”是否解决“彼市场”的失灵？——对“碳市场”发展的再思考》，《经济社会体制比较》2014年第1期。

② 碳排放空间是指将大气中的温室气体浓度稳定在一定水平下，能够容纳的最大温室气体排放量。

碳排放空间的稀缺性产生于环境容量的稀缺性。一定时期及一定环境状态下，在某一区域内环境对人类经济活动支持能力具有一定阈值水平，当超出这一阈值水平，即污染物的排放总量超出环境自身对污染物的净化、扩散等能力时，环境就会遭到破坏，这种情况下环境容量的稀缺性就会显现出来。对于碳排放而言，在生产力水平低下、人口较少时，人类活动产生的温室气体对大气系统不会造成巨大的或颠覆性的影响，碳排放空间相对于人的需求而言，并不具有稀缺性。但是，随着各个国家工业化进程的加快、化石燃料的开发与使用、人口的迅速增长，人类活动排放的温室气体在大气系统中累积起来，造成大气中温室气体浓度上升，导致全球气候变暖。气候变暖间接或直接导致了海平面上升、海洋酸化、冰冻圈退缩、水循环紊乱（水短缺等）、极端气候事件频发、生物多样性受损、食物安全受到威胁、人体健康受到损害、灾害加剧，等等。[①] 中国区域的气候变化也对自然系统和人类社会系统造成较大影响。近百年来（1909—2011 年），中国陆地区域平均增温 0.9℃—1.5℃，而近 15 年处于近百年来气温最高的阶段。中国近 50 年来主要极端天气气候事件发生的频率和强度出现了增多增强的现象，大多数地区的湖泊面积减小、水位下降、湿地减少、草原退化、土地沙漠化整体扩展，生物多样性遭到破坏，红树林和珊瑚礁等海洋生态系统退化等。可见由人类活动导致的气候变化日益严峻已是不争的科学事实，严重威胁着人类的可持续发展，由此引发一系列经济社会问题。[②]

通过减少温室气体排放降低大气中温室气体浓度水平，是人类应对气候变化的必要手段。限制人为温室气体排放成为人类应对气候变化的主要措施，在这种情况下，碳排放空间具有了稀缺性。由于碳排放空间的有限性，使得排放权成为稀缺资源，这种稀缺性随着碳排放量的不断增大及环境的不断恶化日益显著。正如科斯所言，“一个社会中的稀缺资源的配置就是对使用资源权利的安排”。因此，如何更好地有效利用碳排放权成为各国所关注的问题。随着控制碳排放成为应对全球气候变暖的重要手段，各国政府纷纷设定了各自的碳排放降低目标，这使得碳排放权形成了有限供给。有限的供给就造成了稀缺，由此产生了对碳排放权利的需求和相应的价格，从而可以形成碳排

---

① 秦大河：《气候变化科学与人类可持续发展》，《地理科学进展》2014 年第 7 期。

② IPCC，“Climate Change 2014：Synthesis Report”，Geneva，Switzerland：IPCC，2014.

放权交易市场。

二　外部性理论

碳市场产生的另一个重要原因来自对碳排放外部效应的管理。外部效应是指经济主体（包括自然人与法人）的经济活动对他人产生影响，但未将这些影响计入市场交易的成本与价格之中。外部效应分为正外部效应和负外部效应。正外部效应是指某个经济主体的活动使他人或社会获利，而获利者无须为此支付成本，所以又称利益外溢。负外部效应是指某个经济主体的活动使他人或社会受损，而造成外部不经济的人却没有为此承担成本，即该活动的部分成本由他人承担了，所以又称成本外溢。消费活动和生产活动都有可能产生外部效应。如消费者在自己的住宅周围养花种树，美化环境会使他的邻居受益，但是他的邻居不会为此向他付费，这就是利益外溢。又如消费者在公众场合吸烟、扔垃圾等则会影响他人健康，但他并不会因此向受害者支付任何形式的补偿费，这就是成本外溢。

在竞争市场中，帕累托最优是在经济活动不存在外部效应的假定下达到的。一旦经济行为主体的经济活动产生外部效应，即使假定整个经济是完全竞争的，经济运行的结果仍将不可能满足帕累托最优的条件。外部效应使竞争市场资源配置的效率受到损失，“看不见的手”在外部效应的影响下失去了作用，导致市场失灵。

为什么外部效应的存在会导致资源配置不当？先考虑正外部效应存在的情况。假定某个人或企业采取某项行动时，由于存在正外部效应，故私人收益小于社会收益。如果这个人或企业采取该行动所遭受的私人成本大于私人收益而小于社会收益，则他显然不会采取这项行动，尽管从社会的角度看，该行动是有利的。在这种情况下帕累托最优状态没有得到实现，还存在有帕累托改进的余地。如果这个人或企业采取这一行动，他所受损失的部分为大于社会上其他人由此而得到的好处时，则可以从社会上其他人所得到的好处中拿出一部分来补偿行动者的损失。结果是使社会上某些人的状况变好而没有使其他任何人的状况变坏。一般而言，在存在正外部效应的情况下，私人活动的水平常常要低于社会所要求的最优水平，即配置于该活动中的资源数量比帕累托最优状态所要求的要少。

再考虑负外部效应存在的情况。假定某个人采取某项活动时，由于存在负外部效应，故私人成本小于社会成本。如果这个人采取该行动所得到的私人收益大于其私人成本而小于社会成本，则他显然会采取该行动，尽管从社会的角度看该行动是不利的。在这种情况下帕累托最优状态也没有得到实现，也存在帕累托改进的余地。如果这个人不采取这项行动，则他放弃的好处即损失会大于社会上其他人由此而避免的损失，故如果以某些方式重新分配损失的话，就可以使每个人的损失都减少，亦使每个人的福利都增大①。一般而言，在存在负外部效应的情况下，私人活动的水平常常要高于社会所要求的最优水平，即配置于该活动中的资源数量比帕累托最优状态所要求的要多。

图 2－1 具体说明了在完全竞争条件下，负外部效应是如何造成社会资源配置无效率的。图中水平直线 $D=MR$ 是某企业的需求曲线和边际收益曲线，MC 则为其边际成本曲线，由于存在着生产的负外部效应，故社会的边际成本高于私人的边际成本，从而社会边际成本曲线位于私人边际成本曲线的上方，它由虚线 $MC+ME$ 表示。虚线 $MC+ME$ 与私人边际成本曲线 MC 的垂直距离，亦即 ME，可以看成所谓边际外溢成本，即由于厂商增加一单位生产所引起的社会其他人所增加的成本。竞争厂商为追求利润最大化，其产量定在价格等于其边际成本处，即为 Q_2；但使社会收益达到最大的产量应当使社会的边际收益等于社会的边际成本，即应当为 Q_1。因此，生产的负外部效应造成生产过多，超过了帕累托效率所要求的水平 Q_1。

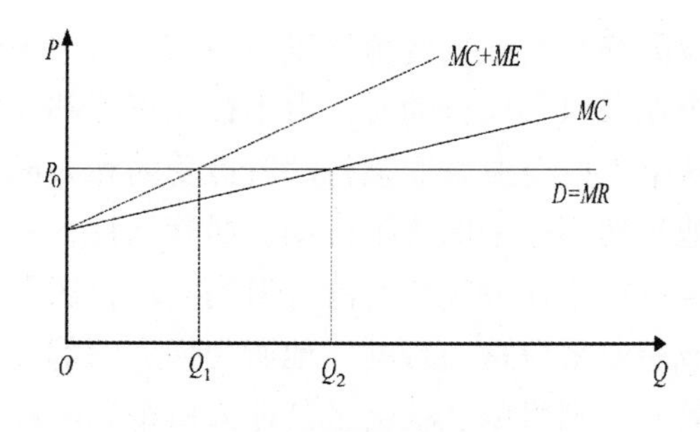

图 2－1　外部性理论说明

根据外部效应来分析碳排放问题。如果碳排放所产生的影响较小，即碳排

① 高鸿业：《西方经济学》第五版，中国人民大学出版社 2011 年版。

放者只对少数其他人的福利造成影响，则此时碳排放者和少数受害者在如何分配及重新安排生产计划所得到的好处这个问题上不易达成协议；如果碳排放所产生的影响较大，即受到碳排放影响者众多，此时碳排放者和受害者之间以及受害者相互之间要达成协议就更加困难。在这种情况下，很难避免免费搭车者。此外，在很多情况下，有关碳排放问题的法律也不好明确，例如，碳排放者是否有权排放，有权排放多少，受害者是否有权要求赔偿，等等。最后即使碳排放者与受害者有可能达成协议，但由于通常是一个碳排放者面对众多受害者，因而碳排放者改变碳排放水平的行为就像一个垄断者。在这种情况下，由外部效应产生的垄断行为也会破坏资源的最优配置。

三　科斯定理

既然外部效应的存在会导致资源配置的低效率，那么如何对它进行控制以避免这种低效率配置的发生呢？下面着重运用科斯定理来探讨负外部效应的解决方法，科斯定理能帮助我们理解如何通过产权来解决碳排放的负外部效应。

科斯定理有不同层次的表达[①]：

科斯第一定理：权利的初始界定重要吗？如果交易成本等于零，回答是否定的。权利的任意配置可以无成本地得到直接相关产权主体的有效率的纠正。因此，从经济效率的角度看，权利的一种初始配置与另一种初始配置无异。

科斯第二定理：权利的初始界定重要吗？如果交易成本为正，回答是肯定的。当存在交易成本时，可交易权利的初始配置将影响权利的最终配置，也可能影响社会总体福利。由于交易成本为正，交易的代价很高，因此，交易至多只能消除部分而不是全部与权利初始配置相关的社会福利损失。

科斯第三定理：当存在交易成本时，通过重新分配已界定权利所实现的福利改善，可能优于通过产权交易实现的福利改善。该定理假设政府能够近似估计并比较不同权利界定的福利影响，同时它还假定政府至少能公平、公正地界定权利。[②]

---

① Felder, J., "Coase Theorems 1－2－3", *The American Economist*, Vol. 45, No. 1, 2001.

② 罗必良：《科斯定理：反思与拓展——兼论中国农地流转制度改革与选择》，《经济研究》2017年第11期。

根据科斯定理，我们可以得出解决外部效应的办法，即明确财产权的政策。明确财产权与政府干预不同，在财产权明确的基础上进行市场交易，不需要政府干预就可以解决外部性问题。在许多情况下，外部效应之所以导致资源配置不当，是由于财产权不明确。如果财产权是完全确定的并得到充分保障，则有些外部效应就可能不会发生。在科斯提出以他的名字命名的定理之前，西方经济学家一般认为，市场机制这一“看不见的手”只有在不存在外部效应的情况下才会起作用，如果存在外部效应，市场机制就无法导致资源的最优配置，科斯定理的出现则进一步强调了“看不见的手”的作用。按照这个定理，只要那些假设条件成立，则外部效应就不可能导致资源配置不当。或者换个说法，在一定条件下，市场力量足够强大，总能使外部效应“内部化”，仍然可以实现帕累托最优状态。

科斯定理为解决碳排放外部性的方法提供了方法依据。按照科斯定理，在交易成本为零的情况下，初始的碳排放权分配对于最后的社会改善和福利是没有影响的。碳排放权交易体系的核心思想是把碳排放权作为一种稀缺的生产要素，以此为基础，市场参与者可将生产成本以及碳排放所产生的边际损失通过市场均衡来获得最优解。

为什么财产权的明确和可转让能起到如此大的作用？按照西方经济学的解释，其原因在于，明确的财产权及其转让可以使得私人成本和社会成本趋于一致。仍以图 2－1 来说明碳排放的问题。科斯定理意味着，一旦所需条件均被满足，则碳排放的私人成本曲线 MC 就会趋于上升，直到与边际社会成本曲线 $MC+ME$ 完全重合。从而污染者的利润最大化产量将从 Q_2 下降到社会最优产量水平 Q_1。

假设碳排放权是一种财产权，如果将财产权明确赋予某人，并假定该权利可以自由买卖，则碳排放权对其所有者来说就是一件有价值的商品，与资本和劳动一样，无论是生产者从市场上买到的，还是自身原来拥有的，都是生产成本的一部分①。如果是从市场上买来的，便构成成本的一部分。在这种情况下，生产者生产产品时就存在两种成本，一种是生产产品本身的成本与其相应的边际成本，就是图 2－1 中的私人边际成本曲线 MC，可称为生产的边际成

① 自身原来拥有的碳排放，一方面，可以出售并获得收益；另一方面，如果不出售则遭受的是本可从出售中获益的机会成本。

本；另一种是因使用碳排放权所遭受的成本或机会成本，以及相应的使用碳排放权的边际成本，生产者的总成本应当是两种成本之和。如果将使用碳排放权的边际成本加到生产的边际成本上去，则总的私人边际成本曲线就要从 MC 向上移动，从而利润最大化产量就要小于 Q_2。在完全竞争条件下的理想均衡状态下，可以期望加入使用碳排放权的边际成本之后所得到的总的私人边际成本与社会边际成本相一致，从而私人最优产量与社会最优产量相一致。

运用科斯定理解决外部效应问题在实际中并不一定有效，存在以下几个难题：首先，资产的财产权是否总是能够明确地加以规定。例如往空气中排放二氧化碳，在历史上就是大家均可使用的权利，很难将其财产权具体分配给谁；有关碳排放的权利，即使在原则上可以明确，但由于不公平问题、法律程序的成本问题等也变得实际上不可行。其次，已经明确的碳排放权利是否总是能够转让。这就涉及信息充不充分以及买卖双方能不能达成一致意见等各种问题。如谈判的人数过多，交易费用过高，谈判双方都能使用策略性行为，等等。最后，明确碳排放权利的转让是否总能实现资源的最优配置。在这个过程中完全有可能得到这样的结果，它与原来的状态 Q_2 相比有所改善，但并不一定恰好为 Q_1。[①]

四　庇古税理论

既然科斯定理依靠市场来解决碳排放负外部效应存在一定的局限性，在福利经济学中，庇古提出了通过对污染进行征税来解决环境污染外部性的方法。通过征税这种强制措施，政府将排污者造成的环境损害转变为其内在的生产成本，每单位污染征收的税额等于污染产生的边际社会成本。这种用来弥补排污者（厂商）生产的私人成本与社会成本之间差距的税收被称为“庇古税”（Pigou tax）。庇古税是一种直接税，是解决环境问题的古典经济学方法。它根据污染物的排放量或者经济活动产生的环境危害来确定纳税义务，因此是一种从量税。庇古税的理想状态是通过经济活动的边际社会成本等于边际收益来确定污染排放税率的最佳水平。通过对污染产品征税，庇古税使得污染环境的外部化成本转变为生产污染产品在内的税收成本，从而降低边际收益以及最终产量。最终产量的降低从绝对数量上减少了污染排放，从而达到环境治理的目

① 高鸿业：《西方经济学》第五版，中国人民大学出版社 2011 年版。

的。与此同时，庇古税可以给政府带来一定的税收收入，该部分收入可以用于环境治理，以改善环境质量。税收的压力还可以激励企业不断寻求新技术以降低生产成本，推动产业升级和技术进步。

本节使用图2－2，通过对庇古税的经济学原理来说明征收碳税的作用。图中 *MR* 线为厂商生产的边际收益，*MPC* 为厂商生产的边际成本。企业在生产过程中产生一定的碳排放，造成的社会成本为 *MEC*。如果政府不对碳排放进行征税，厂商最优的生产组合为 *MR* 线与 *MPC* 线的交点，此时企业实现利润最大化，产量与价格组合对应图中的（Q_0，P_0）。当政府开始对企业的碳排放进行征税时，排污的社会成本通过税收转化成了企业生产成本的一部分，此时企业的边际成本曲线为 *MSC*（$MSC = MPC + MEC$），按照利润最大化标准，厂商新的产量与价格组合点跟随边际成本曲线的左上方移动而同步移动，成为（Q_1，P_1）。从图中可以看出，新的生产组合点（Q_1，P_1）较之（Q_0，P_0），价格上升而产量减少。主要因为当把碳排放成本内部化之后，企业不得不减少产量以应对上升的生产成本。在碳税不变的情况下，企业想要扩大生产就必须减少自身生产成本 *MPC*，因此碳税有促进厂商寻求新技术的正向激励作用。

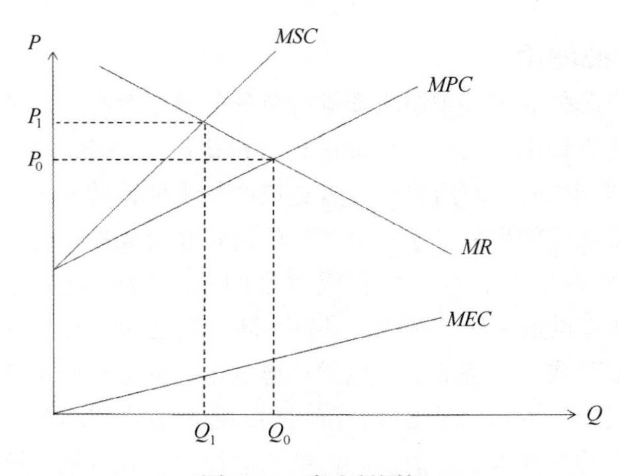

图2－2　庇古税图解

庇古税对负外部性具有矫正作用，主要体现在使价格和产量在效率的标准上达到均衡，纠正偏离最优化的边际成本，是一种“矫正性”税收。虽然庇古税在理论上对碳排放产生的外部性有很好的矫正作用，但是在实际推行中却存在诸多的问题。例如，政府很难确定恰当的碳税税率以避免出现矫正过度或矫正不足，这主要是由于管理者缺乏生产者成本和收益的信息，因此难以寻找到最佳的税率水平，使得碳税既能减少排放，又不会对厂商生产造成重大影响。由于庇古税较多地依靠政府干预，将导致政府的管理成本较大；由于厂商既需要承担碳排放的成本，又要承担自身生产的成本，双重成本压力下，厂商很有可能选择转嫁税收给消费者，税负难以转嫁的厂商有可能因为亏损而倒闭。

五　排污权交易理论

碳排放权交易属于排污权交易的一种。排污权交易理论最早起源于美国，1960 年，科斯根据产权思想提出了排污权的概念，将其视为一种生产要素，通过明确排污权的归属，不同排污主体之间就排污权进行交易，通过市场实现对排污权的定价，这个价格可将外部成本内部化。[①] 在此基础上，1966 年，Crocker 研究了将产权和市场手段应用于空气污染控制方面的可能性，着重指出产权和市场手段在实践方面导致信息变化的负担。[②] 1968 年，美国经济学家 Dales 在其《污染、产权、价格》一书中对排污权交易的内涵进行了详细阐述，并基于科斯定理，Dales 正式提出了排污权交易理论。他认为排放权交易是指在保障环境安全的前提下，通过对污染物排放权利进行合法地买入和卖出，达到控制污染物总排放量的目标。在排放总量既定的基础上，排放权成为一种稀缺性资源，具有交易的价值，从而产生排放权交易市场。[③] 1971 年，Baumol 和 Oates 研究了较为简单的污染物（外部性仅与排放水平有关而与排放地点无关的污染物）排放权交易体系[④]，1972 年，Montgomery 对更为复杂的污染物（外部性与排放水平和排放地点均有关的污染物）排放权交易体系进行

---

① Coase R. H.，"The Problem of Social Cost"，*The Journal of Law and Economics*，Vol. 3，No. 4，1960.

② Crocker T. D.，"The Structuring of Atmospheric Pollution Control Systems"，*Economics of Air Pollution*，Vol. 29，No. 2，1966.

③ Dales，John，*Property and Price：An Essay in Policy - making and Economics*，Camberley：edward elgar publishing，1968，pp. 156 - 162.

④ Baumol W. J.，Oates W. E.，"The Use of Standards and Prices for Protection of the Environment"，*The Economics of Environment*，London：Palgrave Macmillan，1971，pp. 53 - 65.

了研究。[1] 自此较为完整的排污权交易理论体系得以建立。排污权交易机制是具有市场化特征的环境经济政策，与其他政策手段相比有更大的灵活性。因此，自排污权交易机制提出以来，各国纷纷建立了排污权交易市场，并制定了相配套的排污权交易制度以保证排污权交易市场有效地运行。

第二节　碳市场的运行

碳市场正是基于以上的经济学基本理论，由政府按照一定规则和监管程序设计出来的。例如，政府依据自身发展状况对经济体中的碳排放总量进行设定，之后按照设定的规则发放一定数量的碳配额。拥有碳配额的经济主体之间可以进行交易，或者是进行储备以用于未来交易，需要碳配额的经济主体可以通过市场进行购买。碳市场诞生于1997年12月在日本京都召开的第三次气候变化缔约国大会通过的《京都议定书》，自京都三机制以来，以欧盟碳市场（见专栏2－1）为代表，碳市场一直在实践中不断进行调整改进。碳市场与《京都议定书》的关系在本书第一章第一节中已有介绍，本节专栏2－2将对《京都议定书》的三种灵活机制进行详细介绍。

一　基于总量的碳配额交易（CAP and Trade）

基于总量的碳配额交易又称限额交易，其原理是设定温室气体排放上限，以市场或非市场的方式分配给需要排放的经济主体，并允许其按照约定规则进行交易，从而实现社会减排成本最小。碳配额交易的核心在于确定合理的碳排放总量和碳配额分配方式。运行的基本方式是：首先确定在一定时间范围内（通常是自然年度）碳市场覆盖范围内的碳排放上限，这个碳排放上限即为碳配额总量。按照分配方法将碳配额总量发放给控排企业，完成分配过程。分配完成之后控排企业可以对这些碳配额代表的碳排放权自由支配，在市场上将其出售，或储存起来履约。当控排企业的实际排放量超过了其获得的碳配额时，就会成为碳市场上的需求者，需要从市场上购买碳配额；当控排企业通过减排

---

① Montgomery W. D., "Markets in Licenses and Efficient Pollution Control Programs", *Journal of Economic Theory*, Vol. 5, No. 3, 1972, pp. 395－418.

行动，使其实际碳排放量低于碳配额，就成为碳市场中的供给者。在碳交易市场上，碳配额的需求者可以通过购买行为来获得更多的碳排放权以抵消自己超额的碳排放量，反之，通过出售碳配额获得收益，这个收益可以看作是市场对减排努力的奖励。碳市场中供需双方的行为使碳市场交易得以进行。如果控排企业碳排放超过碳配额，将会受到惩罚。因此，法律制度是碳市场交易顺利进行的保障。

碳配额分配方式主要有三大类：免费分配、公开拍卖或者两者结合使用。免费分配又可以进一步分为两种：一种是祖父法（又称历史法）分配，即主要依据控排企业某一历史年份的产量或碳排放量进行碳配额分配。另一种是基准线法（或标杆法）①。无论是祖父法还是基准线法，在全球的碳排放权交易体系中均有采用。一般而言，在碳市场建设初期，受数据可得性的限制，大多数碳市场都采用对数据要求比较低的祖父法分配配额；当数据可得性提高以后，往往更多地采用基准线法，并进一步分行业分阶段逐渐转向拍卖法。全球最早最大的欧盟碳排放权交易体系（EU ETS）在第一阶段（2005—2007 年）主要用祖父法，第二阶段（2008—2012 年）转向基准线法，第三阶段（2013—2020 年）则分行业分阶段逐渐转向拍卖法，到 2027 年全部都按照拍卖的方式分配碳配额，这就意味着控排企业每一单位的碳排放都要付出碳成本。

专栏 2－1　欧盟碳排放交易体系（EU ETS）

EU ETS 遵循本章讨论的“总量限制与交易”（Cap and Trade）机制，欧盟排放交易分成三个阶段进行。

▲ 第一阶段为 2005 年 1 月到 2007 年 12 月，称为“干中学”（Learning by Doing）阶段。该阶段的主要目的不在于实现温室气体的大幅度减排，而是获得总量限制与交易机制的运行经验，为后续阶段正式履行《京都议定书》奠定基础。第一阶段仅涉及二氧化碳的排放交易，在行业范围

① 齐绍洲、王班班：《碳交易初始碳配额分配：模式与方法的比较分析》，《武汉大学学报》（哲学社会科学版）2013 年第 5 期。

上包括能源产业、燃机功率在20兆瓦以上的企业、石油冶炼业、钢铁行业、水泥行业、玻璃行业、陶瓷以及造纸业等。在第一阶段中，允许各国对不超过排放总量限额5%的碳配额进行拍卖，而95%的碳配额则是免费发放到各个企业。在实际执行的过程中，只有匈牙利、爱尔兰以及立陶宛三国使用了拍卖方式碳对配额进行分配。

▲ 第二阶段为2008年到2012年。该阶段与《京都议定书》的第一个承诺期同步。为了与《京都议定书》中提出的碳排放“抵消项目”对接，在第二阶段中欧盟引入了清洁发展机制（CDM）以及联合履行机制（JI）。在第二阶段中，各成员国允许对其限额总量的10%进行拍卖，剩余的90%仍然免费发放到各个行业之中。由于第一阶段和第二阶段采用分散化决策，各国的碳配额分配计划制订标准不统一，导致排放限额过于宽松。碳配额供给大于需求导致碳配额市场价格出现大幅度波动，从2006年初的30欧元下降至2007年底的2欧元以下。

▲ 第三阶段为2013年到2020年。该阶段把氨水和铝生产所排放的一氧化二氮、全氟碳化物等纳入交易体系。碳配额总量不再根据各国上报的排放量计划进行加总，而是由欧盟委员会根据产品的排放标杆值（Product Benchmarks）决定。在2010年的基础上，温室气体排放总额以每年1.74%的速度下降，以确保实现2020年排放总额比2005年减少21%的目标。EU ETS在2013年实现50%的碳配额通过拍卖进行分配，此后拍卖分配的比例逐年增加，争取到2027年实现全部碳配额都采用拍卖的方式分配。取消国家碳配额计划后，欧盟制订了详细的行业分配计划：从2013年开始，电力行业的碳配额完全通过拍卖获得，新进成员国虽然可以不遵循碳配额100%拍卖的原则，但是必须逐渐增加拍卖比例，以实现2027年完全拍卖。需要指出的是，针对有碳泄漏（Carbon Leakage）风险的行业，欧盟委员会仍允许其获得100%的免费碳配额。

资料来源：European Commission，“EU Action Against Climate Change：The EU Emission Trading Scheme”，Brussels：2015 edition.

二　基于减排信用的交易

基于项目的碳交易主要指《京都议定书》中第六条所确立的联合履约机制（JI）和第十二条所确立的清洁发展机制（CDM）。JI 和 CDM 是《京都议定书》设计的两个主要的抵消碳排放的机制，这两个机制旨在促进清洁能源投资，促进附件一缔约方灵活地实现碳减排目标。

联合履约机制（JI）指的是附件一缔约方（发达国家）在监督委员会的监督下通过项目级合作，彼此之间进行减排单位核证与转让，所使用的减排单位为排放减量单位（Earned Reduction Units，ERUs）。减排单位经过核准，可以转让给另一个附件一发达国家缔约方，同时在转让方的分配数量碳配额（简称 AAU，具体讲解参考专栏 2－2）上扣减相应的额度。

清洁发展机制（CDM）指的是附件一缔约方发达国家与非附件一缔约方发展中国家之间在清洁发展机制登记处的减排单位转让，旨在使非附件一发展中国家在可持续发展的前提下进行减排并从中获益，同时协助附件一国家（发达国家）通过清洁发展机制项目获得核证减排量权证（Certified Emissions Reduction，CER），以降低发达国家履行承诺的减排义务的成本。[①] 项目主要是发达国家提供资金或清洁低碳的技术设备，在发展中国家境内共同实施有助于缓解气候变化的减排项目，由此获得经过核证的减排量。

CDM 被认为是一项双赢机制：一方面，发展中国家通过合作可以获得资金和技术，有助于实现自己的应对气候变化目标；另一方面，通过这种合作，发达国家可以大幅度降低其在国内实现减排所需的较高的成本。CDM 的提出源于巴西提交的关于发达国家承担温室气体排放义务案文中“清洁发展基金”（Clean Development Fund，CDF）。根据巴西的提案，发达国家如果没有完成应该完成的承诺，应该受到罚款，用其所提交的罚金建立“清洁发展基金”，按照发展中国家温室气体排放的比例资助发展中国家开展清洁生产领域的项目，在就该基金进行谈判时，发达国家将“基金”改为“机制”，将“罚款”变成了“出资”。[②]

① 陈星：《我国碳交易价格机制研究——基于期货市场价格发现功能》，硕士学位论文，安徽大学，2012 年。

② 刘小林：《日本参与全球治理及其战略意图——以〈京都议定书〉的全球环境治理框架为例》，《南开学报》（哲学社会科学版）2012 年第 3 期。

专栏2-2 京都灵活机制

根据《京都议定书》，附件一国家开展的减排行动可由三类灵活机制补充。设计这些机制的目的是，在各国之间创建相互链接的可交易单位体系，促成履约实体层面的排放单位的交易。三类灵活机制包括：

▲ 国际排放交易。根据《京都议定书》作出承诺的国家，可以从依照本议定书作出承诺的其他国家获得被称为分配数量单位（AAU）的排放单位，并使用排放单位实现其部分承诺目标（《京都议定书》第17条）。

▲ 清洁发展机制（CDM）。清洁发展机制使发展中国家的减排（或排放清除）项目能够获得核证减排量（CER）信用，每单位信用额度相当于1吨二氧化碳。附件一国家可交易和使用此类核证减排量，以此实现其根据《京都议定书》确立的部分减排目标。该机制一方面激励减排，另一方面在遵守自身减排目标方面赋予附件一国家一定灵活性。此类项目必须通过公开的注册和签发过程取得资格，以此确保产生的减排量是实际、可测量、可核证的，并且该减排量相对于未实施项目的情况下产生的减排量是额外的。清洁发展机制由该机制执行理事会监督，对批准《京都议定书》的国家负责（《京都议定书》第12条）。

▲ 联合履约机制（JI）。根据《京都议定书》作出减排或限排承诺的国家可参加根据本议定书作出承诺的任何其他国家的减排（或排放清除）项目，并且使用由此产生的减排量达到其减排目标。和清洁发展机制一样，减排量必须实际、可测量、可核证，且对于在未实施项目的情况下产生的减排量而言是额外的。这种基于项目的机制类似于清洁发展机制，但仅涉及根据《京都议定书》作出承诺的缔约方，因此严格来说，此处的信用不是抵消信用，因为它们被放置于整个经济范围内的排放限额承诺之下。联合履约项目产生的每单位信用相当于一吨二氧化碳，并被称为减排单位（ERU），它的产生和使用意味着出售国排放预算中相应数量的分配数量单位（AAU）要被取消。在联合履约机制下，项目可通过两条“路径”申请批准：缔约方核准和国际独立机构核准。联合履约机制由该机制监督委员会监督，对批准《京都议定书》的国家负责（《京都议定书》第6条）。

中国一直积极参与 CDM，几乎占据了全球 CDM 已注册项目和已签发减排量的近一半。CDM 自从进入中国，一直是以新能源项目为主，中国 CDM 的发展从 2005 年 6 月 26 日开始，内蒙古辉腾锡勒风电场项目正式在联合国气候变化框架公约秘书处注册成功，从而成为中国第一个注册成功的 CDM 项目，和世界第一个注册成功的风电项目（http：//www. ndrc. gov. cn/zjgx/t20050714_ 36662. htm）。截至 2016 年 8 月 23 日，国家发展改革委批准的全部 CDM 项目是 5074 个。中国政府为 CDM 设立了专门的管理机构，颁布了管理办法。中国推行 CDM 项目在改善环境、促进农村发展、消除贫困等方面发挥了积极的作用。

从图 1 中可以看出，中国的 CDM 项目主要集中在新能源和可再生能源上，新能源和可再生能源的估计年减排量占 CDM 项目总量的 63%，为融资主力军。中国的可再生能源行业，成为全球知名、量大质优的碳资产和碳减排量供给源，在中国乃至全球的碳市场版图中发挥着举足轻重的作用。更重要的是，通过国际间碳交易，给中国相当一部分可再生能源项目带来了额外收益，在可再生能源发展较为艰难的前期，使国内可再生能源项目的经济可行性得到进一步提高，可以说在一定程度上间接催热了新能源发电行业的蓬勃发展，其中尤以中国的风电行业最为突出。

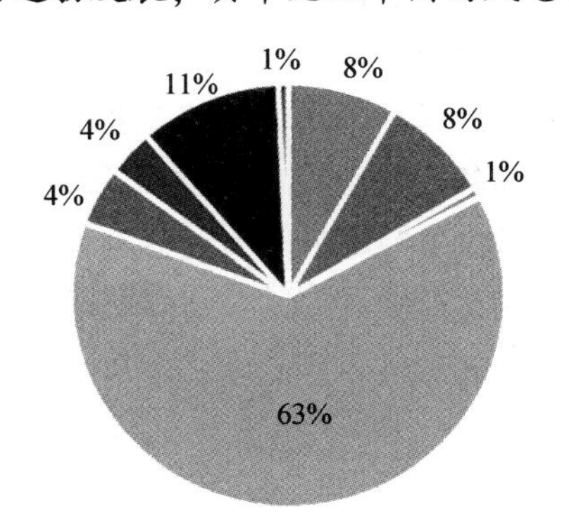

图 1　注册项目估计年减排量按减排类型分布图，截至 2015 年 7 月 14 日

资料来源：CDM 项目数据库系统。

资料来源：ICAP & PMR：《碳排放交易实践手册：碳市场的设计与实施》，2016 年，https：//icapcarbonaction. com/zh/。

三　自愿减排交易

随着《京都议定书》三大履约机制中 CDM 的发展，伴随形成了自愿减排市场（Voluntary Carbon Market，VCM）。自愿减排市场中交易的碳资产被称为自愿减排量（Voluntary Emission Reduction，VER）。VER 项目产生的原因具有多样性：外资企业在国内投资的减排项目、减排量产生于 CDM 注册前等，某些项目无法按 CDM 项目的要求进行开发，转而申报 VER 项目。相比 CDM 项目而言，VER 项目减排量的交易价格较低，然而由于减少了部分审批环节，开发周期也相对较短。对项目开发方而言，自愿减排市场为由于种种原因无法进入 CDM 开发的碳减排项目提供了开发和销售的途径；对买家而言，自愿碳减排市场为其自身实现“碳中和”，即以碳减排抵消生产经营活动中产生的碳排放，提供了更多方便且经济的途径。

全球自愿交易市场最为有名的是美国芝加哥气候交易所（Chicago Climate Exchange，CCX）。芝加哥气候交易所成立于 2003 年，于 2004 年获得期货交易资格，是全球第一个也是北美地区唯一的自愿参与温室气体减排限额交易机制，并通过合同对交易主体进行法律约束的组织和市场交易平台。其交易过程通过基于网络的电子交易平台实现，其交易规则由会员自愿设计形成。

场外交易又称为柜台交易，指在交易场所以外进行的各种碳资产交易活动，采取非竞价的交易方式，价格由交易双方协商确定。二级市场通过场内或场外的交易，能够汇聚相关市场主体和各类资产，从而发现交易对方和价格，以及完成货银的交付清算等。此外，二级市场还可以通过引入各类碳金融交易产品及服务，提高市场流动性，为参与者提供对冲风险和套期保值的途径。①

专栏 2－3　芝加哥气候交易所

芝加哥气候交易所的运行机制与清洁发展机制不同，它是另一种不同模式的基于市场机制的温室气体交易体系，同时也是全球第一家具有期货

① 耿凤琴：《碳排放权价格对中国股票市场的潜在影响》，硕士学位论文，天津大学，2018 年。

性质、规范的气候交易市场。此外，CCX 还成立了多家子公司（例如芝加哥气候期货交易所）并有数个子公司分布在世界各地。例如蒙特利尔气候交易所（MCEX）、欧洲气候交易所（ECX）和天津排放权交易所（TCX））。2006 年，经过几年的实际运转之后，芝加哥气候交易所制定了《芝加哥协定》，详细规定了 CCX 建立的目标、包含的范围、承诺期安排、涉及的温室气体，投资回收期和融资银行、企业注册交易方案、温室气体监测程序等一系列的交易细则，使 CCX 的交易流程具有较强的规范性和可操作性。

CCX 的核心理念是用市场机制来解决环境问题。其目标主要是促进温室气体交易，建立设计合理、价格透明、环境友好的交易市场，提高减少温室气体排放的成本效益分析的技巧，促进公共和私营部门致力于提高温室气体减排能力，提供关于加强成本效益分析的温室气体减排知识，促进展开在管理全球气候变化方面的公共讨论。

CCX 一直执行会员制的运营方式，在成立之初共有 13 家创始会员，包括美国电力、福特、杜邦、摩托罗拉等公司在内。目前项目遍布欧美及亚洲地区。已经有超过 25 个不同行业的 450 多个跨国会员，行业涉及航空、电力、环境、汽车、交通等，既包括美国国内外大型企业和地方政府，还包括国外的会员，例如墨西哥政府。中国亦有 5 家公司是其会员。根据 CCX 协议的规定，注册会员必须首先根据自身情况提交具体的减排计划，会员自愿作出减排承诺，但是一旦作出，该承诺即具有了强制约束力。如果该会员实际的减排量高于其最初承诺的减排目标，它可以自行选择将超出额在 CCX 市场上卖出获利，或者存入自己在 CCX 开立的账户；但是如果实际减排量低于承诺的减排额，则它必须通过在市场上购买碳金融工具合约（Carbon Financial Instrument，CFI）以实现其减排承诺，否则属于违约行为。

资料来源：刘颖、黄冠宁：《对美国芝加哥气候交易所的研究与分析》，《法制与社会》2018 年第 2 期；郝海青：《欧美碳排放权交易法律制度研究》，中国海洋大学出版社 2011 年版。

第三节　碳市场的价格

碳市场整体上可分为一级市场和二级市场两类，其市场价格的形成可分别在这两个类型的市场中进行阐述。其中，一级市场指的是政府向控排企业发放碳配额的“初级”市场，其交易标的仅仅是碳配额，主要通过免费或拍卖方式进行，拍卖机制可以形成一级市场的价格；二级市场的交易标的既包括碳配额也包括碳排放信用[①]，是碳市场覆盖范围内的控排企业之间或与其他主体之间开展的关于碳配额和碳排放信用的交易，二级市场的价格形成可通过供求机制和边际成本来分析。

一　一级市场供给：免费和拍卖机制

碳配额的初始分配方式决定了碳市场中的一级市场价格。碳市场最关键也是最难把握的环节就是碳配额的初始分配，碳配额分配方式有三种：免费分配、公开拍卖或者两者结合使用。

在碳市场形成的初期阶段，一般采取免费分配的方式将碳配额发放给控排企业，这有助于使控排企业快速适应碳市场，也可保护企业竞争力及避免碳泄漏风险。理论上说，如果控排企业转移到气候变化政策较宽松（即不存在碳市场或者碳税等其他碳定价措施）地区，碳市场将无法约束这些企业的碳排放，这样既损害当地经济发展又无法实现真正减排。免费分配方式可对这些易受影响的行业作出碳成本补偿，使其继续保持竞争力，避免碳泄漏。在控排企业免费获取碳配额的情况下，它们仍有经济动机投资低碳技术。原因在于如果他们减少了排放，便能够出售手头上盈余的碳配额；相反，如果它们增加了排放，则需承担额外的碳成本。这一激励机制的力度取决于免费分配的具体分配方法。免费分配方式违背了污染者付费原则，容易分配不均，同时使政府部门减少了一部分财政收入。而公开拍卖也容易出现问题，比如大型企业操纵市场

---

① 这里的碳排放信用是指基于项目产生的可以用来抵消碳排放的“核证减排量”，与碳排放权不同之处在于，碳排放权是政府通过免费或者拍卖分配给企业的碳排放配额，而碳排放信用是企业自身利用一定技术等方式并通过第三方核证后产生的碳减排量。

引起垄断，企业因减排承受较高成本而影响生产等。

随着市场的成熟，通过拍卖分配碳配额被视为一种更直接有效的方法，能够确保碳配额由最重视它价值的市场参与者得到。此外，拍卖还能产生财政收入，奖励早期行动者，即那些已经采取了节能减排措施的企业，并通过促成市场碳价格形成和鼓励交易等多重效果，提升碳市场的活跃性。

二　二级市场供给：供求均衡机制

碳配额进入市场之后，二级市场中的碳配额价格就可以用在经济学中经典的供求理论来说明。按照经济学理论，一种商品的均衡价格是指该商品的市场需求量和市场供给量相等时的价格。这时该商品的需求价格与供给价格相等。可以用图2－3来说明碳交易市场中以碳配额作为商品的均衡价格和均衡数量。在图2－3中，横轴OQ代表数量（碳配额需求量与供给量），纵轴OP代表价格（碳配额需求价格与供给价格），D为市场需求曲线，S为市场供给曲线。需求曲线D和供给曲线S相交于E点，E点为均衡点。在均衡点E，均衡价格为2元，均衡数量为100单位。显然，在均衡价格2元的水平，碳配额的需求量和供给量是相等的，都为100单位。也可以反过来说，在均衡数量100单位的水平上，市场上碳配额的需求者愿意支付的需求价格和供给者愿意接受的供给价格是相等的，都为2元。因此，这样一种状态便是一种使买卖双方都感到满意，并愿意持续下去的均衡状态。碳配额的价格也由碳市场的供需双方所决

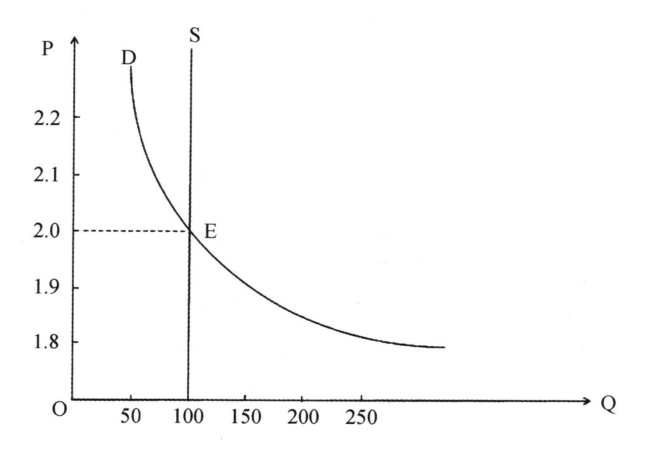

图2－3　碳市场均衡价格的形成

定。碳市场的均衡价格就是由于需求与供给这两种力量的作用使价格处于一种相对静止、不再变动的状态。碳配额作为一种可交易的商品，其价格运行必然受到供给与需求的驱动。

在碳交易系统中，在碳排放的初始碳配额给定的情况下，随着技术进步和经济社会的发展，企业对碳配额的供求也会发生变化，出现碳配额盈余的企业将出售盈余碳配额，增加了对碳配额的供给，碳配额的供给曲线右移，均衡价格下降，均衡数量增加，而出现碳配额缺口的企业将购买缺口碳配额，增加了对碳配额的需求，碳配额的需求曲线右移，均衡价格上升，均衡数量增加。[①] 有关在供需机制下，影响碳配额价格的供求因素的分析将在本书的第三章详述。

三 基于边际减排成本

根据均衡价格理论，还可以用拉格朗日函数来说明碳配额价格高低对企业减排的影响。假设一个经济体有 n 个碳排放企业，假定每个企业的生产函数为：

$$y_i = a_i f_i(X_i, K_i, L_i)\text{，且}\frac{\partial y_i}{\partial X_i} > 0, \partial^2 y_i / \partial X_i^2 < 0, (i = 1, 2, \cdots, n)$$

其中，y_i 是第 i 个企业的产出水平，X_i 是第 i 个企业的碳排放量（在这里看成是企业进行生产所需要投入的环境资本），K_i 是第 i 个企业所需的物质资本，如机器设备等；L_i 是第 i 个企业进行生产的劳动力投入量，a_i 是第 i 个企业的技术水平。假设每种要素的边际生产力都大于零，且边际生产力递减。

则该经济体总产出为：

$$Y(X, K, L) = \sum_{i=1}^{n} a_i f_i(X_i K_i L_i);$$

其中，Y 表示总的产出，$X = \sum_{i=1}^{n} X_i$，$K = \sum_{i=1}^{n} K_i$，$L = \sum_{i=1}^{n} L_i$

建立碳市场后，设 X 就是政府确定的总排放量，这里以有偿分配的方式为例进行说明，政府将总排放量平均分配给这 n 个企业，则每个企业获得 X/n 单位的碳配额，且各个企业之间可以就二氧化碳排放量进行交易。

① 陈欣：《中国碳交易市场价格研究》，博士学位论文，陕西师范大学，2016 年。

假设碳配额的价格为 p^* ，企业产品的价格为 p ，资本折旧率为 r_i ，工资为 ω_i ，则企业的利润函数为：

$$\pi_i = p\, a_i f_i(X_i\, K_i\, L_i) - p^*\, X_i - r_i\, K_i - \omega_i\, L_i;$$

企业利润最大化的一阶条件是：

$$a_i \frac{\partial f_i}{\partial X_i} = \frac{p^*}{p} = \lambda;$$

此时均衡价格为：

$p^* = p\lambda$ ；λ 是碳排放的社会影子价格

即在利润最大化的条件下，任何两个企业实际使用的碳排放权都满足：

$$\frac{\partial y_i}{\partial X_i} = \frac{\partial y_j}{\partial X_j} = \frac{p^*}{p}\text{，即均衡价格 } p^* = p\frac{\partial y_i}{\partial X_i} = p\frac{\partial y_j}{\partial X_j} = \mathrm{MAC};$$

达到均衡时，每个企业的碳排放的边际生产力相等，而碳排放的边际生产力与产品价格的乘积就是边际减排成本 MAC（Margunal Abatement Cost），都等于碳配额的价格 p^* 。

拥有碳配额多于实际需要的企业会将多出的碳配额在碳市场上售出，而碳配额不足的企业则会在碳市场上购买。第 i 个企业售出的碳配额数量为：$Q = \frac{X}{n} - X_i$ ，市场出清的条件是 $\sum_{i=1}^{n} Q = \sum_{i=1}^{n} \frac{X}{n} - \sum_{i=1}^{n} X_i = X - \sum_{i=1}^{n} X_i = 0$ 。当每一家企业采取两种措施寻求最低成本的时候，最终市场将达到均衡，所有企业均面临同样的碳配额价格。

下面还可以用几何图形来说明企业的边际减排成本与碳价格的关系。

如图 2－4 所示，企业的边际碳排放成本线向右下方倾斜，当排放量的值为 Q_1，此时减排成本 P_1 高于市场碳配额价格 P^*，企业会选择从市场购买（$Q_1 - Q^*$）的碳配额。当排放量的值变为 Q_2，减排成本 P_2 降低至市场配额价格 P^* 以下，此时企业会优先选择自行减排。当产量降至 Q_0，此时减排成本等于碳配额价格，继续减排将会使成本高于配额价格，剩余的部分企业可以选择从市场购买（$Q_0 - Q^*$）的碳配额，这样可以同时实现减排与成本最小化两个目标。

四　碳配额的期权定价

碳市场可以基于碳配额衍生出许多碳金融工具，最常见的是碳期权与碳期

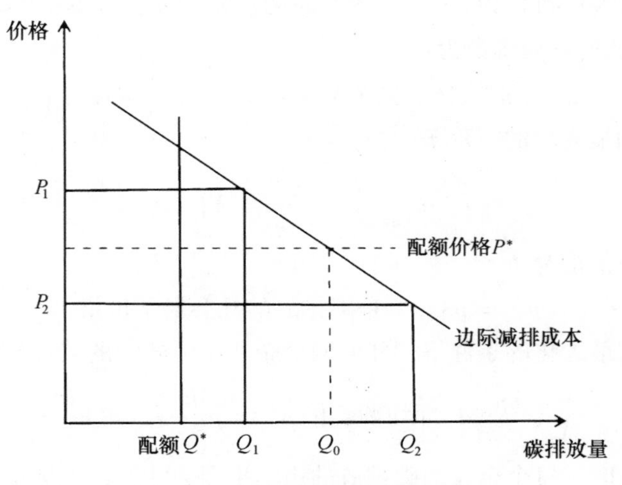

图 2－4　边际减排成本与碳价格

货，下面我们以碳期权为例来分析碳金融工具的定价原理。

碳配额期权是一种能在期权合约有效期内以某一确定的价格购买或者出售碳配额的权利。碳配额期权可以分为碳配额看涨期权与看跌期权。碳配额看涨期权的持有者有权在期权合约有效期内以某一确定的价格购买指定的碳配额；看跌期权的持有者有权在期权合约有效期内以某一确定的价格出售指定的碳配额。碳配额期权合约中交易双方达成的购买或出售碳配额的价格称为执行价格或敲定价格，合约中规定执行碳配额期权的日期为到期日、执行日或期满日。

碳配额的美式期权可以在期权有效期内任何时候执行；碳配额的欧式期权只能在到期日执行。所以，碳配额期权又分为欧式看涨期权和看跌期权、美式看涨期权和看跌期权。碳配额的欧式看涨期权持有者有权在到期日以执行价格购买指定碳配额；碳配额的欧式看跌期权持有者有权在到期日以执行价格出售指定碳配额。碳配额的美式看涨期权的持有者有权在到期日之前以执行价格购买指定碳配额；碳配额的美式看跌期权的持有者有权在到期日之前以执行价格出售指定碳配额。

碳配额期权合约的交易双方为：一是持有碳配额期权多头头寸的交易者，即碳配额期权的购买者；二是持有碳配额期权空头头寸的交易者，即碳配额期权的出售者。碳配额期权的出售者事先收取碳配额期权权利金，使得碳配额期权的购买者具有潜在的负债。当碳配额价格高于执行价格时，碳配额看涨期权的买方可以以较低的执行价格购买碳配额；此时，碳配额看涨期权的买方放弃这个权利，其损失只是期权费。对于碳配额看跌期权的买方来说，当碳配额价格低于执行价格时，碳配额看跌期权的买方可以以较高的执行价格出售碳配额；否则，碳配额看跌期权的买方放弃这个权利，其损失只是期权费。①

采用 Black – Scholes 期权定价模型②可以分析碳配额初始分配定价策略。下面给出碳配额的初始分配。③

$$C_0 = S_0[N(d_1)] - X_e{}^{-ret}[N(d_2)]$$

$$\text{或} C_0 = S_0[N(d_1)] - PV(X)[N(d_2)]$$

$$d_1 = \frac{\ln(S_0/X) + [r_c + (\sigma^2/2)]t}{\sigma\sqrt{t}}$$

$$\text{或} d_1 = \frac{\ln[S_0/PV(X)]}{\sigma\sqrt{t}} + \frac{\sigma\sqrt{t}}{2}$$

$$d_2 = d_1 - \sigma\sqrt{t}$$

其中，C_0 为看涨期权的当前价值；S_0 为碳配额的当前价格；$N(d)$ 为标准正态分布中离差小于 d 的概率；X 为期权的执行价格；$e \approx 2.7183$；r_c 为无风险利率；t 为期权到期日前的时间（年）；$\ln(S_0/X) = S_0/X$ 的自然对数；σ^2 为标的资产风险（波动率平方）。

碳配额的交易价格还受到包括技术更新、市场风险等因素的制约，在具体应用中可以从碳配额交易的历史数据中获取收益率的标准差来计算波动率。

$$\sigma = \sqrt{\frac{1}{n}\sum_{t=1}^{n}(R_t - \bar{R})^2},$$

碳配额在 t 期的连续复利的收益率：$R_t = \ln(\frac{P_t}{P_{t-1}})$

其中，P_t 是 t 期碳配额的交易价格；P_{t-1} 是 $t-1$ 期碳配额的交易价格。

---

① John C. Hull：《期权、期货和其他衍生品》第八版，清华大学出版社 2017 年版。

② 布莱克—斯科尔斯期权定价模型（Black Scholes Option Pricing Model）由费舍尔·布莱克和迈伦·斯科尔斯共同提出，为现代期权理论的发展奠定了基础。该模型回避了市场均衡价格结构和个人风险偏好的限制性假设，其推导公式建立在无风险套利机会的假设上，由此发展了期权定价的均衡模型。

③ 王莉华、王彦明：《基于布莱克—斯科尔斯模型的扩张期权案例分析》，《价值工程》2012 年第18 期。

碳配额期权的当前价格 S_0：初始分配时的基本原则为碳配额的市场价格不应低于减少单位碳排放的社会平均成本。①

碳配额期权的执行价格 X：碳配额期权的执行价格相当于购买期权的企业为定量的碳配额所付出的实际代价，该价格的制定应当基于对将来期权执行时企业为减少单位碳排放的平均成本的估计和预测。

延伸阅读

1. 段茂盛、庞韬：《碳排放权交易体系的基本要素》，《中国人口·资源与环境》2013 年第 3 期。

2. 潘家华：《碳排放交易体系的构建、挑战与市场拓展》，《中国人口·资源与环境》2016 年第 8 期。

3. 齐绍洲、王班班：《碳交易初始碳配额分配：模式与方法的比较分析》，《武汉大学学报》（哲学社会科学版）2013 年第 5 期。

练习题

1. 碳市场机制主要包括哪些基本经济学理论？
2. 简析排污权交易理论，并阐释这一理论对碳市场建设的促进作用。
3. 简述总量与碳配额交易的内容。
4. 如何用经济学的均衡理论解释碳排放均衡价格的形成？
5. 如何用边际理论来说明碳排放价格的形成机制？

---

① 王莉华、王彦明：《基于布莱克—斯科尔斯模型的扩张期权案例分析》，《价值工程》2012 年第 18 期。

第三章

碳市场的需求与供给

碳市场的需求与供给是决定碳价格的基本因素，碳市场的需求即对碳配额的需求，碳市场的供给即对碳配额的供给。碳市场的需求和供给的内涵与普通商品的需求和供给的内涵有所不同，有自己特别的定义和属性，其影响因素及变动规律也与一般商品有较大差异。本章将对碳市场的需求和供给的基本概念进行界定，分析其影响因素，图解供求曲线及其变动规律，最后对碳市场均衡价格进行分析。

第一节　碳市场的需求及其特点

一　碳市场需求的定义与分类

碳市场需求是指在其他条件不变的情况下，购买者在一定时期内在给定的价格水平上愿意并且能够购买的碳配额数量。在碳排放空间有限的情况下，碳配额成为一种稀缺资源，它就具备了商品属性。从需求方看，包括控排企业和其他有购买碳配额欲望和能力者，因为控排企业有完成履约的需求，个人和机构投资者有投资需求。

碳市场上所有需求者在每个价格水平上的需求量加总就构成碳市场的需求。

（一）履约需求

1. 履约需求的定义

履约需求是指控排企业为了完成履约，当获得的碳配额分配量小于其实际碳排放量时，必须在碳市场上购买不足的碳配额以完成履约，从而形成履约需求。这种履约需求是刚性的，否则，控排企业会因为超额排放而遭受违约惩罚。

2. 履约需求的影响因素

影响履约需求的因素比较复杂，除了宏观经济周期、能源价格、天气和原材料价格等碳市场之外的因素外，不同的碳市场或者碳市场的不同阶段会有一些变化，但主要的因素有如下几个方面：

第一，初始免费碳配额量。在控排企业碳排放量一定时，获得的初始免费碳配额越多，履约时需要从市场上购买的碳配额数量越少，碳市场需求越小；反之，碳市场需求越大。

第二，控排企业实际碳排放量。控排企业实际碳排放越多，在初始免费碳配额一定的情况下，就需要从市场上购买更多的碳配额用于完成履约任务，碳市场需求大，反之碳市场需求小。

第三，控排企业的边际减排成本。控排企业通过比较自身的边际减排成本和碳价格，从而决定是购买碳配额还是自我减排。如果边际减排成本低于碳价格，企业就会选择自我减排，从而减少对碳配额的需求量。如果企业边际减排成本高于碳价格，企业就会选择购买碳配额以完成履约任务。

第四，履约惩罚力度。惩罚力度越大，企业自觉完成履约的可能性越大，从而需要更多的碳配额。惩罚力度小，企业有可能拒绝履约，从而减少碳配额需求量。

（二）投资需求

1. 投资需求的定义

投资需求是指投资者（机构投资者和个人投资者）为了在碳市场上获取投资收益，在碳配额价格低时买进，在碳配额价格高时卖出，从中赚取差价收益，实现资本利得。

2. 投资需求的影响因素

除了金融市场上常见的影响投资需求的一般因素外，碳市场还有以下一些特殊的影响因素：

一是碳配额价格预期。如果投资者预期到未来价格会上涨，就会提前买进碳配额，导致市场需求增加；如果投资者预期未来价格会下跌，就会提前停止购买或者卖出碳配额，导致市场需求减少。

二是碳市场政策。碳市场的价格预期往往和碳市场政策的走向具有较大关系，如果未来碳市场政策趋紧，就会导致投资者对未来充满信心，从而增加现在的碳配额储备量，以期在未来卖出赚取差价，从而导致投资需求增加。

三是交易规则。投资者购买碳配额的根本目的是获利，因此需要根据碳市场的交易规则来建仓或者清仓。例如，有些地方碳市场对于碳配额的转让主体有限制，有些地方碳市场对于碳配额的使用有一定的限制。因此交易规则会影响投资者的投资决策。

四是碳价格稳定机制。为了稳定投资者的投资信心，各个碳市场纷纷建立碳价格稳定机制。碳价格稳定机制会在一定程度上降低投资的风险，自然也降低了投资的收益，因此投资者的投资需求会受到碳价格稳定机制的影响。

二　碳市场需求的特点

尽管碳配额的需求和一般商品的需求一样，会随着价格的下降而增加，随着价格的上升而减少，满足需求规律。但是，碳配额的需求，特别是履约需求与一般商品的需求仍然具有较大的差别。主要表现在以下几个方面：

第一，需求的动机不同。碳配额需求和普通商品需求最本质的区别是，碳配额需求是政府通过法律和政策强制手段创造出来的，如果没有法律和政策的强制性，微观主体不会对碳配额产生需求。而普通商品的需求源于人们可以从消费的商品中得到商品的使用价值，商品能够给消费者带来效用，所以消费者对这种普通的商品有自发需求，它不是法律和政策创造出来的，而是实际存在的使用价值。

第二，碳配额的需求量和碳配额的分配方法紧密相关。在免费或者部分免费分配方法下，控排企业的实际碳排放量如果超过了免费获得的碳配额数量，才会产生对碳配额的需求。在拍卖分配碳配额方法下，控排企业的履约需求完全取决于企业自身的碳排放量，因此履约需求相对较大。所以，碳配额是有偿发放还是免费发放，免费碳配额比例大小，都会在很大程度上影响控排企业对碳配额的需求。

第三，碳配额的需求与控排企业的边际减排成本紧密相关。如果控排企业拥有的碳配额小于实际碳排放量，控排企业除了可以选择从碳市场上购买碳配额外，也可以选择通过投资低碳技术、设备或项目，减少自身碳排放。但是，自主减排有一定的成本，控排企业需要比较边际减排成本和碳配额价格高低：如果边际减排成本高于碳价格，那么从市场上购买碳配额更为经济；如果边际减排成本低于碳价格，那么自主减排更为经济。因此，边际减排成本也在很大程度上影响控排企业对碳配额的需求。

三　需求曲线

碳配额的需求是指在其他条件不变的情况下，购买者在一定时期内在给定的价格水平上愿意并且能够购买的碳配额数量。这里所说的需求是一种有效需求，它要具备两个条件：购买意愿和购买能力。这两个条件缺一不可。无购买意愿但有购买能力的不形成需求；有购买意愿但无购买能力的也不形成需求。

一般来说，在不同的价格水平上，购买者对碳配额的需求量是不同的。往往是价格越高，需求量越小；价格越低，需求量越大，需求量与价格呈反向变化关系。即需求量随价格上升而减少，随价格下降而增加，这就是需求规律，需求规律也适用于碳市场。

如果以碳配额本身的价格为自变量（用 P 表示），以需求量为因变量（用 Q^d 表示），则可用函数关系即需求函数 $Q^d = f(P)$ 来描述它们之间的关系。需求函数可简单表示如下：

$$Q^d = a - bP \text{（其中 } a, b > 0\text{）}$$

需求量与碳价格的关系也可以反映在如图 3－1 的需求曲线上。在图 3－1 中，横轴表示碳配额的需求量 Q，纵轴代表碳价格 P，D 为碳配额的需求曲线。从曲线的形状来看，它是向右下方倾斜的，表明碳价格与碳配额的需求量是反向相关的。

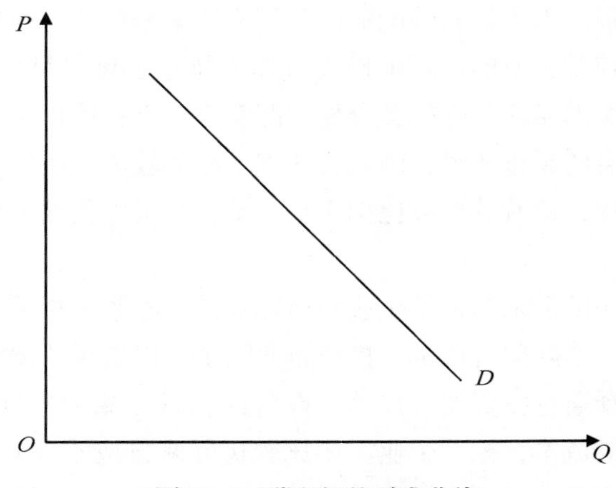

图 3－1　碳配额的需求曲线

第二节　碳市场的供给及其特点

一　碳市场供给的定义与分类

碳配额作为一种稀缺的资源可以进行交易，就必定有碳配额的提供者。碳配额的供给是指在其他条件不变的情况下，政府或出售者在一定时期内在给定的价格水平下愿意并且能够出售的碳配额数量。经济学意义上的碳配额供给也同样是一种有效供给，出售者既要有提供碳配额的意愿，又要有提供碳配额的能力。我们可以把碳市场的碳配额供给分为一级市场供给和二级市场供给。

（一）一级市场供给

一级市场，也称发行市场或初级市场，是指政府首次出售碳配额时形成的市场。一级市场上的碳配额供给数量由政府决定，而政府发放的碳配额总量与政府的碳排放控制目标紧密相关。如果政府制订较高的碳排放控制目标，那么政府设定的碳配额总量偏紧，市场中的碳配额供给总量水平下降，在碳配额需求不变的情况下，碳配额供小于求，碳价格上升，可能增加企业的履约成本。如果政府出于其他政治和经济上的考量，实施相对较弱的控排目标，那么碳配额总量可能较为宽松，会出现供给过剩，导致碳价格偏低，同时，抑制了投资减排技术和项目的积极性。因此，设定合理的碳配额供给总量非常重要。

（二）二级市场供给

二级市场是碳配额在不同的交易者之间买卖流通所形成的市场，又称流通市场或次级市场。

1. 控排企业减排行动产生的碳配额供给

如果控排企业采取技术改进等手段，降低了自身的碳排放量，导致实际排放量小于企业拥有的碳配额量，则多余的碳配额就可以拿到市场上出售，形成二级市场供给。这类碳配额的供给主要取决于控排企业的实际碳排放与自身拥有碳配额的数量差距，如果控排企业拥有的碳配额高于实际碳排放量，且具有出售多余碳配额的意愿，这部分出售的碳配额形成市场供给。而实际碳排放量与碳配额的差额，主要由碳配额免费发放量、控排企业的边际减排成本决定。

2. 投资者的碳配额供给

一些企业、金融机构和中间投机商等机构投资者或个人投资者，他们利用其专业的投资经验、金融工具和网络手段，了解碳市场的价格走势，低价买进，适当的时候高价卖出，从中获取差价收益，这种行为属于市场投资行为。来自这种投资的供给可以活跃市场，增加市场的流动性，对于碳价格发现也有一定的作用。

3. 来源于抵消机制的市场外供给

抵消机制允许符合碳市场准入条件的核证自愿减排量参与碳市场的交易活动，控排企业可购买这种非碳配额商品用以履约，以降低履约成本。在国际上有清洁发展机制或联合履行机制下的自愿减排项目所产生的减排单位 CER 或 ERU，在中国则有国家发改委签发的自愿减排项目产生的核证减排量 CCER。可以用于抵消的那部分自愿减排项目产生的减排量产品增加了碳市场的供给，由于这两类供给品来源不同，商品中包含的减排信息不同，商品价值量有差异，在市场和履约时不能 1 : 1 等价。本书第二章第二节已经介绍了基于减排的信用交易，此处不再赘述，关于抵消机制与履约的关系将在第五章做详细介绍。

（三）影响供给的因素

1. 政府的减排目标

碳配额总量与政府碳排放控制目标紧密相关。当减排目标较强时，需要较大的减排幅度，碳配额的供给偏紧；当减排目标较弱时，减排幅度较小，碳配额的供给相对偏松。

2. 替代品的供给量

碳市场中的抵消机制允许控排企业使用基于项目的减排量用于履约。基于项目减排产生的核证减排量可被视为碳配额的替代品（控排企业只能使用一定比例的核证减排量，因此，该商品只有部分替代功能）。核证减排量的供给来源于项目减排，受抵消机制对使用比例的规则影响。因此，项目减排量的大小、允许控排企业使用核证减排量的比例高低，都影响着替代品的供给量，继而影响碳市场的供给。

3. 碳配额价格

一般来说，碳价格越高，企业投资减排项目的激励越大，对碳配额的供给量越多；相反，碳价格越低，企业的减排激励越小，碳配额的供给量越小。碳价的稳定性也是影响企业做出减排决策的重要因素，稳定的碳价有利于企业做出理性判断。

4. 碳价格的预期

当投资者预期碳价格在下一期会下降时，就会选择在当期卖出，增加对碳配额的现期供给数量，导致碳配额的供给增加。当投资者预期碳价格在下一期会上升时，就会选择在下一期卖出，减少对碳配额的现期供给数量，导致碳配额的供给减少。

5. 碳配额的储存（Banking）

从全球主要碳市场制度来看，一般都允许控排企业将当年履约后剩余的碳配额在一定的时段内进行存储以备下一期使用。碳配额储存制度一方面为企业经营碳资产提供了跨期管理的选择，另一方面减少了当期碳配额的市场供给。

6. 碳配额的预借（Borrowing）

在允许碳配额预借的制度下，控排企业可以把下一期的碳配额提前用于当期的履约。这将增加当期碳配额的供给，减少下一期碳配额的供给。在这种制度下，碳市场交易量将大幅下降。

二　碳配额供给的经济学分析

第一，一级市场上碳配额的供给来源于政府确定的碳配额总量和碳配额分配方法。当政府减排目标趋紧时，碳配额相对较少，即供给较少；当政府减排目标趋松时，碳配额相对较多，即供给较多。因此，碳配额的供给是政府通过法律和政策创造出来的，政府是一级碳市场碳配额供给的提供方。从一级市场来看，碳配额的边际生产成本几乎为零，属于一种政府通过法律和政策创造出来的虚拟商品。

第二，理论上看，二级市场上碳配额的供给取决于控排企业的边际减排成本与碳价的关系。不同于一般商品的生产成本，二级市场上的碳配额供给是由控排企业边际减排成本与碳价格的关系决定的。当控排企业减少一单位碳排放所投入的成本即边际减排成本小于碳价格时，企业更愿意自主减排，把多余的碳配额在市场上出售获益，从而增加二级市场上碳配额的供给；反之，控排企业更愿意在市场上购买碳配额而不是自主减排履约，从而减少二级市场上碳配额的供给。实际上，由于碳价格随时在变动，而企业从投资减排项目到降低边际减排成本需要一段时间，所以，影响碳配额供给的主要还是企业产量变化带来的碳排放量高低，同时，与控排企业的风险偏好有关。

第三，二级市场上碳配额的供给也并非是无限的。二级市场上每个控排企业盈余带来的碳配额供给量不能无限增加，在免费碳配额分配方法下，企业可以在二级市场出售的碳配额只能小于等于企业获得的碳配额数量，即使企业实现零排放，也只能把政府分配的所有碳配额在市场上出售，不可能提供超过政府分配的碳配额总量。相比之下，对一般商品而言，只要价格上升，在资源可得的条件下，企业就可以不断生产商品供应市场。

第四，碳配额的长期供给呈下降趋势。建立碳市场的目的是促使企业节能减排，最终实现净零排放，因此，碳市场碳配额总量会逐年下降，给控排企业分配的碳配额也会越来越紧，碳市场上碳配额的长期供给会不断减少。

三　碳市场的供给曲线

（一）一级市场的供给曲线

在一级市场上，碳配额的供给直接来自于政府确定的年度减排目标，这个目标并不会随着价格的变化而变化，而是取决于政府的总体减排目标，因此是外生于价格的一条直线，具有刚性的约束特征。如图3－2所示，显然在一级市场上，碳配额的供给量并不会随着价格的变化而变化，因此垂直于横轴。如果政府加大减排力度，减少碳配额总量的供给，就会导致供给曲线向左平行移动到S_1；如果政府放松减排力度，增加碳配额总量的供给，就会导致供给曲线向右平行移动到S_2。从这个意义上更能体现碳市场是一种人为创造的市场，政府政策对其运行具有较大影响，很大程度上体现了政府的减排意愿。

（二）二级市场的供给曲线

一般说来，在不同的价格水平上，供给量水平也是不同的。往往是价格越高，供给越多；价格越低，供给越少，供给量与价格呈正相关关系，即供给量随价格上升而增加，随价格下降而减少，这就是供给规律，也适用于碳配额的二级市场。

如果以碳价格为自变量（用P表示），以碳配额供给量为因变量（用Q^s表示），则价格与供给之间的这种对应关系可以用供给函数来描述，如下：

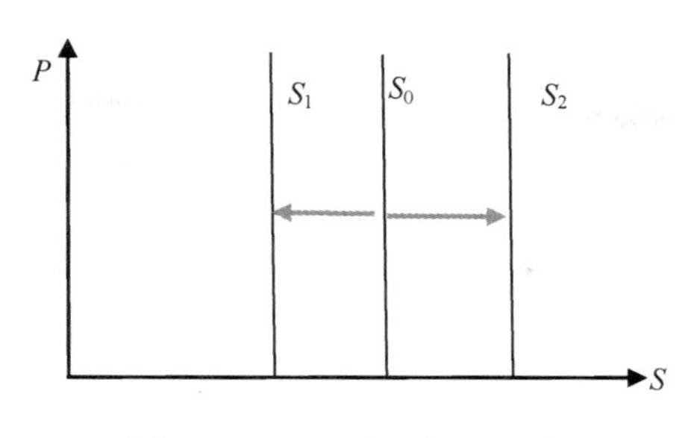

图3-2　一级市场供给曲线

$$Q^s = f(P)$$

需要说明的是，出于简明起见，微观分析中大多使用线性的供给函数：

$$Q^s = -c + dP \text{（其中 } c, d > 0\text{）}$$

价格与供给的关系还可以通过供给曲线更直观地体现出来。在图3-3中，纵轴表示碳价格，横轴表示碳配额供给量，供给曲线为S。通常情况下，供给曲线是向右上方倾斜的。

碳市场和一般商品市场的最大区别在于其二级市场的供给并非是无限供给，而是受限于一级市场的总供给，因此供给曲线会呈现出不同的形状，具有垂直的部分。如图3-4所示，在供给量未超过S_{max}之前，碳配额供给量与碳价格呈正相关关系，但是如果超过了企业拥有的数量，那么碳价格就无法进一步刺激企业的减排行为，从而导致出现折弯型的供给曲线。由于每个企业的碳配额供给受限于自身拥有的碳配额数量，加之市场上总的碳配额供给数量是固定的，所以无论是企业的供给曲线还是二级市场的供给曲线最终都会是折弯型。

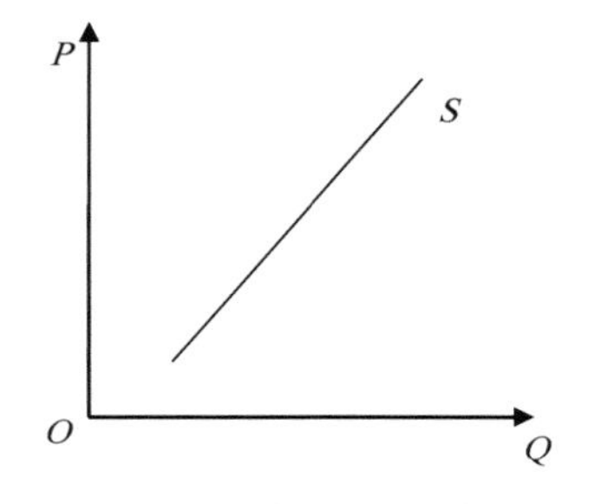

图3-3　二级市场供给曲线

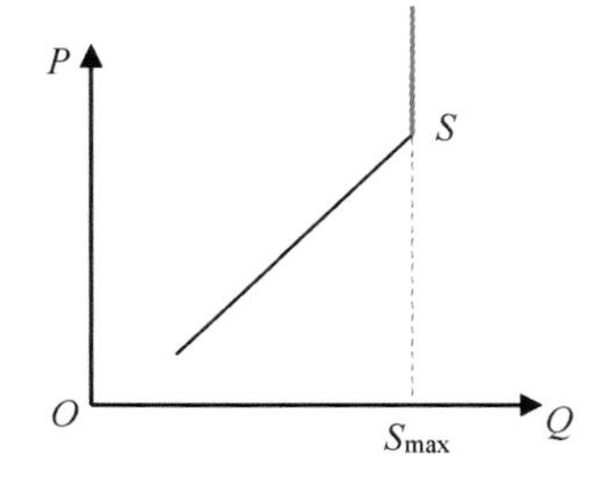

图3-4　折弯型二级市场供给曲线

第三节　碳市场的均衡价格及其变动

一　碳市场均衡价格

（一）一级市场均衡价格

1. 一级市场均衡价格的含义

均衡是市场需求和市场供给这两种相反力量相互作用而形成的。当碳配额的市场需求和市场供给相一致时，决定了一级市场均衡价格和均衡数量。这时，碳配额的需求价格等于供给价格，需求量等于供给量。

2. 需求变动对一级市场均衡价格的影响

在碳配额免费分配方法下，并不存在真正意义上的一级交易市场，也无法形成碳价格。因为控排企业的初始碳配额都是通过政府免费发放的，企业并没有向政府购买碳配额的动力。在有偿分配方法下，比如政府通过拍卖的方式分配碳配额，就会形成需求，从而形成一级市场的均衡价格。如果采取完全拍卖的方式分配，企业所需的碳配额都通过拍卖获得，那么一级市场的均衡价格就能更为准确地反映企业的边际减排成本。如图3－5所示，在一级市场上，由于碳配额的供给取决于政府的减排目标，并不随碳价格变化而变化，因此碳价格主要取决于需求的大小。在 D_0 情景下，企业没有购买碳配额的需求，因此均衡价格为零。当需求增加时，则均衡价格就会升高。例如，由于宏观经济形势好转，企业增加生产，导致碳排放量增加，企业需要更多的碳配额用于履约，需求就会从 D_1 增加到 D_2，导致一级市场上均衡价格从 P_1 上升到 P_2。

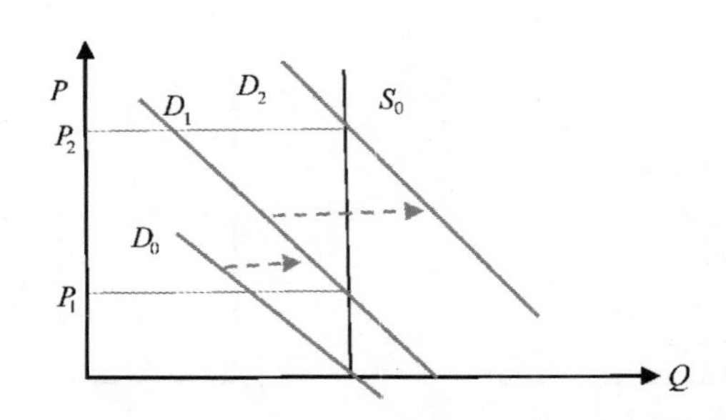

图3－5　需求变动对一级市场均衡价格的影响

3. 碳配额总量变动对一级市场均衡价格的影响

如果政府的减排目标发生改变,也会对一级市场的均衡价格产生重要影响。如果政府放松了减排目标,那么就会导致均衡价格下降;如果政府收紧了减排目标,就会导致均衡价格上升。如图 3 - 6 所示,如果政府把减排目标从 S_0 调整为 S_1,就意味着一级市场上的碳配额供给减少,导致均衡价格从 P_0 上升为 P_1;如果政府把减排目标从 S_0 调整为 S_2,就意味着一级市场上碳配额的供给增加,导致碳价格从 P_0 降为 P_2。因此,政府的减排目标会在很大程度上影响一级市场上的碳价格。

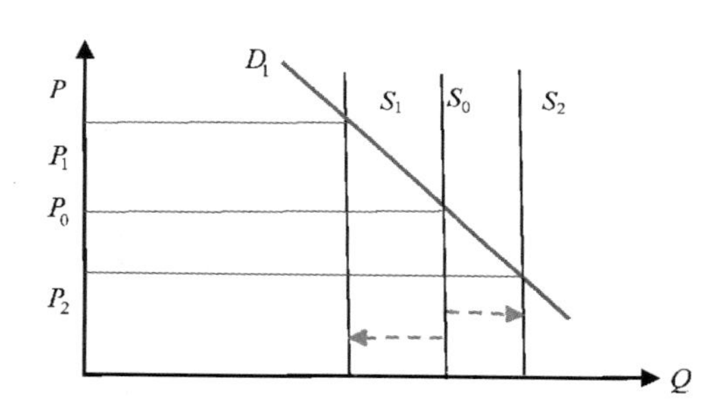

图 3 - 6　供给变动对一级市场均衡价格的影响

（二）二级市场均衡价格

1. 二级市场均衡价格的含义

碳配额和其他的普通商品一样，它的价格也是由市场中的供给与需求两种力量共同决定的，即均衡由供给与需求共同决定。均衡价格是指碳配额的市场需求量与市场供给量相等时的价格。在均衡价格下相等的供求量称为均衡数量。当市场机制完全发挥作用时，尽管短期内碳价格会有波动，但从长期来看，碳价格应该稳定在均衡价格。在几何意义上，均衡价格出现于需求曲线与供给曲线的交点，即均衡点。如图 3 - 7 所示，纵轴表示碳价格 P，横轴表示碳配额供求数量 Q，D 与 S 分别表示碳配额供给曲线与需求曲线；当两条曲线相交时，均衡点 E 即表示碳配额供给与需求相等时的均衡价格 P_0 与均衡数量 Q_0。

2. 二级市场均衡价格的形成

那么，二级市场碳配额均衡价格是如何形成的？它是通过市场供给与需求的自发调节作用而形成的。当市场价格背离均衡价格时，通过供求力量的相互

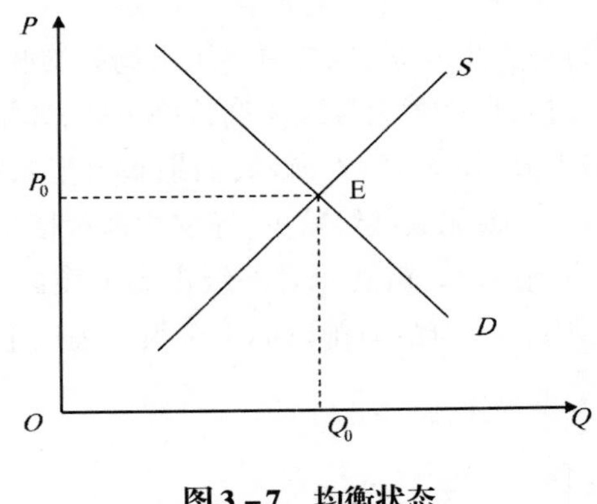

图 3-7　均衡状态

作用，市场有自动恢复均衡的趋势。

如图 3-8 所示，当碳配额价格高于均衡价格 P_0 时，碳配额市场供给大于市场需求，即有过剩的碳配额供给。此时碳价格会下降，一直下降到等于 P_0 ，供给与需求相等，碳市场恢复到均衡状态，达到均衡点 E 。当碳配额价格低于均衡价格 P_0 时，则市场供给小于市场需求，即市场供给存在缺口，不能满足对碳配额的需求。此时会促使碳价格上升，直到等于均衡价格，实现供求相等，市场也再次恢复到均衡点 E 。

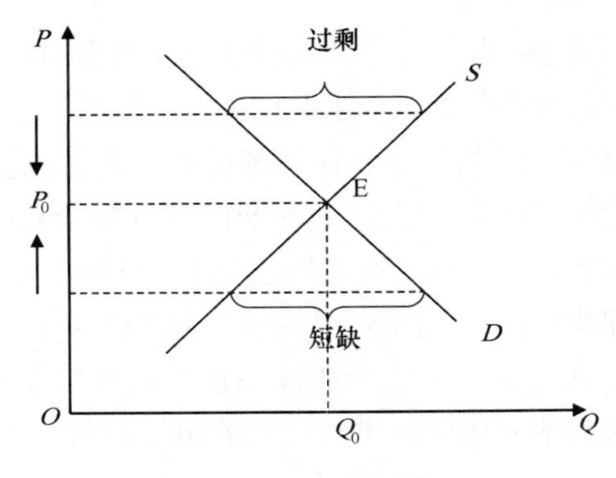

图 3-8　均衡的形成

供过于求价格趋于下降，供不应求价格趋于上升，这一规律普遍存在于各种经济现象以及日常的生活中，碳配额的供求关系同样影响碳价格的变化，也遵循这一规律。

在二级市场上，碳配额总供给的上限为政府确定的排放目标，因此供给曲线带有向上折弯的部分。当需求进入这一部分时，价格的上升将更为迅速。例如在图 3 – 9 中，当需求从 D_1 上升到 D_2 时，价格也从 P_1 上升到 P_2。

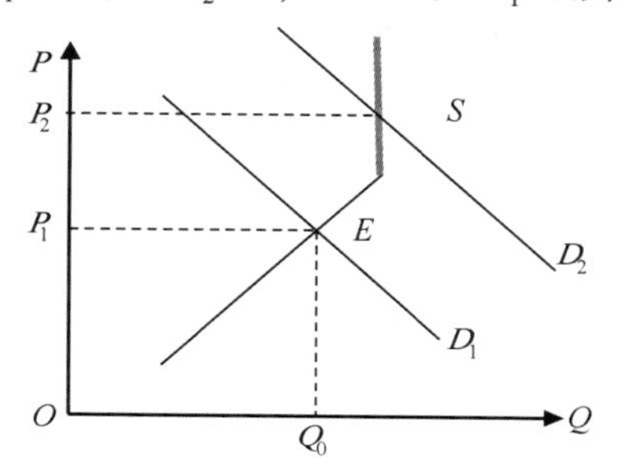

图 3 – 9　二级市场的均衡状态

> **专栏 3 – 1　碳市场的一个基本功能**
>
> 碳市场是一种社会减排成本最小化的减排政策工具，可以根据政府的碳减排目标事先设定排放总量，然后把这一排放总量下的碳排放空间按照一定标准和方式分配给控排企业。与只有单向惩罚功能且无法控制碳排放量的碳税相比，碳市场具有排放量事先可控、拥有激励和惩罚双向功能等优点。通过碳市场，可以使具有减排优势的企业卖出多余的碳配额获利，并投资于节能减排项目或技术改造；而没有节能减排优势或不愿意节能减排的企业，则要购买不够的碳配额，从而为其超额碳排放付出代价。通过上述奖优汰劣的市场驱动机制代替行政命令，可以有效实现碳减排目标，优化产业结构和能源结构。
>
> 为了实现碳市场这种双向的奖优汰劣功能和事先确定的减排目标，必须要制定严格的碳排放总量，必须要有市场交易以形成有效的碳价格，必须要有严格的履约惩罚措施。只有这样，企业才愿意把自己的减排成本与碳价格进行比较，选择以最小的成本实现碳减排目标。
>
> 欧盟碳市场（EU ETS）对其节能减排、绿色增长和就业发挥了重要作用。在 1990—2012 年，欧盟温室气体排放减少 19%，而经济却增长 45%，

单位GDP的温室气体排放减少50%，实现了经济增长和碳排放的脱钩；在2002—2011年，绿色低碳部门新增加就业岗位300万—420万个。自2005年启用的EU ETS在其中发挥了一定作用。美国东北部10个州组成的区域碳市场（RGGI），虽然仅仅是电力行业的碳市场，但其节能减排成效显著，2009—2012年，RGGI覆盖范围内的CO_2排放下降了25%。

碳市场对节能减排的作用，时间越长越显著。随着碳市场制度的不断完善、数据的不断精确、基础能力的不断提高、履约越来越严格，碳市场对节能减排的贡献会越来越大。

资料来源：齐绍洲：《中国社会科学报》2016年4月1日。

二　需求与供给变动对均衡的影响

碳市场中需求与供给是变动的，碳市场的均衡因此也是动态变化的。由于碳配额的均衡价格是由碳市场的需求曲线和供给曲线的交点决定的，于是，需求曲线和供给曲线的位置移动都会使均衡碳价格水平发生变化。

（一）需求变动对均衡的影响

碳市场的需求可以用需求曲线来描述，任何一条碳市场需求曲线表示在其他条件不变时，由碳配额的价格变动所引起的需求数量的变动，具体表现为碳价格—需求数量组合点沿着一条既定的需求曲线的运动。

事实上，在碳配额的价格保持不变时，还有其他一系列因素会影响碳市场的需求数量。例如，减排技术的进步使得企业的边际减排成本大幅度下降，企业有可能选择自主减排，而不是在碳市场购买碳配额。与碳排放量相关的生产资料的价格变化，也会对碳市场的碳配额需求产生影响。例如，电厂、钢铁冶炼及水泥企业是碳市场最主要的碳配额需求者，煤炭价格上升，电厂会选择方便廉价的天然气或石油发电，导致电厂释放的碳排放量下降，碳排放市场需求减少；反之，天然气价格上升，煤炭价格下降，电厂会选择燃煤发电，释放的碳排放量增加，使碳排放市场需求量急剧增加。这些价格之外的其他因素变化所导致的碳市场需求数量的变化，通常称为需求的变动，在几何图形中，需求的变动表现为需求曲线位置发生移动，如图3－10所示。

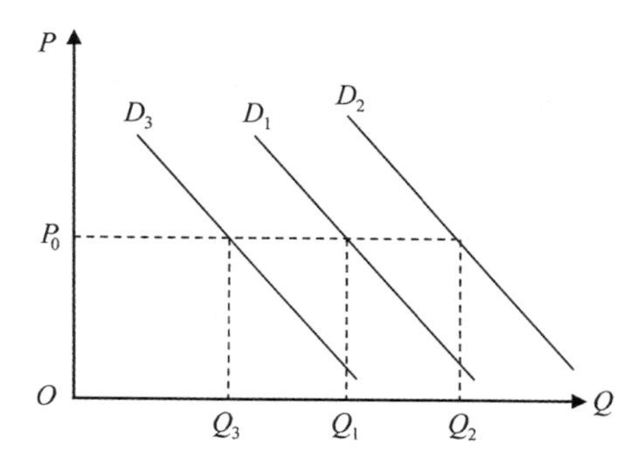

图3－10　碳配额需求的变动和需求曲线的移动

假设碳市场供给曲线不发生变动，碳配额需求的变动，会影响均衡的碳价格水平。如图3－11（a）所示，需求曲线D_0与供给曲线S相交于E_0点，决定了均衡价格P_0与均衡数量Q_0。当需求增加，需求曲线由D_0向右平移至D_1时，需求水平整体增加了$Q_0Q_0^a$，意味着碳市场上存在供不应求的缺口，这将迫使碳价格由P_0逐渐上升到P_1；在此过程中，碳配额需求量会由于碳价格上升而由Q_0^a下降到Q_1，碳配额的供给量则由Q_0上升到Q_1；最后实现新的均衡，即点E_1，对应的均衡价格为P_1，均衡数量为Q_1；很明显，$P_1 > P_0$，$Q_1 > Q_0$。这表明，随着碳配额需求的增加，均衡价格上升，均衡数量也会增加。同样的道理，如图3－11（b）所示，如果碳配额需求减少，需求曲线由D_0向左平移至D_2，新的均衡点为E_2，对应的均衡碳价格为P_2，均衡数量为Q_2；很明显，$P_2 < P_0$，$Q_2 < Q_0$。这表明，随着碳配额需求的减少，均衡价格与均衡数量会减少。

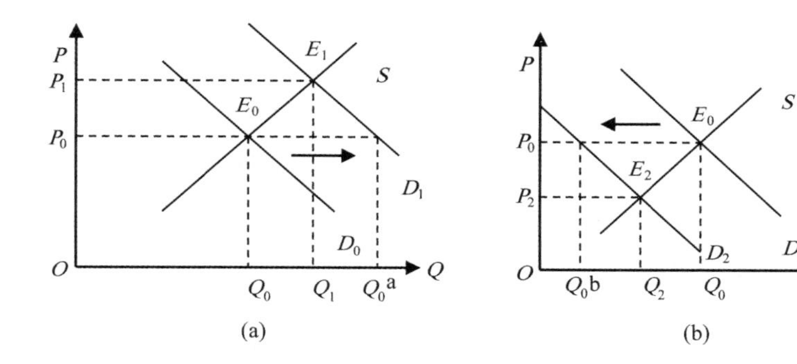

图3－11　需求变动对均衡的影响

（二）供给变动对均衡的影响

碳市场的供给可以用供给曲线来描述，任何一条碳市场供给曲线表示在其他条件不变时，由碳配额价格变动所引起的供给数量变动，具体表现为碳价格—供给数量组合点沿着一条既定的供给曲线的运动。事实上，在碳价格保持不变时，还有其他一系列因素会影响碳市场的供给数量。除碳配额自身价格以外的其他因素变化所导致的市场供给数量的变化，通常称为供给的变动，例如，当投资者预期碳配额的价格在下一期会下降时，就会增加对碳配额的现期供给数量，导致碳配额的供给增加。在几何图形中，碳配额供给的变动表现为供给曲线位置发生移动，如图 3 – 12 所示。

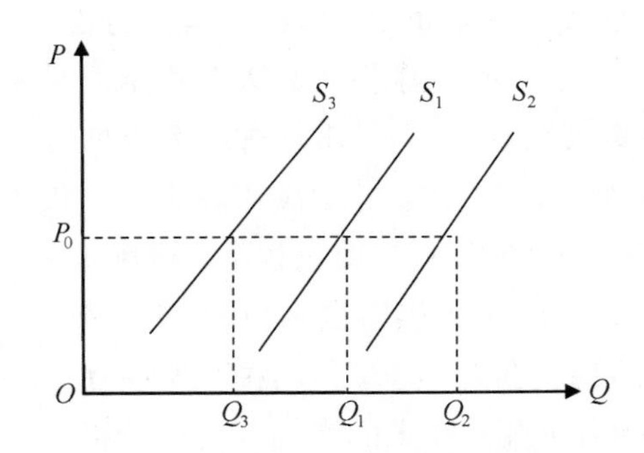

图 3 – 12 碳配额供给的变动和供给曲线的移动

碳配额的供给是影响均衡的另一个方面。如图 3 – 13（a）所示，供给曲线 S_0 与需求曲线 D 相交于 E_0 点，均衡价格与均衡数量分别为 P_0 与 Q_0 。现在若碳配额供给增加，供给曲线向右平移至 S_1 时，供给整体水平增加了 $Q_0Q_0^a$ ，即碳市场供大于求，这将迫使碳价格由 P_0 逐渐下降到 P_1 ；在此过程中，碳配额供给量将由于价格下降而由 Q_0^a 下降到 Q_1 ，碳市场需求量则从 Q_0 上升到 Q_1 ；最后新的均衡再次得以实现，即点 E_1 ，对应的均衡价格与均衡数量分别为 P_1 与 Q_1 ；可以发现，$P_1 < P_0$ ，$Q_1 > Q_0$ 。因此，碳配额供给增加会引起碳价格下降，均衡数量增加。

同样的道理如图 3 – 13（b）所示，如果碳配额供给减少，供给曲线向左移至 S_2 ，均衡点因此变为 E_2 ，均衡价格上升为 P_2 ，均衡数量下降为 Q_2 。可以看出，当供给减少时，碳价格会上升，均衡数量会减少。

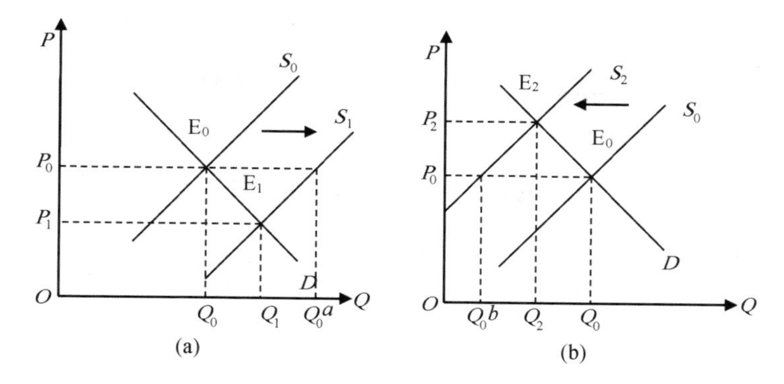

图 3-13　碳配额供给变动对均衡的影响

综上所述，在其他条件不变的情况下，碳配额需求变动分别引起均衡价格与均衡数量的同方向变动；供给变动分别引起均衡价格反方向变动和均衡数量的同方向变动。如图 3-14 所示，这就是经济学中的“供求规律”，在碳市场中同样适用。

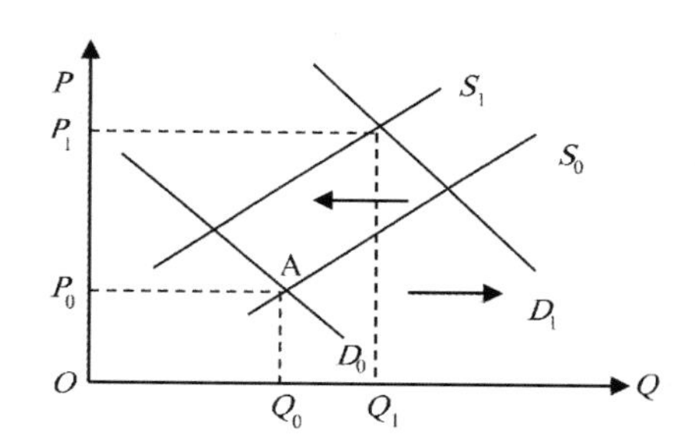

图 3-14　需求与供给同时变动对均衡的影响

当然，当需求移动到折弯的供给曲线垂直部分时，均衡数量不会再变化，变化的仅仅是价格。另外，供给与需求同时发生变动对均衡的影响又可以分多种情况，读者可以根据上述方法进行推导。

专栏 3-2　欧盟碳市场碳配额供过于求

欧盟碳市场（EU ETS）在 2018 年之前遭遇了碳配额供过于求而导致

碳价格长期低迷的挑战。由于欧债危机冲击，欧盟经济增长乏力，企业生产下降，导致按照祖父法免费分配的碳配额供过于求，再加上抵消机制允许清洁发展机制和联合履约机制产生的减排信用额度较大比例地进入EU ETS，进一步使EU ETS供过于求，欧盟碳市场深陷困境，碳市场价格从30欧元左右不断下跌，长期在6欧元以下徘徊。

欧盟碳市场的不景气同时也影响到那些曾经将该市场作为一种指标的全球企业，并且使得全球合作应对气候变暖的争论再起。经过多次峰会的讨论和协商，目前有190多个国家的官员表示将承担起在2015年减少碳排放的责任。然而，指责的人士则表示，欧盟作为一个共同体，自身都难以实现一个总量管制和交易的市场目标，显然对抗气候变暖十分困难。

欧盟碳价格为何持续走低？问题的核心是碳配额的供过于求。从需求上看，企业由于节能减排技术的进步，对于碳配额的需求开始减少。从供给方面看，太多的企业享受到了免费的配额。有些企业甚至永远都不需要为排放许可付费，这些企业囤积碳配额，甚至将其出售牟利，获得意外之财。交易体系方面，欧盟的交易体系和比较新的交易体系如美国加州等地有所不同，欧盟交易市场没有设立价格底线以防止市场的崩溃，提升碳配额价格的过程十分复杂。

资料来源：http：//finance. china. com. cn/roll/20130508/1448204. shtml.

第四节　碳配额的价格弹性

在前面内容的学习中，我们知道，碳配额的需求与供给受到很多因素的影响。但这些因素的变化，到底在多大程度上引起供求量的变化？对于这个定量上的把握，我们尚不清楚，弹性是测度这种影响程度大小的重要工具。

一　弹性的一般定义

弹性衡量的是一个变量对另一个相关变量变化的反应敏感程度。一般来说，只要两个变量之间存在着函数关系，我们就可以用弹性来表示因变量对自变量变动的反应敏感程度大小。弹性的一般公式表示为：

$$e = \frac{\Delta y}{y} / \frac{\Delta x}{x} \text{（其中 } e \text{ 为弹性）}$$

弹性公式表达的含义是，自变量 x 一定的变动率所引起的因变量 y 相应变动率的比值。显然，弹性是一个具体的数字，没有计量单位。本节所涉及的弹性主要包括需求价格弹性、交叉价格弹性和供给价格弹性。

二　碳配额需求价格弹性

第一节已经把碳配额的需求分为履约需求和投资需求，因此，这里考察的碳配额需求价格弹性仅仅对履约需求有意义，而且与商品的需求价格弹性不一样的是，碳配额的需求者是控排企业而不是消费者。在此前提下，我们下面考察的碳配额需求价格弹性是指一定时期内，碳配额的需求量相对于碳价格变动的反应程度。碳配额需求价格弹性也可以具体分为弧弹性与点弹性。

（一）碳配额需求价格弧弹性

碳配额需求价格弧弹性是当碳价格变动明显时碳配额需求曲线上两点间的弹性。其计算公式如下：

$$e_d = -\frac{\Delta Q}{Q} / \frac{\Delta P}{P} = -\frac{\Delta Q}{\Delta P} \cdot \frac{P}{Q} \qquad \text{（式 3-1）}$$

在（式 3-1）中，e_d 表示碳配额需求价格弹性，$\frac{\Delta Q}{Q}$表示碳配额需求量的变动率，$\frac{\Delta P}{P}$表示碳价格变动率。由于需求量与价格通常是反向变动的，因此按定义计算的弹性是一个负值；通常在（式 3-1）中加入一个负号，以反映需求量与价格反向变动的关系。

给定碳配额需求曲线上的两点 A 与 B，其碳价格分别为 5 和 4，碳配额需求量分别为 4 和 8。根据（式 3-1）进行弹性计算如下：

如果是碳价格下降，即需求曲线上由 A 点到 B 点的变动，则：

$$e_d = -\frac{\Delta Q}{Q} / \frac{\Delta P}{P} = -\frac{Q_B - Q_A}{Q_A} / \frac{P_B - P_A}{P_A} = -\frac{8-4}{4} / \frac{4-5}{5} = 5$$

如果是碳价格上升，即需求曲线上由 B 点到 A 点的变动，则：

$$e_d = -\frac{\Delta Q}{Q} / \frac{\Delta P}{P} = -\frac{Q_A - Q_B}{Q_B} / \frac{P_A - P_B}{P_B} = -\frac{4-8}{8} / \frac{5-4}{4} = 2$$

显而易见，碳配额需求价格弧弹性的计算结果受到碳配额需求曲线上两点间价格变动方向的影响。因此，在实际的计算中，要根据碳价格变动的具体方向来准确地求得相应的弹性值。

当然，如果不具体强调碳价格的变动方向（即涨价或降价），只是一般性地求碳配额需求曲线上两点间的弹性，为了避免如上述计算结果的不同，一般采用（式3－2）替代（式3－1）来计算弧弹性的值。其公式如下：

$$e_d = -\frac{\Delta Q}{Q} / \frac{\Delta P}{P} = -\frac{\Delta Q}{(Q_A + Q_B)/2} / \frac{\Delta P}{(P_A + P_B)/2} \quad \text{（式3－2）}$$

根据中点公式，上述弹性的计算结果为：

$$e_d = -\frac{\Delta Q}{(Q_A + Q_B)/2} / \frac{\Delta P}{(P_A + P_B)/2} = -\frac{8-4}{(8+4)/2} / \frac{4-5}{(4+5)/2} = 3$$

（二）碳配额需求价格点弹性

当碳配额需求曲线上两点间的变化量趋于无穷小（即$\Delta P \to 0$）时，碳配额需求的价格弹性就用点弹性表示。碳配额需求价格点弹性的公式表示为（式3－3）：

$$e_d = \lim_{\Delta P \to 0} -\frac{\Delta Q}{Q} / \frac{\Delta P}{P} = -\frac{dQ}{dP} \cdot \frac{P}{Q} \quad \text{（式3－3）}$$

如给定碳配额需求函数$Q^d = 80 - 2P$，当碳价格$P = 2$时，其需求价格点弹性为：

$$e_d = -(-2) \times \frac{2}{80 - 2 \times 2} = \frac{1}{19}$$

（三）碳配额需求价格弹性的影响因素

影响碳配额需求价格弹性的因素很多，主要包括以下几个方面：

第一，化石能源的可替代程度。一般来说，碳排放主要来自化石能源的燃烧过程，所以化石能源的可替代性越高，控排企业的减排技术选择越多，则碳配额需求的价格弹性就越大；反之，弹性就越小。这是因为如果控排企业可以以较低的调整成本将高碳能源转换为低碳能源甚至零碳能源，就可以有效降低对碳配额的需求，因此具有较大的价格弹性。

第二，企业对碳配额的需求程度大小。高碳行业碳排放量较大，其需求价格弹性一般比较小；低碳行业对碳配额的需求价格弹性则比较大。例如，水泥行业属于典型的高碳行业，其碳排放的很大部分来自于工艺过程，是由化学反应决定的，因此并不能通过能源结构调整或工艺过程的改变而减少碳排放，所以这样的行业对碳配额的需求依赖性相对较高，即需求价格弹性较小。

第三，所考察的时期长短。时期越长，企业找到其他替代能源或者技术方案的可能性越大，则需求弹性就越大；反之，则越小。一般而言，从减排技术方案变成实际的减排设备并发挥作用需要一定的时间周期，因此在短时期内企业对碳配额的需求价格弹性较小，但是在中长期企业可以进行节能减排改造和工艺改造，从而可以大幅度降低碳排放，因此需求价格弹性较大。

专栏3－3　企业对碳市场的短期和长期策略

某水泥企业是2014年第一批被湖北省纳入碳市场的企业，第一年履约，就花费了3000多万元购买碳配额。该企业主管部门负责人感叹道："当年我们获得了2046万吨的碳配额，但在年度履约期结算时却发现实际碳排放超出了115.34万吨，购买碳配额的花费相当于我们企业在华中地区一年的纯收入，损失惨重。"这笔费用花得可谓教训深刻，该企业从第二年开始在节能减排方面下足了功夫，专门成立气候保护部，通过自主研发技术把生活垃圾、工厂废弃物加工成为一种绿色环保的垃圾衍生燃料以替代传统的煤炭。一年时间，该企业不但不再需要购买碳配额，反而通过出售盈余的42.38万吨碳配额实现净收益900多万元。这样的企业还有不少，试点3年来，湖北全省纳入碳市场的控排企业，已通过节能降碳实现碳市场收益3亿元。

资料来源：赵展慧：《全国碳排放交易体系启动，中国碳市场会是什么样?》，《人民日报》2017年12月20日。

三　碳配额需求的交叉价格弹性

（一）碳配额需求交叉价格弹性的定义

碳配额需求的交叉价格弹性是指在一定时期内，碳配额的需求量对于其相关商品价格变动的敏感程度。它用碳配额需求量的变动率与其相关商品的价格变动率的比值来表示。如果用$\frac{\Delta Q_x}{Q_x}$来表示碳配额x的需求量变动率，用$\frac{\Delta P_y}{P_y}$表示商品y的价格变动率，用e_{xy}表示碳配额需求的交叉价格弹性，则可以表示为（式3－4）：

$$e_{xy} = \frac{\Delta Q_x}{Q_x} / \frac{\Delta P_y}{P_y} = \frac{\Delta Q_x}{\Delta P_y} \cdot \frac{P_y}{Q_x} \qquad (式3-4)$$

（二）碳配额需求交叉弹性的意义

碳配额需求交叉价格弹性的符号取决于两种商品的相关关系：

第一，交叉弹性如果为正值，表明碳配额的需求量与另一种商品的价格同向变动，它们之间为替代关系。

第二，交叉弹性如果为负值，表明碳配额的需求量与另一种商品的价格反向变动，它们之间为互补关系。

第三，交叉弹性如果为零值，表明它们不存在相关关系。

例如，碳配额需求量与抵消机制产生的CCER价格之间呈现一定的正相关性，反映出碳配额与CCER之间的替代关系。CCER价格上升，履约企业就会购买更多碳配额来履约，从而导致碳配额的需求量增加。反之，CCER价格下降，履约企业就会购买更多的CCER代替碳配额进行履约，减少对碳配额的需求。再如，碳配额需求量与天然气价格也存在正相关关系，因为天然气价格降低，会刺激企业进行煤改气的节能改造，把能源类型从高碳的煤转换为低碳排放的天然气，这就会减少碳排放，从而减少履约企业对碳配额的需求量；反之则反是。

四　碳配额供给的价格弹性

（一）碳配额供给价格弹性的定义

碳配额供给的价格弹性用来衡量碳配额的供给量变动对于其价格变动的敏感程度。碳配额供给价格弹性用碳配额供给量变动率与碳价格变动率的比值来表示。如以$\frac{\Delta Q}{Q}$表示碳配额供给量变动率，以$\frac{\Delta P}{P}$表示碳价格变动率，则碳配额供给弹性的公式为：

$$e_s = \frac{\Delta Q}{Q} / \frac{\Delta P}{P} = \frac{\Delta Q}{\Delta P} \cdot \frac{P}{Q} \qquad (式3-5)$$

根据供给规律，由于供给量与价格同方向变动，因此碳配额供给弹性为正值。

（二）碳配额供给价格弹性的影响因素

1. 时期的长短

碳配额价格变化时，厂商进行产量或技术调整需要一定的反应时间。在短期，厂商调整产量或者改进技术可能比较困难，因此短期的碳配额供给价格弹性相对较小。而在长期，企业根据碳价格的变化调整规模与产量、改进技术都有较大余地，因此相对于短期，长期的碳配额供给价格弹性也就比较大。

2. 生产的难易程度

一般来说，技术要求低，减排相对简单，碳配额的供给价格弹性就大些；如果技术要求高，减排周期长、难度大，则碳配额的供给价格弹性就小。

延伸阅读

1. 孙永平主编：《碳排放权交易概论》，社会科学文献出版社 2016 年版。

2. 齐绍洲主编：《低碳经济转型下的中国碳排放权交易体系》，经济科学出版社 2016 年版。

练习题

1. 碳交易市场参与的主体有哪些？各自在市场中的地位和作用怎么体现？

2. 影响碳配额需求和供给的因素有哪些？

3. 碳配额的供给和需求与西方经济学中一般商品的需求与供给有什么区别？

4. 一级市场和二级市场碳配额的供给有什么区别和联系？

5. 影响碳配额需求价格弹性的因素有哪些？

第四章

碳市场的覆盖范围、碳配额总量与分配

本章主要介绍基于总量的碳市场中覆盖范围、碳配额总量和碳配额分配这三大关键要素的设计原理和相关知识。包括：碳市场的管理对象——覆盖范围；碳市场的减排目标——碳配额总量；碳市场的公平与效率——碳配额分配。图4－1是碳市场的温室气体排放管理架构图，其中内容分两章介绍，第四章介绍碳市场的覆盖范围、碳配额总量设计和分配机制设计，第五章介绍履约机制、企业温室气体排放信息的监测、报告与核查，以及抵消机制。

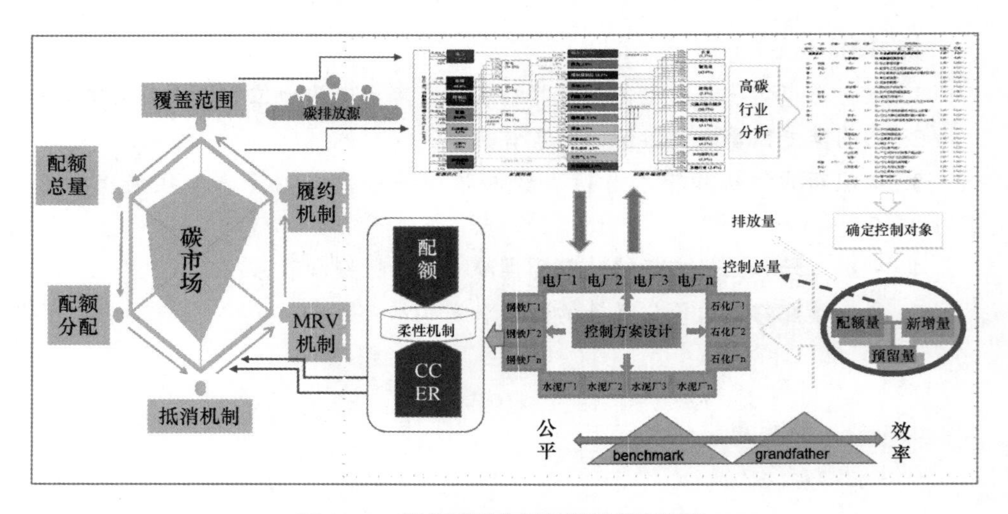

图4－1　碳市场温室气体排放管理架构

第一节　基本概念与研究边界

一　碳市场覆盖范围

（一）基本概念与内涵

碳市场的覆盖范围包括碳市场管控的温室气体种类和控排企业类型、控排企业数量，由于各国或地区的温室气体排放结构和产业结构不同，不同地区碳市场的覆盖范围有差异。碳市场覆盖范围也非一成不变，而是随着时间和空间的改变呈动态变化。如，欧盟碳市场在第一、第二阶段管理的温室气体排放仅为二氧化碳（CO_2），控排企业是发电、供热、石油加工、水泥、玻璃、造纸、航空等行业；但在其第三阶段将管理的温室气体类型增加了一氧化二氮（N_2O）和全氟碳化物（PFCs），控排企业增加了铝业、其他有色金属业等。尽管碳市场覆盖范围的内容不尽相同，但覆盖范围的基本概念已经达成共识。

覆盖范围是碳市场为发挥低成本减少温室气体排放功能而规定的管理边界。由政府主管部门按照一定标准对特定区域内的主要温室气体排放源（一般而言是指温室气体排放设施或排放企业）和温室气体种类进行管理适宜性评估，筛选出碳市场的管理客体，由这些管理客体组成的管理边界构成了碳市场的覆盖范围。

图4-2表示一个经济社会体系中存在若干个碳排放源，通过温室气体排放清单编制，从这些碳排放源中找出高碳行业（1，2，3，…，n），采取定量分析方法从高碳行业中筛选出适合进行碳市场管理的排放主体，以及主要的温室气体类型，这些被纳入碳市场管理的排放主体和温室气体构成了碳市场覆盖范围。其中，被纳入碳市场管理的排放主体被称为“控排企业”，被纳入碳市场管理的温室气体被称为“控排气体”。如何从众多的碳排放源中确定出适合碳市场管理的控排企业和控排气体、确定覆盖范围，是碳市场设计需要首先解决的一个问题。

碳市场覆盖范围研究内容主要包括三部分：

（1）覆盖的温室气体种类与排放类型界定；

（2）覆盖的国民经济行业类型选择；

（3）覆盖的排放源边界（企业或设施）与标准界定。

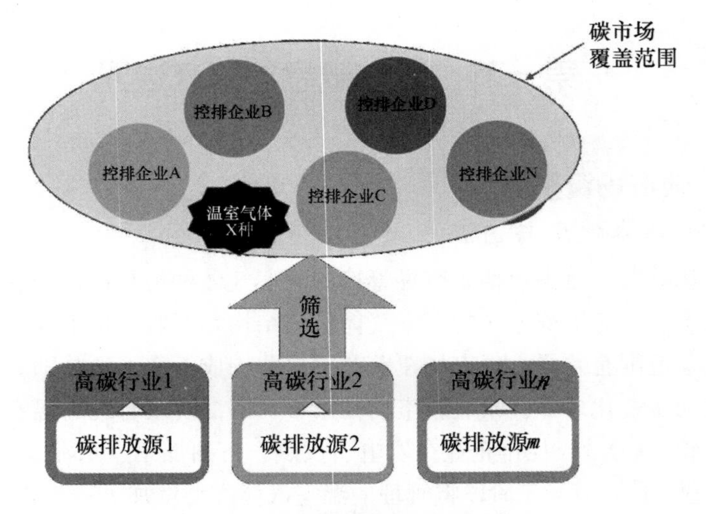

图4－2　碳市场覆盖范围示意图

（二）覆盖的温室气体种类与排放类型界定

碳市场覆盖的温室气体类型选择与控排企业的生产活动有关。温室气体排放主要源于化石能源消费和工业过程。不同的排放源所排放的温室气体种类不同。如果碳市场只覆盖了电力行业，碳市场只需要覆盖化石能源消费所排放的温室气体；如果碳市场覆盖了包括制造业在内的工业行业，排放类型一般是化石燃料排放和工业过程所排放的温室气体；如果碳市场覆盖了农业、林业项目，排放类型还包括农业排放、废弃物处理排放等。在《京都议定书》中规定了需要削减的六种主要温室气体，分别是二氧化碳（CO_2）、甲烷（CH_4）、一氧化二氮（N_2O）、氢氟碳化物（HFCs）、全氟碳化物（PFCs）和六氟化硫（SF_6）。碳市场在确定纳入哪些温室气体时，主要基于"数量原则"和"成本原则"。

1．"数量原则"

是指碳市场所在地区的温室气体排放结构中，哪种（些）温室气体排放量所占比例较大，将主要温室气体种类纳入碳市场覆盖范围。

2．"成本原则"

是指对计划纳入覆盖范围的温室气体排放进行管理的成本与收益进行评估，选择管理成本低、减排效果好的温室气体种类纳入覆盖范围。

（三）覆盖的国民经济行业类型选择

碳市场的设计目的是减少温室气体排放，因此，选择纳入碳市场的行业时，行业的温室气体排放量大小是一个非常重要的指标。此外，还要考虑温室气体排放数据收集的难易程度、政府的产业政策等因素。在对碳市场纳入覆盖范围的行业进行选择评估时，主要考虑的因素见表4－1。

表4－1　　影响控排企业选择的经济社会要素

选择要点	主要指标	指标说明
排放指标	温室气体排放量	纳入排放量高的行业有助于实现碳市场的减排功能
	行业内排放水平差异程度	行业内的排放源如果排放水平差异较大，有助于形成碳市场
经济指标	行业平均减排成本	减排成本高的行业说明减排技术有瓶颈，难以通过市场机制促进减排，不宜纳入覆盖范围
	排放数据收集成本	排放源分散的行业数据收集成本高，不宜率先纳入覆盖范围
技术指标	排放下降潜力	结合能耗强度和行业技术条件判断是否有减排空间，纳入减排潜力大的行业
	排放数据的监测、报告、核查难度	判断排放数据的可获得性及数据准确性，纳入技术管理成本小的行业
政策指标	产业发展政策	纳入政府限制发展的高碳、高污染等行业，通过碳市场促进产业调整
安全指标	资源依赖度	判断行业的可管理性，纳入资源依赖度高的行业，避免出现碳泄漏

资料来源：根据王文军、傅崇辉、赵黛青《碳交易体系之行业选择机制的经验借鉴与案例分析——以广东为例》，《生态经济》2012年第7期整理。

（四）覆盖的排放源边界（企业或设施）与标准界定

国外主要碳市场覆盖的排放源边界均定义为“设施”，即地理边界接近、提供同一产品生产或服务的一系列小规模设施。这一定义与“企业”的内涵基本一致。由于碳市场对排放源的管理必须以法人为单位进行碳配额的发放和履约，因此，碳市场是以企业法人单位作为控排企业进行界定。

对控排企业的选择，各个碳市场存在较大差异，主要是从纳入碳市场的行业中，按照一定标准选择部分企业作为控排企业。表4－2列出了国内外主要碳市场对控排企业的纳入标准。

表4－2　　控排企业的选择标准

碳市场	选择标准
欧盟碳市场	容量标准：20MW以上的燃烧设施
	产能标准：钢铁行业中每小时产量2.5吨以上企业；水泥行业中熟料为原料每天产量500吨水泥以上的企业；玻璃行业中每天产量20吨以上企业，等等
新西兰碳市场	排放量标准：排放超过每年4000吨CO_2当量的温室气体排放的企业
	产能门槛：每年开采2000吨标煤以上的企业
	能耗标准：燃烧1500吨废油或发电或制热的企业，及每年购买25万吨标煤或2000TJ天然气以上的能源企业
东京都碳市场	年能耗超过1500公升原油当量的企业
北京碳市场试点	2009—2011年年均直接或间接排放1万吨CO_2当量以上的固定设施排放企业
上海碳市场试点	2010—2011年任一年中排放2万吨CO_2以上的工业企业或排放1万吨CO_2以上的非工业企业
天津碳市场试点	2009年以来任一年重点排放行业和民用建筑领域中排放2万吨CO_2以上的企业
重庆碳市场试点	2008—2012年中任一年度排放量达到2万吨CO_2当量的工业企业
深圳碳市场试点	2009—2011年中任一年排放3000吨CO_2e以上的企事业单位；1万平米以上大型公共建筑
广东碳市场试点	2010—2012年任一年排放2万吨CO_2（或综合能源消费量1万吨标煤）以上的工业企业
湖北碳市场试点	2010—2011年任一年综合能源消费量超过6万吨标煤以上的工业企业

资料来源：笔者根据中国碳交易试点机制地区公布的政策、欧盟排放交易法令、东京都排出量取引制度（Tokyo Cap－and－Trade Program，TCTP），佟庆、周胜、白璐雯：《国外碳排放权交易体系覆盖范围对我国的启示》，《中国经贸导刊》2015年第16期等文献整理。

专栏4－1　碳市场覆盖范围案例

覆盖范围的功能是为碳市场确定管理对象。对不同层面的碳市场，覆盖范围的内涵也有所不同。

在全球和国家层面，覆盖范围是以区域为边界，以地区政府为管理对象，采取纵向行政管理手段，由被管理者——地区政府负责设计本区域的碳市场实施方案。如：《京都议定书》第17条规定，排放交易机制（Emission Trading，ET）适用于《联合国气候变化框架公约》附件一所列缔约方；欧盟碳市场（EU ETS）在不同运行阶段纳入了不同的成员国；中国碳市场试点覆盖范围为北京、上海、天津、重庆、深圳、湖北和广东。

在区域层面，碳市场的覆盖范围以行业和企业为边界，以法人代表为管理对象，采取政企合作的管理模式，由管理者——地方政府负责设计碳市场覆盖的温室气体种类、选择纳入机制的国民经济行业、确定覆盖范围的纳入标准、决定覆盖的排放源边界；被管理者——企业法人负责接受碳配额分配、实施减排行动、参与碳市场交易、执行履约。如：RGGI的覆盖范围是电力行业中装机容量超过25兆瓦的化石燃料电厂，中国国家碳市场覆盖范围是八大行业中年能源消费量超过1万吨标准煤的企业。对纳入机制管理的温室气体种类，国家或地区碳市场根据本土排放的主要温室气体种类、数据收集难易程度等信息确定碳市场纳入一种或几种温室气体。以中国碳市场试点为例，广东试点只纳入了二氧化碳，重庆试点覆盖了包括二氧化碳、甲烷、一氧化二氮、氢氟碳化物、全氟化碳、六氟化硫共六种温室气体。

资料来源：笔者根据中国碳交易试点机制地区公布的政策、欧盟排放交易法令、《全国碳排放权交易市场建设方案（发电行业）》等资料整理。

二　碳市场碳配额总量

（一）基本概念与内涵

1. 基本概念

碳市场碳配额总量是指在特定区域、特定时期内政府向碳市场覆盖范围内的控排企业发放的可以合法排放温室气体的许可总量或上限，以“吨二氧化碳”或“吨二氧化碳当量”为单位。碳配额总量有两个层级的含义，一是针对碳市场覆盖范围而言，碳配额总量为碳市场覆盖范围内所有控排企业排放许可的总量；二是针对控排企业而言，碳配额总量是控排企业通过政府分配获得和（如果有）从碳市场中购买的碳配额的总和。

2. 碳配额总量的设定

碳配额总量水平与所在区域的经济发展趋势、温室气体减排任务、地区能源结构、控排企业的温室气体排放水平等要素密切相关。碳配额总量的确定一般采取“自上而下”与“自下而上”相结合的方法进行设定。

（1）“自上而下”的碳配额总量估算方法

是指政府主管碳市场的部门根据本地区未来一段时间的温室气体减排目标、碳市场覆盖范围内控排企业的温室气体排放量在地区温室气体排放总量中的占比和变化趋势，确定出满足减排目标的碳市场排放上限，即要实现减排目标，碳市场可以提供的最多碳配额量。这个碳排放上限即为碳配额总量。

（2）“自下而上”的碳配额总量估算方法

是指政府主管碳市场的部门根据控排企业的减排潜力、历史碳排放水平、减排技术预期等要素，计算出碳市场在未来一段时间里的碳排放需求总量下限。

根据碳市场的排放上限和需求下限，确定出具有合理的、能满足区域减排目标、可体现控排企业碳排放需求的碳配额总量。即结合控排企业减排潜力、未来排放趋势和历史排放水平，以及可预见的即将进入碳市场的新增排放量，估算出碳市场在一定时期内的碳配额总量。碳配额总量的合理性直接影响碳市场的可行性和稳定性，当碳配额总量设定过小，低于控排企业的减排潜力时，可能造成大量控排企业无法完成履约任务，或需要付出高昂的履约成本；当碳配额总量过大，控排企业获得大量免费碳配额时，企业不用付出减排努力就可以完成履约任务，不能实现促进控排企业减排的作用，就出现机制失灵。

碳配额总量一般由控排碳配额和预留碳配额构成。控排碳配额是指发放给控排企业的碳配额，由政府碳排放管理部门根据地区温室气体减排目标、控排企业的历史排放水平、减排空间等多种要素确定。预留碳配额是指政府碳排放管理部门为发挥碳价格干预、新进入者提供排放空间预留等管理功能从碳配额总量中划出一定比例的碳配额留存，一般政府预留碳配额占碳配额总量5%左右。

（二）碳配额总量设定模式

碳配额总量的设定有两种基本模式：

1. 分散决策模式

分散决策模式是“自下而上”估算碳配额总量方法的具体体现。碳配额总量由控排企业根据自身的减排潜力和生产目标预算出所需的碳配额量，向政府主管部门提交碳配额需求，汇总成为国家或地区碳配额总量。欧盟碳市场第一、第二阶段采取的就是分散决策模式①，深圳碳交易试点也是采用分散决策模式。图4－3给出了这种模式的示意图。

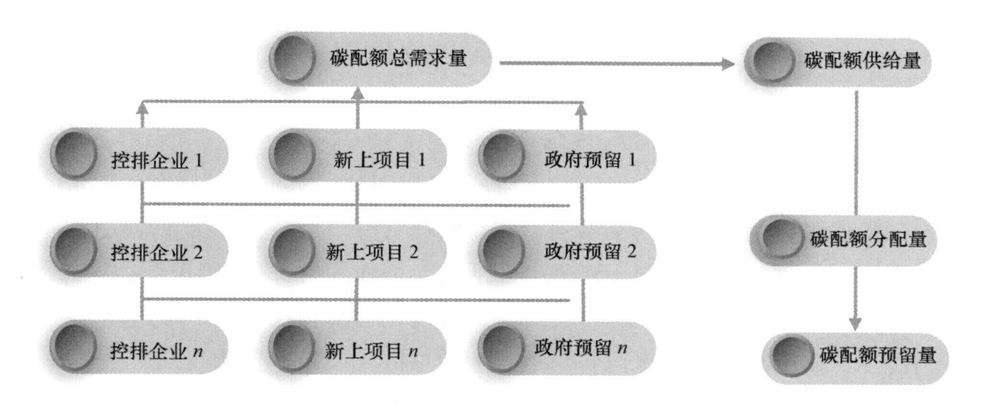

图4－3　碳配额总量“分散决策模式”示意图

2. 集中决策模式

集中决策模式是“自上而下”估算碳配额总量方法的具体体现。碳配额总量由国家碳市场管理部门根据减排目标、经济发展规划和控排企业的减排潜

① 陈惠珍：《减排目标与总量设定：欧盟碳排放交易体系的经验及启示》，《江苏大学学报》（社会科学版）2013年第4期。

力设定碳配额总量，按照一定标准分配到各地区或直接分配到控排企业。图4－4给出了这种模式的示意图。由于“分散决策模式”下，存在操作复杂、缺乏可预见性、缺乏公平竞争等问题，欧盟碳市场第三阶段采取了“集中决策模式”设定碳配额总量；中国国家碳市场和六个碳市场试点均采取的是“集中决策模式”。

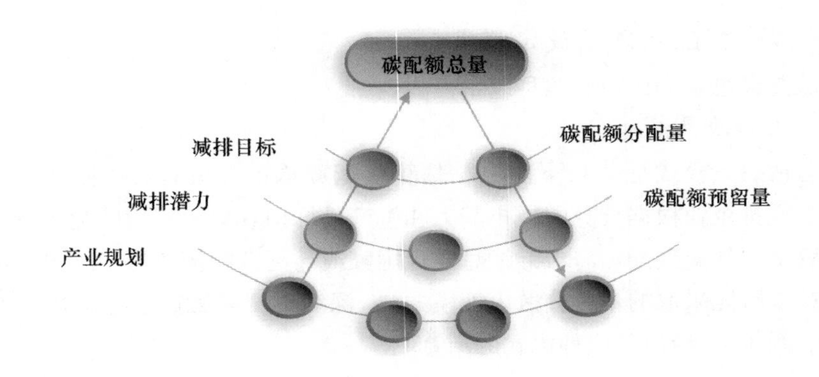

图4－4　碳配额总量“集中决策模式”示意图

（三）碳配额总量设定方法

碳配额总量设定与区域经济发展阶段和减排目标密切相关。当经济处于快速发展阶段时，企业生产活动增强，碳排放量将持续上升，控排企业的碳排放水平有不同程度的增加。由于未来生产活动会增强到何种程度、投入生产活动的化石燃料和非化石燃料比例将会发生什么变化，都有较高的不确定性。在这种情况下，碳配额总量设定需要与地区生产总值（GRP）挂钩。

在经济波动比较大的区域，地区减排目标设定主要表征为单位GRP碳排放强度下降率，这种减排目标一般简称为“碳强度减排目标”。在碳强度减排目标下设定碳配额总量面临较多不确定因素，如：未来经济增长率、节能减排技术应用与创新带来的碳生产力变化，因此，在执行强度减排目标的区域碳市场中，碳配额总量设定较为复杂。

当经济处于稳定发展阶段时，区域产业结构、经济增长率、控排企业的碳排放需求变化不大，在这种情况下，区域减排行动主要是将碳排放总量逐渐降低到一个合理水平，直至实现零碳排放。这种减排目标一般简称为“绝对减排目标”或“总量减排目标”，在绝对减排目标下，碳配额总量设定较为简单。

1. 总量减排目标下的碳配额计算方法

在碳排放总量减排目标下，根据期初温室气体排放总量和期末减排目标，由（式4－1）计算得到碳市场规划期的碳配额总量。

（1）计算公式

$$A = E_{t_0} \times (1 - M_{t_1}) \qquad \text{（式4－1）}$$

A为碳配额总量，E表示温室气体排放量，单位为“吨二氧化碳当量”（tCO_2e）；M表示温室气体排放下降目标，通常以百分比（%）表示；下标t_0表示期初值，下标t_1表示期末值。

（2）计算案例

某市在2018年温室气体总量为6亿吨二氧化碳当量（CO_2e），计划2020—2030年减排10%，到2030年将温室气体控制在5.4亿吨CO_2e。纳入碳市场的控排企业在2020年的温室气体排放量为4.8亿吨CO_2e，碳市场运行期为2020—2030年，与该市温室气体减排计划时间一致。因此，该市的碳市场到2030年的温室气体排放上限为2020年排放总量的90%，由（式4－1），可以计算得到该市到2030年的碳配额总量为：

$$A = 4.8 \times (1 - 10\%) = 4.32 \text{亿吨} CO_2e$$

2. 碳强度减排目标下的碳配额总量计算方法

在碳强度减排目标下，碳配额总量设定较为复杂，不仅要计算出控排企业在期初的碳排放强度，还涉及对规划期内控排企业经济增长率的预测，基本算式为（式4－2）。进一步的分析见本章扩展阅读书目［21］：

（1）计算公式

$$A = EI_{t_0} \times (1 - M_{t_1}) \times (1 + \delta) \times GDP_{t_0} \qquad \text{（式4－2）}$$

其中$EI_{t_0} = \frac{E_{t_0}}{G_{t_0}}$，为期初控排企业的温室气体排放强度，单位为“吨二氧化碳当量/万元”（tCO_2e/万元）；δ表示规划期内控排企业从期初到期末的综合平均经济增长率预测值，以百分比表示（%）；M_{t1}表示期末的温室气体排放强度下降目标，通常以百分比（%）表示。在不同的GRP增速情景下，碳配额总量有差异，因此，相对量减排目标下的碳配额总量为估算值，需要根据实际经济增长率进行调整。

（2）计算案例

某市碳市场运行期为2020—2030年，温室气体减排目标要求到2030年碳排放强度比2020年下降30%。已知碳市场覆盖范围内的控排企业在2020年时的碳排放强度为5吨CO_2e/万元，GRP为3万亿元。求2030年碳市场的碳配额总量。预测2020—2030年控排企业的平均经济增长率为7%，由（式4-2），可以计算得到该市到2030年的碳配额总量为：

$$A = 5 \times (1-30\%) \times (1+7\%) \times 3 \times 10^9 = 11.23 \text{亿吨} CO_2e$$

在总量碳减排目标下，期末的碳市场碳配额量一定低于期初控排企业碳排放量；在碳强度减排目标下，期末的碳市场碳配额量有可能高于期初控排企业碳排放量，但碳强度低于期初水平。

专栏4-2　中国全国碳市场总体设计中的几个关键指标之间的数量关系

2015年我国化石燃料消费所产生的CO_2排放量约为90亿吨。根据“十三五”规划纲要的目标要求，“十三五”期间的GDP年增长率在6.5%左右（五年增长37%），碳强度累计下降18%。根据当前已经公布的国家碳市场的覆盖范围和纳入碳市场的企业门槛进行估算，2015年国家碳市场的CO_2排放量约为45亿吨。假定“十三五”期间碳市场覆盖行业的总经济增长率为27.6%（年均5%），如果希望国家碳市场的建设对实现碳减排目标的贡献不低于30%、50%和70%的话，可以计算出2020年国家碳市场的碳配额总量应分别不高于51亿吨、47亿吨和42亿吨。行业碳排放基准的选择就应该保证碳市场碳配额总量分别不高于51亿吨、47亿吨和42亿吨。另一个方面，在利用企业排放报告数据确定行业碳排放基准过程中，通过进行完成碳减排目标所希望的行业碳排放基准和根据企业报告数据所确定的行业碳排放基准之间的对比分析，来验证利用自上而下的方法提出的碳市场贡献率是否可行，进而对希望碳市场贡献率进行调整，重新确定碳配额总量，直到得到一个科学合理的贡献率和碳配额总量。

资料来源：张希良：《国家碳市场总体设计中几个关键指标之间的数量关系》，《环境经济研究》2017年第3期。

三　碳配额分配

（一）基本概念与原理

1. 基本概念

碳配额分配是政府碳排放管理部门对碳排放空间的资源配置过程，通过设定分配规则，按照一定的分配方法将碳配额分配给控排企业。通过碳配额分配，做出不同减排努力的控排企业分别成为碳配额出售方或购买方，因此，碳配额分配实质上是发展权的配置。公平与效率是碳配额分配的核心。碳配额分配机制的内容主要包括：分配对象、分配方法和分配周期。

2. 概念内涵

碳配额分配的理论来源于著名的“科斯定理”，即将具有负外部效应的行为确立为一种所有权，并将该所有权明晰化，通过市场的方式和作用实现资源的有效配置，减少负外部性带来的损害。根据科斯定理的阐述，在交易成本为零的情况下，法定权利的初始分配无关紧要，但在实际交易成本不为零的市场条件下，产权的初始分配与资源的有效配置紧密相连。如何将这一理论应用到具体的碳排放权交易制度中，对政策设计者提出了一个问题，即如何通过对碳排放权利的初始分配（碳配额初始分配），实现资源配置的有效性（减排目标），以最小的社会成本实现减排目标。

碳配额分配机制是指碳配额总量分配给控排企业的各种规则集合，包括碳配额分配方法、分配周期和分配管理等内容。在排放上限的制约下，控排企业的排放空间成为稀缺资源，通过碳配额分配影响控排企业的发展空间和发展成本，是政府鼓励或限制某些产业发展的政策手段。在免费分配下，获得了碳配额的控排企业可以不用支付或少量支付排放费用。

根据分配层级，分配对象分为排放设施、单位法人、集团公司甚至地区，确定分配对象主要依赖于基础排放数据的层级，以便与碳排放的监测、报告与核查工作衔接。分配方法主要区分为免费分配、有偿分配以及二者的组合。分配周期主要有按年度发放和按几年一个周期发放两种。

（二）碳配额分配方法

碳配额分配方法是碳市场制度中最为核心、最为复杂也是企业最为敏感的关键制度要素，直接关系到企业在碳市场中的碳成本及其盈亏，也关系到碳市场的供给与需求，进而决定碳价格信号的有效性，最终决定碳市场能否以成本有效性实现政府的减排目标。

1. 免费分配

碳市场管理部门将碳配额总量通过一定的分配标准无偿发放给控排企业。免费分配又可以分为祖父法（或称为“历史分配法”）、基准线法（或称为“标杆法”），及由这两种方法扩展的“历史基准法”或“历史强度法”等。祖父法指基于控排企业历史排放水平确定分配标准。基准线法指由政府按照行业确定单位产出排放水平，以此作为该行业的碳配额分配标准。

2. 拍卖

碳市场管理部门通过拍卖或固定价格出售的方式将碳配额配置给控排企业，管理部门不需要事前决定每一个控排企业应该获得的碳配额量，而是通过拍卖价格和控排企业对碳配额的需求自发完成分配过程。

3. 混合分配

混合分配碳配额的方法可以进一步分为“渐进混合”和“行业混合”，前者是指随着时间推移逐步提高有偿分配的比例，后者是指针对不同行业设计不同的分配方式。

表 4-3　两种基本分配方法的比较

分配方法	控排企业			市场公平性			减排成本	
	资产状况	竞争力	接受程度	控排企业之间	市场和消费者	市场进入	执行成本	社会成本
免费分配	成本无影响	无影响	易于接受	意外之财	任意转嫁成本	有障碍	协调利益成本	转嫁消费者
拍卖	成本上升	短期降低	不易接受	统一模式	转嫁成本透明	无障碍	拍卖所得再投资	转嫁消费者

资料来源：丁丁、冯静茹：《论我国碳交易碳配额分配方式的选择》，《对外经贸大学学报》2012年第4期。

免费分配方法并没有实质性增加企业的边际成本，相反还是对减排地区和企业的一种间接补贴和补偿，因而该方式对国内企业的冲击力较小，更容易获得国内企业的支持，在政治上更具有可行性，也有利于碳市场的迅速施行；在免费分配方式下，减排企业仍然会通过提高产品或服务价格将减排成本转移给消费者，因而并没有实质性地降低减排的执行成本和社会成本；另外，免费分配方式相当于对企业的一种“补偿”，当配额分配较松时，企业有机会寻求到“意外之财”，尤其和市场新进入主体相比，占据更为优势的市场地位，有悖于市场公平性原则的要求。

表4－4 国内外碳配额分配模式的比较与评价

<table>
<tr><th>模式</th><th>案例</th><th>内容</th><th>评价</th></tr>
<tr><td>拍卖</td><td>RGGI</td><td>90%的配额通过拍卖分配，碳配额每季度进行区域性的拍卖，每季度拍卖最多不超过拍卖配额的25%</td><td>1. 碳排放外部性完全内部化
2. 政府无须制定测算公式
3. 避免企业获得意外之财
4. 政府获得收益
5. 增加企业负担</td></tr>
<tr><td rowspan="2">免费分配</td><td>EU ETS
第一、
第二阶段</td><td>拍卖比例不得高于5%</td><td rowspan="2">1. 增强对企业的吸引力
2. 补偿有碳泄漏风险的行业
3. 政府需制定测算公式
4. 过多分配的风险
5. 排放大户易获得意外之财</td></tr>
<tr><td>东京都碳市场</td><td>完全免费分配</td></tr>
<tr><td>渐进混合</td><td>欧盟碳市场
第一阶段至
第三阶段</td><td>1. 第一、第二阶段：拍卖比例不高于5%
2. 第三阶段：拍卖比例不低于50%
3. 2020年电力行业100%拍卖*
4. 2027年全部行业100%拍卖</td><td>1. 初期减少企业的抵触情绪
2. 逐步实现完全拍卖</td></tr>
<tr><td rowspan="2">行业混合</td><td>新西兰碳市场</td><td>1. 林业、渔业、工业：免费碳配额
2. 能源行业、交通运输业（上游）：有偿获取碳配额</td><td rowspan="2">1. 上游行业进行的碳配额须有偿获取，避免企业获得意外之财
2. 对碳密集型和易于受国际竞争影响的行业进行免费分配，降低企业成本</td></tr>
<tr><td>澳大利亚碳市场</td><td>1. 工业、电力：免费分配
2. 其他行业：拍卖</td></tr>
</table>

续表

模式	案例	内容	评价
行业混合	美国加州碳市场	1. 电力企业：免费碳配额，但必须将其拍卖 2. 大型工业设施：碳泄漏高风险行业的企业可较长时间获得免费碳配额，且比重较大；低风险行业相反	1. 电力企业获得碳配额并拍卖可迅速启动交易，收益必须支持清洁项目 2. 降低部分行业的碳泄漏风险

注：根据 EU ETS 第三阶段（2013—2020 年）的修订规则，原则上，电力行业从 2013 年起不再分配免费配额。但是，允许 2004 年加入欧盟的 8 个国家对电力行业采取免费分配的过渡措施，这种免费分配逐年下降，并且到 2019 年结束。拉脱维亚和马耳他也有资格使用该条款，但它们选择了放弃使用。

资料来源：齐绍洲、王班班：《碳交易初始碳配额分配：模式与方法的比较分析》，《武汉大学学报》（哲学社会科学版）2013 第 5 期。

（三）免费碳配额分配方法

在免费碳配额分配模式下，碳市场管理部门可以选择不同的分配方法将碳配额分配给控排企业，不同的分配方法隐含了对公平与效率的不同考量。最常用的免费分配方法的是历史分配法（又称为“祖父法”）、基准线法（又称为“标杆法”）和历史强度法。对于分配方法中的公平与效率问题，将在本章第二节进行详细分析。

1. 历史分配法

以控排企业过去一段时间内的碳排放量为依据进行分配，一般选取排放均值数据，以减小产量波动带来的碳排放量变化的影响。在这种碳配额分配方法下，控排企业未来的碳排放水平低于历史平均水平。

（1）计算公式

$$EQ_t = \frac{\sum_{i=1}^{n} E_i}{N} \times (1 - M_t), \qquad i = 1,2,3,\cdots,n \qquad (式4-3)$$

（式4－3）中，EQ 表示控排企业的碳配额量，t 表示分配期；E 表示控排企业的历史年度碳排放量，i 表示第 i 年，N 表示 i 的总量；M 表示减排率。

对产量和碳排放量比较平稳的控排企业而言，历史碳排放量（E_i）的取值范围越长越好；对产量和碳排放量波动比较大的控排企业而言，历史碳排放量的取值范围应靠近分配前的一段时间。减排率 M 的取值至关重要，主要考虑以下几点：①政府减排目标；②企业减排潜力；③企业减排成本。

历史分配法对数据要求较为简单，操作容易，但也带来了一些问题。它假设企业的碳排放会一直按照过去的轨迹进行下去，从而忽略了两个方面的因素：一是在碳交易体系开始之前企业已经采取的减排行动；二是在碳交易体系开始之后，企业还有可能在市场机制的影响下改变行为，进一步进行减排。因此，历史分配法可能会“鞭打快牛”，也不利于激励企业对节能减排技术的研发投入和引进。

（2）计算案例

假设控排企业 X 被纳入 Y 地区的碳市场，根据 Y 地区的碳配额分配方案，所有控排企业采取历史分配法进行碳配额分配，历史碳排放计算周期为 2010—2013 年，减排率为 3%，分配期为 2014 年。又已知 X 在 2010—2013 年的年度碳排放量分别为 100 吨 CO_2、120 吨 CO_2、140 吨 CO_2、160 吨 CO_2。

在总量减排的分配标准下，X 在 2014 年的碳配额量按照（式 4－3）计算得到：

$$EQ_{2014} = \frac{100+120+140+160}{4} \times (1-3\%) = 126.1 \text{ 吨 } CO_2$$

2. 基准线法

基准线法的分配思路则完全不同，减排绩效越好的控排企业通过碳配额分配获得的收益就越大。典型的基准线法基于“最佳实践”（Best Practice）的原则，基本思路是将同一行业不同控排企业同种产品的单位产品碳排放量由小到大进行排序，选择其中前 j 位作为分配基准线，碳配额等于分配期的控排企业产量乘以基准线值。EU ETS 第三阶段开始对免费碳配额的部分推行基于“最佳实践”的基准线分配方法。加州碳市场的免费碳配额也是基于这种基准线法，基准线值等于不同企业单位产品碳排放平均值的 90%。

（1）计算公式

$$EQ_t = \varphi_{t-1} \times P_t \qquad \text{（式 4－4）}$$

其中，EQ_t 表示碳配额分配量，φ 是基准线值，由碳配额分配方案的设计者根据分配期 t 上一年该类产品的单位产品碳排放量确定，P_t 表示控排企业分配期 t 的产量。

单位产品碳排放低于基准线的企业（设施）将获得超额的碳配额，可以在市场上出售；而单位产品碳排放高于基准线的企业（设施）获得的碳配额不足，将成为买家，从而形成对减排绩效好的企业的奖励（如图4－5）。然而，基于“最佳实践”的基准线法对数据的要求比较复杂。只有当产品划分到比较细致的程度从而较为同质时，单位产品碳排放才具有可比性，而同一家企业（或同一个设施）并不只生产一种单一的产品，基准线法要求企业（设施）能将不同产品的碳排放分别计量和报告。当行业的产品分类非常复杂时，制定基准线也非常困难。例如化工行业有上千种产品，一般只能对其中主要的几种中间产品和最终产品制定基准线。EU ETS 第三阶段，欧盟委员会制定了52种产品基准线，还为少数不能采用产品基准线的设施制定了燃料基准线、热值基准线和生产过程基准线。另一种相对简化的基准线分配方法基于“最佳可获得技术”（Best Available Technology）的原则，即根据企业（设施）可获得的最优技术确定单位产品（产值）基准线。此方法需要的数据比基于“最佳实践”原则的基准线法要少，但所制定的基准线值也不如后者精确。

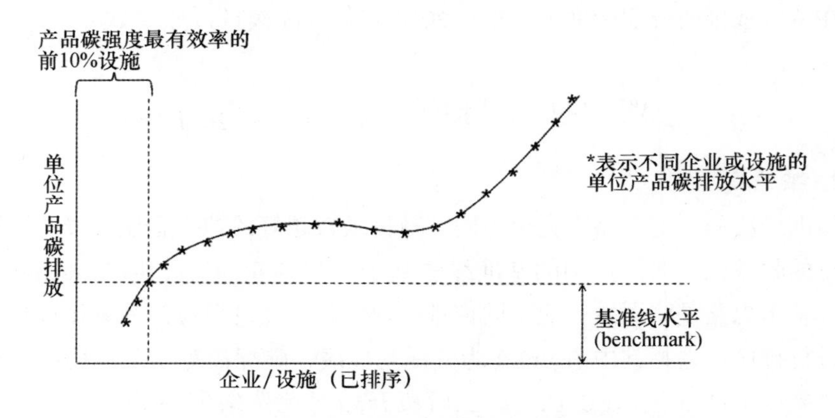

图4－5　EU ETS 第三阶段基准线法的碳配额分配思路

资料来源：齐绍洲、王班班：《碳交易初始碳配额分配：模式与方法的比较分析》，《武汉大学学报》（哲学社会科学版）2013年第5期。

（2）计算案例

仍然以控排企业X为例，假设X只生产一种产品Z，X所在的Y地区采取基准线法进行碳配额分配。数据统计发现，2013年Y地区中Z的单位产品碳排放量最低为0.8吨 CO_2/z，最高1.3吨 CO_2/z，政府决定以0.95吨 CO_2/z

为碳配额分配基准线。2014 年 X 生产了 1300 吨 Z 产品。

X 在 2014 年的碳配额量按照（式 4－4）计算得到：

$$EQ_t = 0.95 \times 1300 = 1235 \text{ 吨 } CO_2$$

3. 历史强度法

以企业过去一段时间内的碳排放强度为依据进行分配。在这种分配方式下，控排企业未来的碳排放强度低于历史平均水平，但碳排放总量可能随着产量的变化而变化。这种方法适用于处于经济增长期的控排企业。一般选取离分配期较近的一段时间碳排放强度均值数据，而且需要根据控排企业在分配期内实际产出值对碳配额的分配量进行事后调整。

（1）计算公式

$$EQ_{b_t} = \frac{\sum_{i=1}^{n}\left(\frac{E}{GDP}\right)_i}{N} \times GDP_t \times (1 - M_t), \quad i = 1,2,3,\cdots,n \quad \text{（式 4－5）}$$

（式 4－5）中，EQ 表示控排企业的碳配额量，t 表示分配期；E 表示控排企业的历史年度碳排放量，GDP 表示控排企业的产业增加值，i 表示第 i 年，N 表示 i 的总量；M 表示减排率，t 表示碳配额分配期。

（2）计算案例

假设控排企业 X 被纳入 Y 地区的碳市场，根据 Y 地区的碳配额分配方案，所有控排企业采取历史强度法进行碳配额分配，历史碳排放强度的计算周期为 2010—2013 年，减排率为 3%，分配期为 2014 年。又已知 X 在 2010—2013 年的年度碳排放量分别为 100 吨 CO_2、120 吨 CO_2、140 吨 CO_2、160 吨 CO_2，2010—2014 年年度工业增加值分别为 200 万元、250 万元、300 万元、400 万元、420 万元。

X 在 2014 年的碳配额量按照（式 4－5）计算得到：

$$EQ_{b_{2014}} = \frac{\frac{100}{200} + \frac{120}{250} + \frac{140}{300} + \frac{160}{400}}{4} \times 420 \times (1 - 3\%) = 187.4 \text{ 吨 } CO_2$$

4. 其他分配方法

除此之外，还有学者提出基于产出和排放数据进行免费分配的混合方法，而基于产出的分配方法其实质是基准线法。也有学者提出在历史法的基础上，针对企业的碳强度在行业中的表现情况予以一定比例的减排奖励，这种减排奖励的处理方法与基准线方法非常类似，因此该方案实际上是历史法和基准线法

表4-5　　国际上主要碳配额分配标准

方法	案例	内容	适用条件				
			减排奖励	新企业一致性	复杂程度	考虑企业融资状况	适用阶段
历史法	EU ETS Phase Ⅰ&Ⅱ	主要根据设施的历史排放进行分配	否	否	简单	是	碳交易体系初期
	Tokyo-ETS	根据建筑物的历史排放进行分配					
多因素法	奥地利（EU ETS Phase Ⅰ & Ⅱ）	以历史排放为基础乘以多项减排潜力调整因子	部分	否	适度	部分	
基准线法	EU ETS Phase Ⅲ	52种产品基准线 燃料基准线 热值基准线 生产过程基准线	是	是	制定过程复杂，分配过程简单	否	在碳交易体系运行一段时间后，分行业、分阶段由易到难推进
	加州CAT	工业设施基准线值等于单位产品碳排放平均水平的90%					
	NZ ETS	林业：每英亩60NZUs或39NZUs 工业：行业产值碳强度的一定比例					
	澳大利亚CPM	工业：行业平均产品碳强度的一定比例					
历史基准线混合法	学术设计和讨论		部分	否	较复杂	部分	
历史强度法	中国碳市场试点地区			是	分配标准设定简单，分配程序较为复杂		处于成长期的企业

资料来源：根据齐绍洲、王班班《碳交易初始碳配额分配：模式与方法的比较分析》，《武汉大学学报》（哲学社会科学版）2013年第5期整理。

的混合，这类方法称为“历史基准线混合法”，即将用历史法决定的碳配额和用基准线法决定的碳配额按照一定比例进行加权，既可以考虑企业的历史排放，又可以给企业一定的减排激励。但这类方法目前仅限于学术界讨论。

（四）碳配额拍卖

以拍卖的方式进行碳配额分配正在逐渐成为主流。下面简要介绍国际上几种主要的碳配额拍卖机制。

1. 欧盟碳市场的拍卖机制

在早期阶段，EU ETS 分配基本上是免费的，在第一阶段（2005—2007年）拍卖比例在 5% 以内，在第二阶段（2008—2012 年）中的拍卖比例在 10% 以内。从第三阶段（2013—2020 年）开始，拍卖成为欧盟排放交易机制中的“默认”分配方法，受碳泄漏影响的行业除外。在第三阶段，大约一半的配额预计将被拍卖，主要拍卖给发电厂。拍卖会至少每周举行一次，由欧洲能源交易所（EEX）组织拍卖，但成员国可以选择退出 EEX 组织的联合拍卖平台，自行组织拍卖。德国、波兰和英国选择退出 EEX，但后来德国和波兰也授权 EEX 组织他们的配额拍卖，位于伦敦的 ICE 欧洲期货市场是英国配额的拍卖平台，其他组织也有资格作为拍卖平台，但是必须遵守拍卖流程。

出于流动性考虑，欧盟体系选择了更频繁、规模更小的拍卖，因为它们鼓励小型竞买者参与拍卖，有利于促进价格形成，且不会导致价格大幅波动。在高比例拍卖配额机制中，如果拍卖次数少，虽然可以降低拍卖管理成本，但存在市场风险，比如，少数大公司可能会通过购买大量配额，垄断并推高配额价格，也对流动性产生不利影响。出于同样的原因，欧盟体系中没有使用价格下限（或保留价）。

2. 加州碳市场的配额拍卖

在加州碳市场中，碳配额在特定的时间进行分配和拍卖。在每次拍卖会上都会拍卖一些来自未来年份的配额，这些配额可以在市场上交易，但不能用来履约。这被称为“提前拍卖的配额”，是在“提前拍卖”场次中进行竞价，而“配额现货拍卖”竞价场次包括当年和过去年份的配额拍卖。加州碳市场设定了碳配额的拍卖保留（最低）价格，保留价在 2030 年之前每年增加 5%（加上通货膨胀）。

加州碳市场的配额拍卖比例随着时间的推移不断增加。截至 2019 年 1 月 1 日，共举行 17 场联合拍卖，其中两场还包括加拿大安大略省。除了联合拍卖之外，加州还有配额价格控制储备（APCR，所谓的“储备销售”）。对于加利福尼亚州，约50%的配额在2018年通过拍卖获得。在魁北克省，2017年约30%的配额是免费分配的，其中70%是拍卖或储备的。一般来说，电力和燃料分销商必须购买100%的配额。

3. RGGI碳市场的拍卖机制

纳入RGGI体系的是25MW以上的化石燃料电厂，总共160多家。RGGI各州通过拍卖来出售几乎所有的碳配额。这种几乎全部拍卖的设计选择的是为了确保“所有各方都能在统一条款下获得碳配额”。迄今为止，RGGI各洲通过拍卖分配了大约90%的配额。地区配额拍卖每季度举行一次，对所有符合条件的人开放。剩余的配额储存在各州的预留账户，各州有配额管理部门，根据各州对配额的管理细则规定，由各州的配额管理部门进行配额拍卖具体事宜的处理。包括对预留配额进行分配，或者在未来几年拍卖。

RGGI拍卖设置了底价（保留价格）为2018年每短吨2.20美元［1短吨（st）＝0.9071847吨（t）］，每年增长2.5%，以反映通货膨胀。

4. 中国碳交易试点地区的碳配额拍卖

中国7个碳交易试点地区中，除重庆外的各碳交易试点均在其管理办法中提到开展拍卖或有偿出售等形式进行碳配额分配，并规定了碳配额来源及比例、竞买时间、竞买底价、竞买参与人和限制条件等。但在试点期间（2011—2015年）实施了碳配额拍卖的有四个地区：广东、湖北、上海和深圳，2019年试点地区中的天津碳市场也启动了碳配额有偿竞价的方式进行分配。均采用封闭式统一价成交方式，不同之处在于：

第一，拍卖的作用不同。广东试点将拍卖作为分配手段，其他三个试点机制将拍卖作为市场调控手段。上海和深圳将拍卖作为保障企业履约的工具，湖北将拍卖作为二级市场碳价格发现的工具。

第二，拍卖的配额来源不同。广东试点拍卖的配额是来自拟分配给企业的“有效配额”，其他三个试点拍卖的配额是来自政府预留的配额，对企业的约束作用较弱。

第三，拍卖的频率不同。由于试点机制对拍卖的角色定位不同，导致拍卖频率差别较大，广东试点在每个履约期有多次拍卖出现，上海试点在每个履约期前举行一次拍卖，深圳和湖北试点为发现碳价格举行了一次拍卖。

第四，拍卖的对象不同。为履约服务的拍卖机制（深圳、上海）对参与拍卖者有严格的规定——履约有缺口的控排企业；为分配和市场的拍卖机制（广东、湖北）允许控排企业以外的机构投资者参与。

第五，拍卖的定价机制正趋向市场化。在试点早期，拍卖的定价方式各有不同，广东、湖北采取政府确定拍卖底价，之后逐渐与二级市场挂钩，与深圳、上海试点相同。

（五）分配周期与分配管理

1. 分配周期

分配周期是指在碳市场运行期间，每一次碳配额分配的间隔时间长度，主要有按年度分配和按阶段分配两种分配周期。两种分配周期各有利弊，按年度进行碳配额分配的方式便于管理，政府可根据每年经济情况的变化、碳配额需求的变化进行供给调整，使碳配额供给不超过需求，但这种分配周期不利于碳市场活跃。按阶段进行碳配额分配的行政管理成本相对较低，增加了碳市场交易品种，有利于企业跨期进行生产计划安排和碳资产管理，但如果不配套相应的碳配额调整方案，容易出现供给与需求脱节现象。欧盟碳市场通常都是按阶段进行碳配额分配，一般是 3 年或 5 年，我国上海市碳市场在试点期间采取的是按阶段分配的方式，一次性发放给控排企业试点阶段三年（2013—2015 年）的碳配额，控排企业每年履约；其他 6 个碳市场试点采取的是年度碳配额分配方式，试点阶段每年分配。分配周期通常包括从确定分配方法到配额核销五个主要环节，如图 4－6 所示。

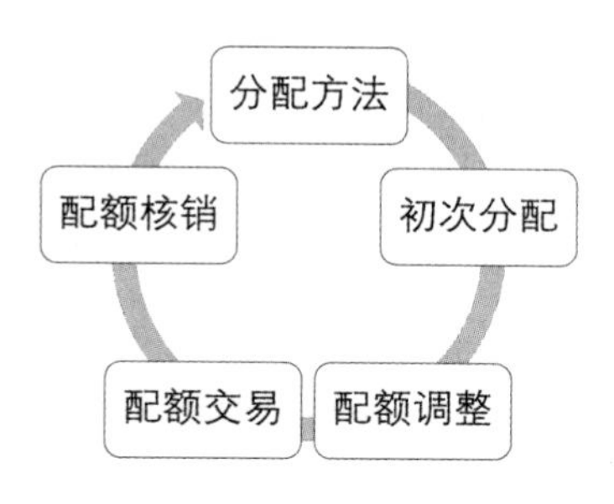

图 4－6　碳配额分配周期

资料来源：笔者根据我国 7 个碳交易机制试点地区颁布的有关政策文件整理。

2. 分配管理

分配管理分为广义的分配管理和狭义的分配管理。广义的分配管理是指通过技术或行政手段对碳配额从发放到履约全过程进行控制、规范所采取的一系列措施；狭义的分配管理是指关于碳配额储存和预借的规定。关于碳配额的储存（Banking）和预借（Borrowing）的定义已经在本书第三章进行了详细的解释，这里不再赘述。碳配额储存和预借是碳交易的一种灵活履约机制，本质上和金融市场的储存和预借行为是一致的。EU ETS 在第一阶段和第二阶段，允许同一阶段内碳配额的储存和预借，但不同阶段之间则不允许储存和预借。中国的碳市场试点都允许控排企业当年度履约后多余的碳配额可以储存起来，以便下一年度使用，但都不允许控排企业预借下一年度的碳配额提前用于当年履约或交易，以防止对市场供给产生冲击或其他违约行为。

第二节　碳市场覆盖范围的经济学分析

在第一节中介绍了碳市场覆盖范围的基本概念和内涵，本节将识别影响覆盖范围的经济要素，对覆盖范围的成本与收益、公平与效率进行经济学分析。

一　影响碳市场覆盖范围的经济要素

碳市场的覆盖范围包括了温室气体种类、控排企业、排放源边界、纳入标准，以下对影响这四个部分的经济要素进行分析。

（一）影响温室气体种类选择的经济要素

《京都议定书》中规定了六种需要减排的温室气体（CO_2、CH_4、N_2O、HFCs、PFCs、SF_6），从减排效果看，最理想的方法是将六种温室气体都纳入碳市场的覆盖范围予以控制，但是由于不同区域的碳排放源占比不同，不同温室气体类型在区域碳排放总量中的比重差异较大，出于控制成本考虑，将主要温室气体种类予以控制即可。在界定碳市场覆盖范围时，需要考虑以下要素的影响：

1. 技术经济条件

对每种温室气体排放进行监测、核查需要技术支持，有的温室气体排放量的监测不具备技术经济性，应该评估本地区“最佳可得技术”下温室气体排放的 MRV 技术成本，选择技术条件成熟、监测核查成本低、排放占比高的温室气体种类纳入覆盖范围。

2. 区域协同减排的成本

有些温室气体排放是同源的，部分大气污染物与温室气体也具有同根同源性，如煤炭等化石燃料在燃烧过程中会排放颗粒物、二氧化硫、氮氧化物等空气污染物，也会排放二氧化碳等温室气体。将具有协同效应的温室气体类型纳入碳市场，有利于降低区域减排成本。

3. 排放规模

在技术可行的情况下，碳市场选择那些温室气体排放量大的控排企业，更有利于区域温室气体排放总量的控制，降低机制的管理成本。

（二）影响选择控排企业的经济要素

碳市场的管理对象是国民经济高碳行业，受经济社会各种因素的影响，因此，碳市场运行的稳定性、运行效率和管理成本也不可避免地受到直接或间接的影响，直接影响来源于控排企业生产经营状态变化，间接影响来源于外部经济对控排企业生产活动影响的传导。显然，选择合适的管理对象对碳市场发挥减排功能非常重要，选择控排企业的主要经济要素考量有以下几点。

1. 内生经济要素

（1）边际减排成本

在技术条件、设备基础、人力资本、信息、资金等要素的作用下，控排企业的减排成本存在一定差异。无论减排行动开始得早或晚，对所有减排主体而言，随着减排活动的持续，在边际递减规律的作用下，等量减排投入产生的减排量越来越小。减排行动开始较早的控排企业，可能在纳入碳市场时已经处于边际减排成本较高阶段；减排行动开始较晚的控排企业，可能在纳入碳市场时正处于边际减排成本下降阶段。由于不同控排企业开始实施温室气体减排行动在时间上有差异、在技术更新上有先后，因此，产生相同的减排量所需的边际减排成本不同（如图 4 – 6 所示）；或是在相同的边际减排成本下，产生的减排量不同（如图 4 – 7 所示）。对碳市场而言，在选择控排主体时，尽量避免选择都处于边际减排成本上升或下降阶段的企业，否则容易造成单边市场，即碳市场上出现大量出售碳配额的控排企业（这种情况发生，说明碳市场覆盖了大量的处于边际减排成本下降阶段的控排企业，导致碳配额供给大于需求），反之，会出现大量碳配额需求方。

（2）管理成本

由于控排企业所属行业、企业规模不同，履行碳市场管理所花费的全部时间成本和货币成本是有区别的。那些在纳入碳市场之前已经开展节能管理的企业，具有管理成本优势。

（3）产量稳定性

在技术条件和市场条件不变的情况下，企业产量与温室气体排放量、企业利润水平呈正相关关系，生产稳定的企业具有较为确定的排放量和较强的碳成本承受力，有利于碳配额总量管理。

（4）控排企业的碳排放量

控排企业的碳排放量大小是影响碳市场运行成本的最重要因素之一。将碳排放量大的企业纳入覆盖范围具有管理规模效益，本章表 4－1 中列出了详细的要素及说明，在此不再赘述。

图 4－7 表示，控排企业 a 和控排企业 b 投入相同的单位减排成本减排的温室气体量不同；图 4－8 表示，减排等量温室气体量，控排企业 a 花费的边际减排成本低于控排企业 b。图中 MAC 表示边际减排成本，ME（Mitigation E-mission）表示减排量。

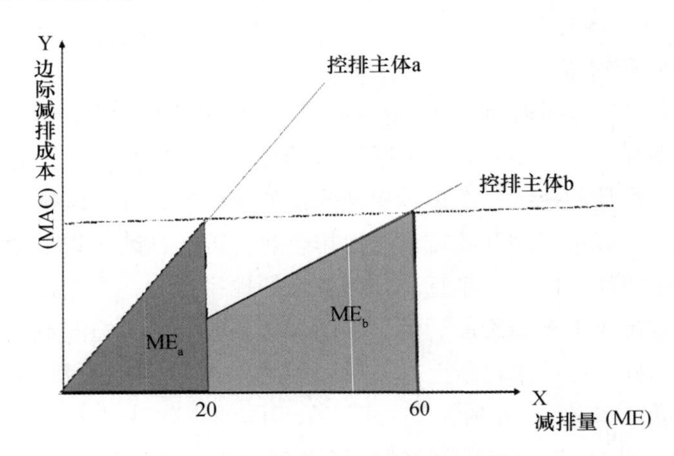

图 4－7　相同边际减排成本下的不同减排量

资料来源：由笔者根据碳市场运行原理提炼得到。

2. 外生经济要素

（1）产业政策

在确定碳市场覆盖范围前，需要对政府的产业政策进行研究，如果将鼓励发展的行业纳入覆盖范围，有利于引导企业采用低碳发展方式，但碳配额总量

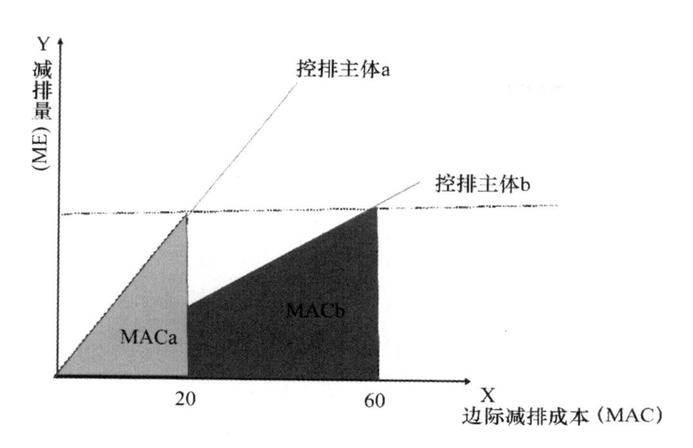

图4－8　相同减排量花费的不同边际减排成本

资料来源：由笔者根据碳市场运行原理提炼得到。

需要预留更多的碳配额给新进入该行业的企业，碳配额总量管理具有更大的不确定性；如果将限制发展的行业纳入覆盖范围，有利于促进产业政策的实施，但碳市场对区域未来温室气体减排的贡献会被削弱。根据政府对不同政策目标的优先性排序，对控排企业进行选择。

（2）产品市场

产品市场的自由竞争程度、产品是否容易被替代，替代品和互补品生产厂商是否被纳入碳市场，等等，都会影响控排企业的减排成本转移难易程度。对产品容易被替代的控排企业而言，被纳入碳市场就在无形中减弱了产品竞争力，如果纳入这类企业，需要在碳配额总量分配时予以考虑。

（三）影响排放源边界和纳入标准的经济要素

纳入标准的设定决定了排放源边界。从国内外碳市场覆盖范围设定的标准看，主要经济影响要素有：

1. 区域经济规模

对纳入标准的设定主要根据碳市场所在地区的经济主体规模大小而异，在以中小企业为主的经济体中，碳市场覆盖的排放源较小，纳入标准相对较低。

2. 数据采集成本

覆盖的排放源层级越小，数据采集成本越高；边界内的历史排放数据基础越好，数据可信度越高，监测与核查成本越低。

二　碳市场覆盖范围成本与收益

（一）覆盖范围的成本

1. 显性成本和隐性成本

碳市场覆盖范围的经济成本包括显性成本和隐性成本。

（1）显性成本：是会计成本，指形成覆盖范围所需要消耗的资源，可以在会计账目上反映出来，用货币计量表现为温室气体排放数据收集费用，从事数据统计、测算、评估、管理等工作的劳动者工资费用，排放数据平台建设费用，为扩大或退出覆盖范围所发生的管理费用等。

（2）隐性成本：碳市场覆盖范围的隐性成本是指控排企业进入碳交易覆盖范围所放弃的最高收益，是机会成本的概念。譬如：一个地区控制温室气体排放的政策工具仅有碳市场，且碳市场并未实现全行业覆盖，那么，覆盖范围的机会成本为未纳入碳市场所能够获得的最大收益；如果一个地区有多项控制温室气体排放的政策工具，那么覆盖范围的机会成本为控排企业加入其他管理体系所获得的最大收益。

2. 履约成本、管理成本和间接成本

（1）控排企业的履约成本（Compliance cost）：包括因纳入覆盖范围所花费的数据采集、管理、新增劳动力、新增温室气体排放控制设备的投入和成本。

（2）政府为确定管理对象（温室气体排放种类和控排企业）所投入的各项支出，又称为管理成本。

（3）间接成本：即纳入覆盖范围对控排企业的生产率、投资等造成的负效应。各项成本的数额占成本总额的比重，即覆盖范围的成本结构，一般用百分数表示。

3. 人力资源成本、物料资源成本和信息成本

从会计科目上看，覆盖范围的成本 = 人力资源成本 + 物料资源成本 + 信息成本

（1）人力资源成本：是指在确定碳市场覆盖范围的活动中因使用劳动力而以直接支付或间接支付方式投资和分配于劳动者的全部费用，包括工资、奖金、培训等费用。

（2）物料资源成本：是指为建设和维持碳市场覆盖范围所需要的一切生

产资料的总称，如数据管理平台建设。

（3）信息成本：是指为了科学构建碳市场的覆盖范围所消耗的信息资源的价值表现，包括获取拟纳入覆盖范围的控排企业温室气体排放数据、生产情况、能源耗费数据、企业财务状况等信息所消耗的费用，也包括对原始信息进行加工处理所消耗的费用。

4. 影响碳市场覆盖范围成本的因素

不同地区碳市场覆盖范围的成本结构常不相同。如社会平均工资高的地区，劳动力成本的比重较大；排放源比较分散的地区，数据收集成本的比重较大。影响碳市场覆盖范围成本的因素主要有：

（1）企业类型的影响：产品技术类型复杂、燃料多品种的控排企业，覆盖范围管理成本较高，也增加了碳市场的运行成本。

（2）管理水平的影响：不同控排企业的管理水平高低不同，管理水平高的控排企业，其成本结构中管理成本占比较低。

（3）排放规模的影响：覆盖范围是以法人为单位进行管理，在法人边界内排放规模越大，单位排放源的管理成本就越低。

（4）数据质量的影响：控排企业的排放数据质量影响覆盖范围的信息成本。

（5）工资水平的影响：碳市场所在区域的平均工资水平高低对覆盖范围的人力资源成本产生影响。

（6）经济波动的影响：碳市场所在区域的经济波动对覆盖范围的变化有直接影响，如果经济波动较大，控排企业进入和退出覆盖范围的频次较高，会增加覆盖范围的管理成本。

（二）覆盖范围的收益

环境收益是指在一定时期内，环境资产带来的已经实现或即将实现的，能够以货币计量的收益。根据碳市场的特点，对覆盖范围的收益作如下定义：由界定覆盖范围所带来的已经实现或即将实现的、能够计量的收益。收益确认标准有两项：（1）覆盖范围内的大排放源所排放的温室气体总量与覆盖的温室气体排放总量之间的差额价值化表现，简称为“规模收益”；（2）参与碳市场交易[①]的排放量价值，简称为“交易收益”，可以用货币计量的收益。

① 中国碳交易市场包括了碳配额交易市场和中国自愿核证减排量交易市场。

1. 规模收益

不同区域的排放源大小不一，如果碳市场覆盖的单位排放源所排放的温室气体排放规模越大，占控排企业比例越高，单位管理收益越高。

$$R_s = \sum_{i=1}^{n} P_a \times (C_{bi}/C_t) \quad \text{（式 4-6）}$$

其中，R_s 表示规模收益，P_a 表示碳配额价格，C_t 表示覆盖的温室气体排放总量，C_{bi} 表示覆盖的第 i 个大排放源所排放的温室气体量。这部分收益为社会取得，不会体现在控排企业的财务收支账目中，属于间接收益。

2. 交易收益

在碳配额总量控制下，当控排企业实际排放的温室气体量超过或低于所获得的碳配额时，围绕碳产品的市场交易就会展开，无论在自愿减排交易市场，还是碳配额交易市场，控排企业都是主要的市场参与者，说明覆盖范围的设置是有效率的。这部分收益由参与市场交易的控排企业取得，属于直接收益。

$$R_t = P_a \times T_a + P_c \times T_c \quad \text{（式 4-7）}$$

其中 R_t 表示交易收益，T_a 表示碳配额成交量，P_a 表示碳配额价格，P_c 表示中国核证自愿减排产品价格，T_c 表示自愿减排成交量。

（三）覆盖范围的成本与收益分析

成本—收益分析是一种旨在提高公共政策制定和选择质量的工具，是用货币的形式计算和衡量由于政策所导致的社会福利的变化，其理论来源和基础是帕累托有效原理和潜在帕累托改进。卡尔多－希克斯（Kalodor－Hicks）标准，即判断社会收益是否超过社会成本，是分析公共政策的成本—收益理论基础。对环境规制政策进行成本—收益分析，是对规制可能导致的成本和收益进行计算和估算，以便在可供选择的政策方案中挑选出最有效率的政策标准。

碳市场作为一项政府管控温室气体排放的政策工具，其成本—收益分析的目的可以归结为三个方面：第一，提高温室气体排放的管理效率；第二，促进政策理性，避免将规制建立在主观的好恶之上；第三，增强管理的正当性。覆盖范围作为碳市场的一个组成部分，其成本—收益分析目的与上述三个目标一致，具体体现为：（1）选择的控排企业有助于碳市场以低成本实现温室气体排放控制；（2）选择管理对象的标准客观、公正、透明，体现覆盖范围的政策理性；（3）通过明确温室气体管理类型，昭显碳市场的正当性。

对碳市场覆盖范围进行成本—收益分析，主要是对潜在的管理对象（温室气体排放类型和控排企业）的管理成本和收益进行估算、分析，确定出具有管理效率的管理对象和边界。具体分析框架如表4－6所示。

表4－6　覆盖范围的成本—收益分析框架

成本/收益属性	收支条目	控排企业所属行业1	控排企业所属行业2	控排企业所属行业 n	总计
直接成本	数据采集费				
	人力成本				
	管理成本				
	物料成本				
间接成本					
直接收益	交易收益				
间接收益	规模收益				
净收益	直接收益＋间接收益－直接成本－间接成本				

资料来源：由笔者根据本节对成本—收益的内涵整理。

专栏4－3　环境规制条例收益的估算

《清洁空气法案》是美国最重要的环保法规之一，在1990年修正案的第七章第812款中，要求EPA对法案自1970年到1990年期间所发生的收益和成本进行综合分析，以便为评估法案提供依据。同时还要求预测法案及其修正案在未来实施中的规制成本和收益。EPA于1997年发表了第一个回顾性研究报告，对1970—1990年《清洁空气法案》对公共健康、经济增长、环境、就业、生产率等总的影响进行了成本与收益分析。1999年EPA又公布了第二个展望性的分析报告，对《清洁空气法案》及其修正案在1990—2010年的成本和收益进行预测。

在回顾性的分析报告中，为了估算规制条例的收益问题，EPA首先做出了在1970—1990年有关污染排放进程的假设。它假设在此期间没有进行污染控制管理，比如没有对发电厂、炼油厂等大型空气污染源提出污染削减计划等。然后列出“有控制”（规制条例发生作用）和“无控制”情况下空气污染物排放的可能状况。结果是，在有《清洁空气法案》条例规制状态下，二氧化硫的排放量比没有规制条例状态下少40%，氮氧化物少30%，一氧化碳少50%。最后将这两种状态下的排放量转化为相应的环境空气质量。

为了估算规制的收益，须将由于规制条例实施产生的空气状况变化，转化为对人体健康的改善，农作物及暴露于空气中物体危害的减少，能见度以及其他人们认为有价值的事物情况的改善。为了得到健康收益的数据，EPA 采用了将空气污染物浓度与对人体健康的各种负面影响联系起来的流行病学分析。比如 EPA 发现在控制状态下比无控制状态下可减少 870 万急性支气管炎患者。最后是将有关规制条例实施所能避免的对人体健康等的负面影响转化为美元价值。以环境臭氧水平的降低使得人类的哮喘病发病率大大减少为例。为了给这一收益赋予相应的价值，可从几个方面考虑。首先，哮喘病发病率减少所节省的药品费用、看病费用等。其次，若空气质量没有得到改善，哮喘病人在收入方面会损失多少等。通过以上方法计算的结果是，实施《清洁空气法案》在1970—1990 年总收益在5.6 万亿—49.4 万亿美元之间，平均为22.2 万亿美元。

资料来源：赵红：《环境规制的成本收益分析》，《山东经济》2006 年第2 期。

三　碳市场覆盖范围的公平与效率

公平与效率是资源配置过程中不可回避的问题，也是碳市场设计者需要重视的问题。在碳市场不同组成部分，围绕政策目标，公平与效率分析的内容有所不同。

（一）覆盖范围的公平性

覆盖范围的公平性分析对象是区域内所有温室气体排放源的排放公平，即纳入覆盖范围的市场主体必须接受温室气体排放总量约束，未纳入覆盖范围的市场主体可以不受碳配额总量约束，自由排放温室气体，这就出现了资源配置的公平问题。美国学者 Rose 等人在大量现有文献的基础上，从国际公平的视角将各种公平原则划分为三类：基于分配的公平、基于结果的公平和基于过程的公平，比较了不同公平原则的界定及其对温室气体排放权的分配或温室气体减排义务分担带来的经济含义。[①]

1. 基于分配的公平（Allocation - based）

（1）主权至上原则：前提假设是所有主权国家都具有平等的排放温室气体和不被污染的权利，而且现有的排放格局是合理的。因此，按照各国现有排放的相对份额分配未来温室气体排放权。

（2）人均平等原则：假设所有个人都有平等的污染权利，因此人口越多的国家污染权利越大，所应得的排放权就越多，按照国家人口相对份额分配排放权。

（3）支付能力原则：在现在的能源结构和生产方式下，经济规模与温室气体排放正相关。一般而言，经济能力越强的国家造成的污染越大，按照“污染者付费”原则，造成污染的国家应该承担相应的减排责任，因此，经济能力越强的国家减排责任越大。排放权的分配与减排行动挂钩，分配原则是：排放权的分配应该使所有国家的总减排成本占 GDP 比例相等。

2. 基于结果的公平（Outcome - based）

（1）水平公平原则：将相对福利公平作为分配的主要目的，分配的标准是使分配后各国的净福利变化占 GDP 的比例相等。

（2）垂直公平原则：假设排放权的分配能带来收益，通过累进分配排放权制度，使人均 GDP 越高的国家从排放权的分配中所获得的收益越低，试图通过分配改善低收入国家的福利状况。

（3）获利原则：要求分配满足帕累托最优原则，通过排放权的分配使所有的国家福利得到改善。

（4）环境公平原则：走出人类中心主义局限，从生态系统的权利优先出发，要求排放权的分配应使环境价值最大化。

3. 基于过程的公平（Process - based）

（1）罗尔斯最大最小原则：基于“无知面纱”和对经济落后国的人文关怀，要求为最贫穷的国家分配较多的份额，使其净收益最大化。

（2）一致同意原则：出于国际协议能顺利达成和实施的目的，认为只要国际谈判过程是公平的，如果排放权的分配获得了大多数国家的赞成，这个分

---

① 王文军：《国际气候方案的福利经济学分析——以“碳预算”方案为例》，博士学位论文，中国社会科学院研究生院，2010 年。

配方案就是公平的。

（3）市场正义原则：推崇市场化和自由化，认为市场是公正和万能的，如果将排放权以拍卖的方式出售给竞价最高者，市场能够自动地实现资源配置最优化。

根据覆盖范围的政策目标和管理对象特点，“一致同意”和“获利原则”是分析覆盖范围公平性分析的重要原则。

“一致同意”是指所有被纳入碳市场的控排企业都同意加入覆盖范围，接受碳配额总量管理、参与碳市场交易；所有未被纳入碳市场的控排企业也同意不加入碳市场。欧盟部分成员国在 EU ETS 第一阶段采用的就是“一致同意”原则，首先由政府代表与拟纳入 EU ETS 的控排企业展开协商，双方达成一致后，列入覆盖范围。在这种情况下，控排企业具有主动实施减排行动的意愿，降低管理成本。

“获利原则”是指通过管理对象的选择，使区域温室气体排放水平显著下降，同时也使控排企业的减排成本得到降低，提高社会总福利水平。在操作层面，可采用数据包络分析方法（Data Envelopment Analysis，DEA）计算出覆盖范围的有效生产前沿面，发现有效率的覆盖范围。

（二）覆盖范围的效率分析

西方经济学者关于什么是“效率”已经达成了基本共识，即意大利经济学者帕累托在其著作《政治经济学讲义》和《政治经济学教科书》中将“效率”定义为“资源的最优资源配置”。根据帕累托对“效率”的基本定义，本书将覆盖范围的“效率”标准界定为：将能够以最低成本实现最高减排量的管理对象纳入到覆盖范围的状态。采用数据包络分析方法可以计算覆盖范围的效率，有关 DEA 模型的方法和应用已经非常普遍，本书不再赘述，本章延伸阅读材料中的［8］和［15］对 DEA 模型的原理与在碳市场中的应用进行了详细的介绍。

第三节　碳配额总量设定的经济学分析

碳市场碳配额总量管理的政策目标是将覆盖范围内控排企业的温室气体排放量约束在既定的水平。碳配额总量是一段时期内政府减排政策目标的体现，也从根本上决定着碳市场的碳价水平和结构特征。因而，碳市场碳配额总量管理是碳市场建设的一个关键要素。本章第一节对碳配额总量的估算方法和设定模式的基本内容进行了介绍，本节将对不同估算方法和设定模式下碳配额总量设定的成本与收益、公平与效率进行经济学分析。

一　影响碳配额总量设定的经济要素

在现有技术条件下，经济发展与温室气体排放尚未脱钩，且呈正相关关系。碳配额总量在设定管理目标时，需要考虑在管理期内因控排企业生产经营活动变化对总量目标设定的影响，也需要分析由于外部经济环境变化对碳配额总量设定目标合理性带来的影响。

（一）政治经济要素

碳配额总量管理是政府控制温室气体排放的政策工具，是政府减排意志的体现，因此，政府减排意愿的强烈程度和执行力度是影响碳配额总量目标的首要影响因素。减排意愿强烈的政府，会制订出较高的温室气体减排目标，碳配额总量相对基期排放量出现较大幅度的下降，对控排企业造成较大的减排压力；偏向高经济增长的政府，会制订出更为温和的温室气体减排目标，碳配额总量相对基期排放量出现一定幅度的下降，对控排企业不会造成太大的减排压力。

（二）宏观经济周期

控排企业作为市场参与者，受宏观经济运行周期的影响。当宏观经济处于经济复苏和繁荣阶段时，大部分控排企业处于生产增长期，温室气体排放需求较高；当宏观经济处于经济衰退和萧条阶段时，大部分控排企业处于产量出现不同程度的下滑期，温室气体排放水平下降。由于控排企业的历史排放水平是碳配额总量目标设定的主要依据，而控排企业在不同时期所处的宏观经济环境不同，历史排放平均水平是有差异的，因此，合理设定碳配额总量目标需要完成两项工作：第一，要结合未来宏观经济发展形势预测的研究进行碳配额总量目标设定；第二，选择合理的时间序列作为碳配额总量设定的依据。

（三）技术创新

温室气体减排技术的创新会大幅度降低控排企业的排放量，对碳配额总量管理目标造成冲击。由于碳配额总量设定一般以 5 年为周期，如果没有考虑到管理期间发生的减排技术和生产技术革命，碳配额总量设定可能出现远远低于控排企业实际排放的情景，即使控排企业不做任何努力，也能轻易达到碳配额总量约束目标，因此，技术预见性分析是设定碳配额总量目标的一项必要工作，同时碳配额总量设定时还应该配套碳配额调整机制。

（四）经济发展规划

由碳市场覆盖范围的纳入标准可知，历史温室气体排放量的大小是一项重要指标，但是随着经济结构的转变、市场需求的变化、产业生命周期的发展，部分行业逐渐会被替代，一些新的行业会被纳入，在产业经济学中，前者称为“夕阳产业”，后者称为“朝阳产业”。“夕阳产业”的生产和排放整体处于下降趋势，“朝阳产业”的生产和排放日趋增长，这就增加了碳配额总量目标设定的不确定性。

（五）替代政策

除碳市场外，控排企业还会受到其他经济、环保、能源等相关政策的影响，特别是环境保护和节能政策与碳市场密切相关。由于二氧化碳排放主要来自化石燃料燃烧排放，节能政策在鼓励降低能源消费的同时，具有减少温室气体排放和环境污染的多重作用。在碳配额总量目标设定时，应该考虑到节能政策或环保政策对控排企业造成的影响。例如，我国于 2018 年 1 月 1 日起实施的《中华人民共和国环境保护税法》，提出对大气污染物、水污染物、固体废物和工业噪声进行计税。

（六）财税政策

财税政策也是国际上最常用的一种控制温室气体排放政策，其中碳税政策与碳市场呈替代作用，对碳配额总量目标设定的影响如上文所示；财政政策与碳市场呈互补作用，如：节能技术研发、新能源投资补贴、能效提升投资项目等，有助于控排企业提升减排潜力，实现碳配额总量管理目标。因此，在有碳税支持的地区，碳配额总量目标设定应考虑碳税政策与碳市场对控制温室气体排放的互补作用，对碳配额总量目标从严设定。此外，企业所得税税率的变动也会通过影响控排企业的利润和对碳配额总量目标设定产生间接的影响，例如，提高企业所得税可能挤占控排企业的利润，影响减排投资，降低控排区域减排潜力，碳配额总量目标可从宽设定。

二　碳配额总量设定的成本

碳配额总量设定的成本是指为完成碳配额总量设定所需要消耗的资源总和。不同的碳配额总量估算方法和设定模式下，管理成本和收益构成有差异。

（一）碳配额总量设定的总成本构成

碳配额总量设定的成本在结构上与确定覆盖范围的成本大致相同，由人力资源成本、物料资源成本和信息成本构成，但是在成本内容上有差异。碳配额总量设定中的人力资源成本是指在为合理设定碳配额总量而以直接支付或间接支付方式投资和分配于劳动者的全部费用，包括工资、奖金、培训等费用；物料资源成本是指为设定和保持碳配额总量合理性所需要的一切生产资料的总称，如数据报送平台建设；信息成本是指为了设定和保持碳配额总量合理性所消耗的信息资源的价值表现，包括获取温室气体排放数据、控排企业的生产情况、能源耗费数据、企业财务状况等信息所消耗的费用，也包括对原始数据进行信息加工处理所消耗的费用。各项成本的数额占成本总额的比重，即碳配额总量设定的成本结构，一般用百分数表示。

1. 计算公式

$$TC = TVC + TFC \qquad （式4-8）$$

（式4-8）中TC（Total cost）表示碳配额总量设定所花费的总成本，指从控排企业碳排放量的收集、核算、预测、直到设定碳配额量整个时期的成本。TVC（Total variable cost）指在碳市场规划期内对可变投入的总花费，可变投入包括：覆盖规模大小（S）、控排企业数量变化（δ）、碳排放量变化（e）、数据采集成本（χ）等构成可变成本，体现在碳配额量（A）的变化上。

$$TVC = f(S, \delta, \chi, e) = f(A) \qquad （式4-9）$$

TFC（Total fixed cost）是固定成本，指在碳交易规划期内，对不变投入的总花费。不变投入包括：碳排放数据报送平台建设等不随碳配额量变化的支出。由于在碳交易规划期中固定投入不变，所以总固定成本是一个常数，即在短期内固定成本与可变投入的变化没有关系。

$$TFC = C_0 \qquad （式4-10）$$

2. 不同碳配额总量估算方式的成本构成

第一，在绝对量减排目标下，碳配额总量设定成本主要来自对控排企业历史温室气体排放量的测算费用和合理设定期末减排目标的费用，具体为：覆盖范围内每一个行业的减排潜力分析所需费用，碳配额总量对所在区域减排目标的贡献进行可行性分析所需费用，确定历史温室气体排放的时间跨度所需费用。

第二，在相对量减排目标下，碳配额总量设定成本主要包括：控排企业在期初的温室气体排放量数据收集与分析费用，期初控排企业的经济活动数据收集与分析费用，控排企业在规划期内经济增长率的预测费用，碳配额总量调整费用。

3. 不同碳配额总量设定模式的成本构成

在区域减排目标确定的条件下，碳配额总量设定需要获取来自控排企业的温室气体排放数据、经济数据、生产技术条件、企业发展规划等，不同设定模式获取准确数据所付出的成本不同，成本结构也有区别。

第一，在"集中决策模式"下，由政府碳市场主管部门负责收集控排企业的温室气体排放数据、经济数据，进行减排潜力评估、对数据的真实性进行核查等工作。在碳配额总量设定成本构成中，人力资源成本主要由政府部门工作人员及由政府委托的第三方机构人员的劳动力成本构成；在信息成本构成中，除获取温室气体排放数据、控排企业的生产情况、能源耗费数据、企业财务状况等信息所消耗的费用外，还包括了对信息真实性的监管成本和执行成本。此外，还有数据报送平台的建设和运行等为设定和保持碳配额总量合理性所需要的一切生产资料费用。"集中决策模式"下碳配额总量设定成本主要由碳配额发放者——政府承担。

第二，在"分散决策模式"下，碳配额总量设定成本由碳配额申请者——控排企业和碳配额发放者——政府共同承担。碳配额申请者承担的成本构成为：控排企业根据自身的温室气体排放数据、经济数据，减排潜力、技术条件等计算出碳配额量所支付的费用，在其碳配额总量设定成本构成中，人力资源成本为控排企业中付出以上劳动的劳动力成本；碳配额发放者承担的成本构成为：物料资源成本和信息成本，其中信息成本主要是对碳配额申请信息进行核算和调整所支付的各种费用总和。

（二）碳配额总量设定的平均成本

碳配额总量设定的平均成本是指平均每单位碳配额所分摊的成本。在经典经济学理论中，平均成本 AC（Average cost）是产量的函数，假设总产量为 Q（Quantity），则平均成本 $AC = TC/Q$。在碳市场经济学中，平均成本 AC 是碳配额量的函数，假设碳配额总量为 A（Allowance），则平均成本 AC = TC/A。在短期内 AC 等于每单位产品的平均固定成本加上平均可变成本。假如用 AC（Average cost）、AFC（Average fixed cost）、AVC（Average variable cost）分别表示平均成本、平均固定成本和平均可变成本，则：AC = AFC + AVC（A）。

平均固定成本是平均每单位碳配额所耗费的固定成本，用 AFC 表示：AFC = TFC/A；

平均可变成本是平均每单位碳配额所耗费的可变成本，用 AVC 表示：AVC = TVC/A。

碳配额总量设定期一般为 1—5 年，其成本变化规律符合经典经济学理论中短期平均成本的变动规律。如图 4 - 9 所示，当纳入的控排企业碳排放量增加导致碳配额量增加时，平均固定成本迅速下降，平均可变成本也在下降，因此短期平均成本迅速下降，碳配额量增加到一定程度之后，平均可变成本会随着碳配额量的增加而增加，而平均固定成本随着碳配额量的增加，下降的幅度越来越小。因此，短期平均成本曲线是一条先下降而后上升的"U"形曲线。表明随着碳配额量增加先下降而后上升的变动规律。

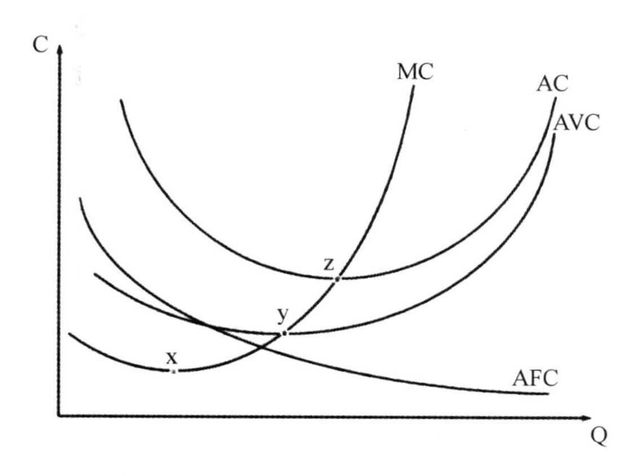

图 4 - 9　平均成本、边际成本示意图

（三）碳配额总量设定的边际成本

在经典经济学中，边际成本（Marginal cost）是指每增加一单位产量所增加的成本。即 $MC = \Delta TC/\Delta Q$。在碳市场中，碳配额总量设定的边际成本是指每增加一单位碳配额量带给总成本的增量。由 $MC = \Delta TC/\Delta A$ 表示。短期边际成本曲线是一条先下降而后上升的“U”形曲线。

三　碳配额总量设定的收益

根据碳配额总量设定的政策目标，将碳配额总量的“收益”定义为：由碳配额总量设定所带来的碳市场覆盖范围内温室气体减排直接收益与间接收益总和。根据碳配额总量的设定目标，对碳配额总量设定的收益作如下定义：由设定碳配额总量所带来的已经实现或即将实现的、能够计量的收益。由三项构成：（1）控排企业在期初的温室气体排放总量与碳配额总量之间的差额货币化表示，简称为“差额收益”；（2）控排企业在期末的温室气体排放总量与碳配额总量之间的差额货币化表示，简称为“减排收益”；（3）控排企业减排行动导致的其他环境污染物削减产生的收益，简称为“溢出收益”，如图4－10所示。

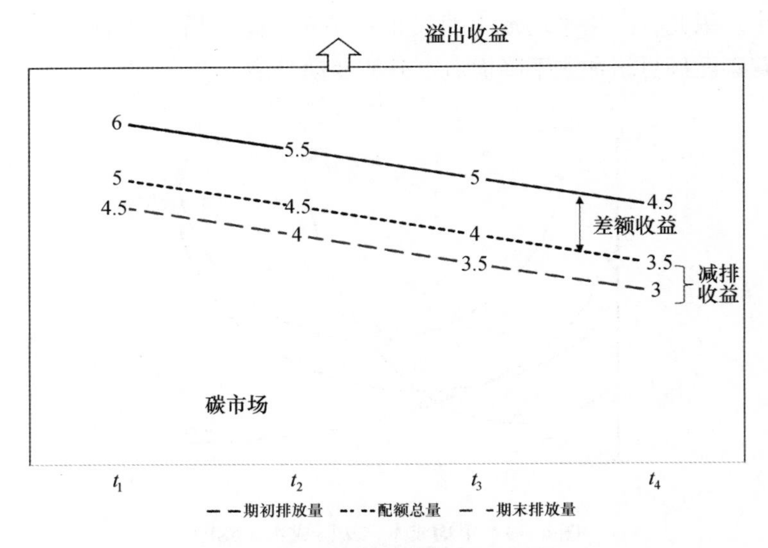

图4－10　碳配额总量收益示意图

（一）差额收益

为实现温室气体排放控制，碳市场设定的碳配额总量总是低于所覆盖的温室气体排放量，因此，碳市场所覆盖的温室气体排放源越多，排放量越大，碳配额约束越紧，碳排放总量与碳配额总量的差额越大。

$$R_g = P_a \times (C_{t_0} - A) \qquad (式4-11)$$

其中，R_g 表示差额收益，P_a 表示碳配额价格，C 表示温室气体排放量，A 表示碳配额量，下标 t_0 表示期初数据。

（二）减排收益

在碳配额总量控制下，履约期末进行碳排放量核算时，如果控排企业实际排放的温室气体量低于所获得的碳配额，控排企业可以将多余的碳配额拿到碳市场中出售获取收益，碳配额量与期末实际碳排放量之间的差额为减排收益，收益量的大小与碳价高低挂钩。减排收益的计算方法如（式4-12）所示。

$$R_m = P_a \times (A - C_{t_1}) \qquad (式4-12)$$

其中 R_m 表示减排收益，P_a 表示碳配额价格，C 表示温室气体排放量，A 表示碳配额量，下标 t_1 表示期末数据。

（三）溢出收益

“溢出收益”实际上是计算碳配额总量目标设定产生的正外部性收益，包括环境污染物削减对生态环境的贡献、就业增加带来的社会福利增加、企业形象提升带来的品牌效益等。在不同的碳配额总量目标设定模式下，溢出收益的构成不同。

四　不同碳配额总量设定方法的公平与效率

在碳市场上，温室气体排放空间作为稀缺资源，“集中决策模式”和“分散决策模式”两种碳配额总量设定方法代表了不同的资源配置方式，在公平与效率方面有不同表现。

（一）“集中决策模式”的公平与效率

在“集中决策模式”下，政府主管部门按照统一的标准采取所有控排企业的温室气体排放与经济信息，所有控排企业在同一个程序中可以实现各自的利益诉求与合法合理权利的保障，执行过程开放透明，具有程序公平或称为“原则的公平”[①]。在相对量减排目标下，还存在执行公平的问题。例如，碳配

① 徐梦秋：《公平的类别与公平中的比例》，《中国社会科学》2001年第1期。

额总量目标设定涉及控排企业的增加值数据，一般是由控排企业自行上报，政府需要采取措施对数据真实性和准确性进行核实，最大限度保证碳配额总量设定和调整中的执行公平。在绝对量减排目标下，碳配额总量设定的“起点公平”问题需要特别注意，每个行业在历史不同时期的生产规模不同，导致历史温室气体排放水平差异较大，在选择排放基年时，应以覆盖范围内每个行业的排放峰值或峰谷为标准，最大限度保证起点公平。

在这种模式下，控排企业碳排放信息的真实性是影响碳配额总量设定效率的关键要素。如果经济体碳排放历史数据统计体系准确、完备，在“集中决策模式”下，政府主管部门可以很容易地根据历史数据进行碳配额总量设定，在一定的总量设定标准下，对控排企业进行合理的碳排放控制。如果经济体碳排放历史数据基础薄弱，在“集中决策模式”下，政府主管部门需要投入更多的经济资源对控排企业提供的碳排放信息进行核算，去伪存真，影响碳配额总量设定的效率。

（二）“分散决策模式”的公平与效率

在“分散决策模式”下，碳配额总量是由政府主管部门根据控排企业申请的碳配额量汇总得到，每个控排企业都有平等的参加碳配额总量设定的权利，这种模式赋予了所有控排企业相同的碳配额需求满足机会，具有“机会公平”。在理想状态下，所有控排企业如实上报碳配额需求，碳配额总量设定实现“操作公平”和“结果公平”（注意，结果公平 ≠ 结果均等），但是在现实中，控排企业作为理性人有趋利冲动，申请的碳配额量可能超过实际需求量，在这种情况下，为保证操作公平，政府应采取管理措施，尽可能使控排企业的申请量接近实际需求。

在这种模式下，碳配额设定方式是影响碳配额总量设定效率的关键要素。“分散决策模式”中政府部门是根据控排企业提交的碳配额需求申请、结合减排目标进行碳配额总量设定，省去了对控排企业碳排放量进行真实性的核查投入，而控排企业对自身碳排放水平、减排成本、生产计划和碳排放需求最了解，因此，只需要政府选择能够鼓励控排企业上报真实碳配额需求的数据收集方式，可以提高碳配额总量设定效率。例如，对上报碳排放碳配额需求的控排企业进行随机抽查，对虚报者进行严厉惩罚。

专栏 4－4　重庆市碳交易试点机制的碳配额总量设定模式

根据《重庆市碳排放权交易管理暂行办法》第 7 条、第 8 条规定，重庆市碳排放权交易实行碳配额总量控制制度。年度碳配额总量在国家和重庆市确定的节能与控制温室气体排放约束性指标框架下，根据试点企业的历史排放水平和产业碳减排潜力等因素进行设定。

重庆市碳交易主管部门确定了碳交易体系覆盖企业 2013—2015 年年度碳配额总量逐年下降 4.13% 的绝对量减排方案。根据企业历史温室气体排放数据，重庆确定碳市场基准碳配额总量为 1.36 亿吨，在此基础上可以得出 2013—2015 年各年的碳配额总量分别为 1.31 亿吨、1.26 亿吨和 1.21 亿吨。

碳配额总量设定采取“分散决策模式”，由控排企业根据自身的历史排放峰值以自主申报、年底调整的方式进行。

相比其他试点设定碳排放总量下降目标是重庆试点机制最显著特点。这种方式的优点在于自市场发出明确的减排信号——碳排放空间是衡缺的，且越来越小，理性的市场主体应采取积极的减排行动，避免高排放带来的高成本。这种方式的难点在于合理确定碳配额总量基年。如果基年的碳排放量太大，可能导致配额供大于求，难以产生有效减排激励，反之，配额供不应求，给企业带来沉重的碳成本，削弱企业在产品市场中的竞争力。

资料来源：胡际莲、赵栩婕：《中国西部地区碳交易试点机制架构、内容与特色研究——以重庆市为例》，《能源与环境》2019 年第 3 期。

第四节　碳配额分配机制的经济学分析

碳配额分配机制是碳市场设计中的关键环节。作为碳市场的核心运行环节，其对碳市场整体效率有着举足轻重的影响。不同模式的碳配额分配机制存在成本与收益、公平与效率的不同。在碳排放空间稀缺的背景下，碳配额作为控排企业的生产资料之一，参与了产品生产过程。碳配额的分配方式决定着控排企业在碳市场和产品市场中所处的地位。如何公平、有效地将碳配额分配给各个控排企业，不同的分配方案有何利弊，都是碳市场设计需要重点考虑的问题。本节将对碳配额分配机制的成本与收益、公平与效率进行经济学分析，并以中国碳交易试点机制中典型的碳配额分配机制进行举例说明。

一　影响碳配额分配机制的经济要素

碳配额作为控排企业的生产资料，是一种潜在财富，碳配额分配方式的公平性、分配标准的合理性受到社会的极大关注，对碳市场健康发展和平稳运行发挥着关键作用。碳配额分配机制设计需要考虑在管理期内因控排企业前期减排努力带来的边际减排成本上升，也需要分析碳配额分配机制对产业结构变动带来的影响等因素，具体如下。

（一）控排企业所属行业类型

不同行业的产品种类、技术条件、价格传导机制不同，碳配额分配机制需要根据碳市场纳入覆盖范围的控排企业所属行业类型进行有针对性的设计。针对不同的行业类型，碳配额分配机制的成本有所不同。以电力行业和钢铁行业为例，电力行业中的纯发电机组工艺流程相对统一、排放标准相对一致，适合采用基准法进行碳配额分配；而电力行业中的热电联产、钢铁行业的短流程工序由于产品不一、工序复杂，难以采用基准线法，一般采用“祖父法”进行碳配额分配。如果采用基准线法进行碳配额分配，数据支撑需求高，数据收集、标准确立、履约过程管理及行政成本较高；如果采用祖父法进行碳配额分配，简单易行，数据核查费用高，但新增企业缺乏参考依据。

（二）碳减排成本

碳配额分配机制设计时还需要考虑控排企业减排成本。由于不同行业在国内外市场中面临的竞争环境不同、减排技术市场化程度不同，部分行业采取减排行动较早，在进入碳市场时碳排放水平也已经处于领先位置，进一步减排成本较高，处于边际减排成本上升阶段；部分行业低碳意识较为薄弱，在节能减排上采取行动较晚，具有较大的减排潜力，处于边际减排成本下降阶段。对不同类型的控排企业，需要采取不同的碳配额分配模式：对减排潜力小的控排企业，应以免费分配模式为主，避免给企业增加不必要的生产成本；对减排潜力大的控排企业，可以考虑采用竞价拍卖的分配模式，以激励控排企业采取减排行动。

（三）产业结构调整

碳配额分配机制还需要考虑区域发展对产业结构调整方向，从碳约束角度发挥产业政策协同作用，避免因分配不当造成碳配额浪费或产生新的管理成本。例如，对夕阳产业或产业规划中计划退出的行业，碳配额分配标准要适当从紧；对朝阳产业或产业规划中计划大力发展的行业，碳配额分配标准要适当从松。如果不考虑产业结构调整的影响，需要对那些按照产业政策要求退出市场的控排企业进行碳配额回收，对那些按照产业政策要求大力发展生产的控排企业进行碳配额补发，以免造成社会资源浪费和碳配额分配效率损失。

（四）市场化程度和价格传导机制

碳配额分配模式与区域市场化程度有密切关系。在市场化程度较高的地区，控排企业更容易接受通过竞价拍卖方式取得碳配额的分配模式；在市场化程度较低的地区，控排企业更容易接受免费碳配额分配模式。由本章表 4-4 可见，为减少控排企业的抵触情绪，一般碳市场在开始实施时，采用免费分配为主的碳配额分配模式，逐渐过渡到拍卖模式。除了市场化程度外，控排企业是否能发挥价格传导机制，将碳配额成本转嫁出去，也影响到碳配额分配模式的选择。

二　碳配额分配机制的成本与收益

碳配额分配机制包含了分配模式、分配方法、分配周期等诸多要素，其中分配模式和分配方法的不同设置，造成碳配额分配机制成本差异。

（一）不同分配模式的成本与收益

由第一节可知，碳配额分配的基本模式是免费分配与竞价拍卖两种模式。两种模式的成本构成、对控排企业的生产成本的影响不同。

1. 免费分配模式

在免费分配模式下，碳市场管理部门将既定的碳配额总量通过一定的分配方法无偿地发放给控排企业。几乎不会对企业的生产成本造成影响。在某种程度上，该模式降低了企业和资源密集型产业对施行碳交易的阻力，减少碳市场的执行成本。尽管降低了碳市场的执行成本，但由于利益集团和不同产业部门对利益最大化的需求，政府在免费分配碳配额的模式下需要花费较大的行政成本和经济成本进行沟通和协调。尽管在这种分配模式下控排企业可以获得免费碳配额，但由于履约能力不同，部分控排企业获得的免费碳配额不能够满足碳排放需求，需要在碳市场中购买更多碳配额用于履约，增加了成本，而那些并没有购买额外碳配额的控排企业也可能以此为借口，提高产品或服务价格，赚取更多的利润。免费分配模式可能降低了控排企业的履约成本但有可能增加社会成本，造成社会总福利损失。

2. 竞价拍卖模式

从短期看，竞价拍卖（有偿分配）碳配额模式会增加控排企业的成本，可能会招致企业，尤其是碳排放需求高的产业部门的反对或者抵制，在成本传导机制下，也会增加消费者的经济负担，提高经济运行成本。从长期看，拍卖的分配方式会使得政府增加财政收入，降低管理成本和交易成本，通过鼓励低碳消费的方式补贴消费者，并对低碳发展项目和节能技术提供资金支持，实现更健康的绿色生产和循环发展模式，提高社会总体福利水平。

（二）分配模式下控排企业的成本—收益分析

假设控排企业处于完全竞争市场中，在免费碳配额分配模式下，控排企业获得的碳配额量低于碳排放需求，将碳排放量控制在免费碳配额内需要投入减排成本；在竞价拍卖分配模式下，控排企业取得碳配额需要支付额外费用，增加了生产成本。在没有进入碳市场的情况下，如图4－11所示，控排企业的产品供给曲线S_0和需求曲线D的交点a决定了初始均衡，均衡价格和产出分别为P_0和Q_0。碳市场的引入会增加控排企业的成本，主要体现在两个方面：碳减排成本和碳配额购买成本。引入碳市场时，无论采用何种碳配额分配模式，当碳排放减少，控排企业都可以通过出售多余的碳配额以获取利润，因此，在碳市场条件下减少碳排放是控排企业的必然选择。

在碳市场的约束下，控排企业减少碳排放所投入的成本导致单位产品生产成本提高P_c；如果控排企业还需要从碳市场中购买一定碳配额进行履约，或政府采取竞价拍卖的模式进行碳配额分配，控排企业需要支付费用获得碳配额，单位产品碳排放成本为P_e（等于碳配额价格乘以单位产出的排放量）。包含了碳成本的生产成本的变动导致控排企业的供给曲线S_0左移至S_1，在需求不变的情况下，b点为新的均衡点，均衡价格和产出分别为P_1和Q_1。当产出为Q_1时，无碳市场下控排企业的边际供给成本为P_s，新的均衡价格与初始边际供给成本之间的差额为碳市场所引致的控排企业成本增加量，即$P_c + P_e$。不同碳配额分配模式的经济效应如下：

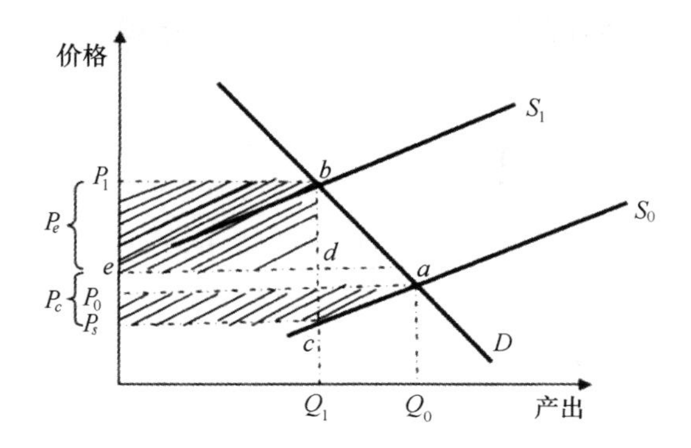

图4－11　控排企业在不同分配模式下的成本—收益分析

资料来源：李凯杰、曲如晓：《碳排放碳配额初始分配的经济效应及启示》，《国际经济合作》2012年第3期。

1. 免费分配模式的成本—收益分析

如果管理部门采取免费分配模式，同初始均衡相比，生产者剩余减少了阴影面积 P_0P_sca，消费者剩余减少了面积 P_1P_0ab。因为企业免费获得碳配额，因此企业获取了碳配额的全部租金，如图4－11所示为阴影 P_1edb 的面积（等于单位产品碳排放成本 Pe 乘以产出 Q_1）。控排企业的总收益等于阴影 P_1edb 的面积减去阴影 P_0P_sca 的面积，如图示该差额为正值，即控排企业在免费分配模式下可以获得正的收益，而消费者则福利受损。

2. 拍卖分配模式的成本—收益分析

考虑采用拍卖分配方式，假定不存在市场势力影响拍卖结果的有效性。拍卖分配下，同初始均衡比，生产者剩余减少了阴影面积 P_0P_sca，消费者剩余减少了面积 P_1P_0ab。与免费分配方式最大的区别在于，控排企业必须通过参与竞拍才能获取碳配额，免费碳配额所带来的租金收入被政府获得，即阴影 P_1edb 的面积。这部分收入可以降低政府对其他税收的依赖性，减少扭曲性税收，同时也可以用于其他政府公共开支，改善公共服务。

综上，在免费分配模式下，控排企业获取碳配额全部租金，消费者遭受较多损失；在拍卖分配模式下，政府获得了碳配额的全部租金，政府可以将这部分租金用于减少扭曲性税收，改善公共服务等方面，一定程度上抵消了消费者遭受的损失。

（三）分配机制的管理成本构成

管理成本是指运行碳配额分配机制所投入的资源总耗费。分配机制的管理主要由人力资源成本和物料资源成本构成。其中，人力资源成本是指在为设计分配方案和专门从事碳配额分配事项的从业者支付的全部费用，包括工资、奖金、培训等费用；物料资源成本是指为运行分配机制、实施分配方案所需要的一切生产资料的总称，如碳配额拍卖平台建设。

$$TC_g = TVC(h) + TFC \quad \text{（式 4－13）}$$

$$AC_g = TVC(h)/h + TFC/h \quad \text{（式 4－14）}$$

其中，TC_g 是指分配机制的管理总成本，TVC 是可变成本，随着管理人员的数量 h 发生变化；TFC 是固定成本，主要由物料资源成本构成。AC_g 表示平均管理成本。

三　碳配额分配机制的公平与效率

分配机制的公平与效率是一个永恒的话题。自启动国际气候谈判以来，国际上提出的温室气体排放权分配不胜枚举，但是由于对公平的理解涉及价值判断，至今仍难以找到一个普遍接受的公平标准。主要有平等原则、支付能力原则、经济指数原则、水平公平原则、垂直公平原则等。[①] 在国际气候方案的制定中，运用怎样的公平原则分配温室气体排放权非常重要。公平原则包含了相当丰富而深刻的伦理学内涵。它不仅包括人与人的关系，也涉及人与自然的关系；不仅是代内公平，还有代际公平；不仅要实现结果的公平，也要保证过程的公平。国际上引用较多的公平原则是："任何一个人都不会嫉妒另一个人的消费组合。"[②] 表 4－7 展示了国际气候谈判中碳排放权的分配原则和衡量标准。碳配额分配机制之所以在碳市场中有着重要的地位，一个原因在于碳配额作为生产资料，分配的公平与否直接关系到控排企业在市场竞争中的地位，对市场公平性原则造成不同的影响，具体表现为市场准入的公平性、市场竞争中企业与企业之间的公平性以及企业和消费者之间的公平性。

---

① Rose A., et al: "International Equity and Differentiation in Global Warming Policy: An Application to Tradable Emission Permits", *Environmental and Resource Economics*, Vol. 12, No. 1, 1998, pp. 25—51.

② 姚明霞：《西方理论福利经济学研究》，博士学位论文，中国人民大学，2001 年。

表4－7　国际气候谈判中的公平原则

名称	描述	指标
平等原则	所有人有均等的排放权	人口占比
祖父原则	所有分配者有相等的排放权	历史排放占比
历史责任原则	历史排放多者需要承担更多责任	累积排放占比
支付能力原则	根据实际经济能力承担减排责任	GDP/人均GDP
经济指数原则	减排时不会影响生活水平	GDP占比
水平公平原则	平等对待所有区域	净福利变化占GDP比重
垂直公平原则	更多关注不利状况的区域	净收益与人均GDP负相关

资料来源：杨珂嘉：《兼顾公平和有效原则的中国各省二氧化碳减排碳配额研究》，博士学位论文，中国地质大学（北京），2018年。

（一）分配模式的公平与效率

碳市场的碳配额分配公平与国际气候谈判提出的温室气体排放权分配公平所依据的是同一套公平理论，但是由于分配对象不同，表现有所不同。

1. 免费分配模式

在碳市场中，碳配额作为一种生产资料，成为控排企业的无形资产。在免费分配模式下，控排企业可以无偿获得政府提供的“碳配额”这种生产资料，这种分配模式的前提假设是所有的控排企业都具有平等的碳排放权利，而且目前的排放格局是合理的，因此，按照控排企业现有的排放水平分配碳配额，与国际气候谈判中的“主权至上原则”类似。在这种模式下，所有控排企业（无论碳生产力高低）可以按照分配标准无偿获得所需碳配额，碳排放量高的控排企业占据更多的碳配额，不符合“污染者付费”原则；而先期采取减排行动降低自身碳排放水平的控排企业由于技改增加了单位产品生产成本，与未采取减排行动的控排企业相比，市场竞争力较弱，有碍市场公平。在垄断竞争市场中，部分控排企业在获得政府免费碳配额的同时，大幅提高产品价格，将转移减排成本给消费者，获取意外之财，产生新的市场不公平，也有损社会福利。

在免费分配模式下，控排企业可以无偿获得“碳配额”这一生产资料，采取减排行动以降低碳排放水平的积极性不高，部分控排企业以免费碳配额量为上限进行排放管理，而不是以深挖减排潜力为目标，不利于提高碳市场的减排效率。

2. 竞价拍卖模式

竞价拍卖模式采取的是“支付能力”原则，这种模式要求控排企业根据自身的实际碳排放需求购买能够承受的碳配额量，因而能够有效地反映出控排企业的边际减排成本，暴露控排企业对碳配额的真实需求和真实碳排放水平；同时也并不会对碳排放量高的控排企业“奖励”更多的碳配额，以致造成企业之间的不公平市场地位。此外，在这种模式下，既有的控排企业和新增项目主体都通过竞拍碳配额获得碳排放许可，是一种公平竞争的关系，不存在市场准入公平性的问题。竞价拍卖所具有的公开性和透明性的特点有利于形成透明的碳配额市场价格、向市场展示真实可靠的信息，有利于提高碳市场的管理效率。

（二）分配方法的公平与效率

“历史分配法”和“基准线法”是碳市场两种基本分配方法，与不同分配模式相结合，形成碳配额分配机制的核心内容。由于竞价拍卖是控排企业的自主行为，不涉及分配方法，因此，这里讨论的是免费分配模式下分配方法的公平与效率。

1. 历史分配法

在这种分配方法下，历史碳排放量越大的控排企业获得的碳配额也就越多；而提前采取减排措施的企业却只能获取相对较少的碳配额，俗称“鞭打快牛”，造成控排企业之间的不公平。此外，由于新进入市场的主体没有历史排放量进行碳配额分配标准参考，需要通过竞价拍卖或在碳市场中购买获得，造成控排企业与新增项目之间的分配不公，分配不公又造成市场不公，使控排企业在获得免费碳配额的同时还可以将多余的免费碳配额在市场上出售，获得不当的市场竞争优势地位。在这种分配方法下，既不利于控排企业采取积极的减排行动，造成减排效率损失，也不利于市场公平竞争，有损市场效率。

2. 基准线法

在这种分配方法下，相同行业、相同产品类型的控排企业可以按照同一方法获得与产量相对应的碳配额量，符合“过程公平”原则，但控排企业对基准线如何划定可能存在争议。在这种分配方法下，单位产品碳排放低于基准线的控排企业可以获得碳配额盈余，通过碳市场出售获取减排利润；单位产品碳排放高于基准线的控排企业有自由选择是否从碳市场中购买碳配额的权利，当边际减排成本高于碳配额价格时，控排企业选择购买碳配额，获得消费者剩余；当边际减排成本低于碳配额价格时，控排企业采取减排行动，将单位产品碳强度控制在基准线下，获得生产者剩余。

延伸阅读

1. 柴麒敏、傅莎、郑晓奇、赵旭晨、徐华清：《中国重点部门和行业碳排放总量控制目标及政策研究》，《中国人口·资源与环境》2017 年第 12 期。

2. 范英：《中国碳市场顶层设计：政策目标与经济影响》，《环境经济研究》2018 年第 1 期。

3. 汤维祺、吴力波、钱浩祺：《从“污染天堂”到绿色增长——区域间高耗能产业转移的调控机制研究》，《经济研究》2016 年第 6 期。

练习题

1. 简述碳市场覆盖范围在碳市场中的重要性。
2. 边际减排成本较高的碳排放主体是否适合纳入碳市场？为什么？
3. 简述碳市场与《京都议定书》的关系。
4. 什么是碳市场控排企业？控排企业与经济产业的异同是什么？
5. 简述碳排放碳配额分配标准类型，并对每种分配类型进行利弊分析。

第五章

碳市场的履约与抵消机制

第四章介绍了碳市场的覆盖范围、碳配额总量和分配机制。当控排企业获得碳配额后，需要在规定的期限前，上缴与核定碳排放量相等的履约产品(以碳配额为主)，表示完成了配额总量管理任务。这个过程称为履约，为此所制订的管理规则和行为规范集合称为履约机制。为帮助控排企业低成本完成履约工作，碳市场管理部门设立了抵消机制，允许控排企业购买政府许可的来自碳配额以外的温室气体减排量用来履约。抵消机制是履约机制的附加构成，但也有自身的特殊性，本章将分别对履约与抵消机制进行介绍。

第一节　碳市场履约机制

碳市场履约机制是碳市场交易的重要动力源，可以说，没有履约机制带来的压力，就不会有碳交易的发生。完善、严格的履约制度是碳市场的制度保障。正是因为存在履约压力，控排企业才有减排的动力，继而产生碳配额的需求和供给，形成碳市场。

一　相关术语解释

（一）履约机制

碳市场履约机制是碳交易管理部门检查控排企业是否完成排放管理目标而制订的一系列规则集合。广义的履约机制包括对控排企业碳排放量的监测、报告与核查，碳排放量的注销、储存与借贷、奖励与惩罚制度。狭义的履约机制仅是指碳排放量核销流程，指控排企业在规定的时间内通过某种方式（一般是电子系统）存入足额的履约产品（碳配额及一定比例的核证减排量），以完成碳排放约束目标的行为规范集合，包括履约主体、履约周期和履约产品。履约标志着碳市场上一个管理周期运行的结束。

1. 履约主体

碳市场的履约主体是接受温室气体排放总量控制的排放主体，一般是指控排企业或碳市场纳入企业。

2. 履约周期

指从碳配额分配到控排企业向管理部门上交履约产品、申请排放量注销的时间区间，通常在交易周期内履约，一年一次履约或交易周期内一次性履约。

3. 履约产品

履约产品主要由碳配额、核证减排量（Certified Emission Reduction，CER）组成。在不同的碳市场中，对用于履约的 CER 数量、来源有一定的限定，目的是降低控排企业的履约成本，同时鼓励碳市场外的碳排放主体通过自愿减排参与到碳市场中，有利于提高全社会节能减碳的意识。

4. 履约率

履约率是指碳市场中的一个履约周期内完成履约的控排企业数量与接受配额总量管理的控排企业数量之比。它是碳市场有效性的一个衡量指标。

$$R = N_1 \div N \times 100\% \quad （式 5-1）$$

（式5－1）中R为履约率；N_1表示实际履约企业数量，单位为“家或个”；N表示纳入该碳市场中的所有控排企业数量，单位为“家或个”。

例如：某一碳市场2017年度纳入控排的企业数量为368家，2017年度履约期内实际完成履约的控排企业为367家，求2017年度该碳市场的履约率。

由（式5－1）可计算得到该碳市场2017年度的履约率为：

$$R = 367 \div 368 \times 100\% = 99.7\%$$

碳市场的履约率与履约奖惩机制设定密切相关。

（二）碳排放量的监测、报告与核查

对控排企业的碳排放量进行监测、报告与核查（Monitoring，Reporting，Verfication，MRV）是履约机制正常运行的重要数据支撑。其中，监测是指为了精确计算控排企业的碳排放量而采取的一系列技术和管理措施，主要是通过物理手段对控排企业在生产全过程中所产生的温室气体排放数据进行测量、获取、分析、记录等。报告是指控排企业将温室气体排放相关监测数据进行处理、整合、计算，并按照规范的形式和途径（如标准化的报告模板），以电子表格或纸质文件的方式将最终监测事实和监测数据报送给主管部门。核查是指具有资质的第三方独立的核查机构通过文件审核和现场走访等方式对控排企业提交的温室气体排放信息报告进行审查核实，出具温室气体排放核查报告，确保控排企业提交的排放报告中的数据真实可靠。

碳市场管理部门根据经第三方核查机构审核通过的排放报告进行温室气体排放量的核销工作。

（三）储存和预借规则

碳配额跨期储存预借机制是在时间维度上调节碳配额的短期供需不平衡，增加了履约的灵活性。

碳配额的预借规则对控排企业履约和碳市场的活跃程度有直接影响。碳配额储存是指在某一时期储备碳配额，以便于以后的使用。根据 Kling & Rubin（1997）的定义，"储存"表示在某一时期储备排放配额以用于以后时期的使用，"预借"一词表示在某一时期使用多于当前标准允许的排放配额，并在将来偿还这些配额。① 碳配额储存和预借是碳配额交易的一种灵活履约机制，在允许储存和预借的碳市场中，控排企业可以更加灵活地跨期调节生产，从而激励企业在生产周期平稳运行的基础上最大限度地减排温室气体，调节配额供求关系，降低履约成本。

（四）奖惩制度

奖惩制度是履约机制的核心内容之一，是奖励制度与惩戒制度的合称。奖惩制度对不遵守碳排放管控制度、碳配额管控制度、MRV 制度等碳市场相关制度的行为进行处罚，对认真履行减碳责任，积极参与碳市场的参与者进行奖励。奖惩制度是双向工作评价体系，从正反两个方面保证履约机制的良性运行，是促进碳市场参与度，提高碳市场公平性和经济性的重要手段。是碳市场制度建设的重要内容，是碳市场得以正常运转和环境目标得以实现的重要保障之一。

1. 奖励制度

奖励制度，是指针对在履约过程中的相关责任主体，根据其履约的足额及

---

① Kling C., Rubin J., "Bankable Permits for the Control of Environmental Pollution", *Journal of Public Economics*, Vol. 64, No. 1, 1997, pp. 101 – 115.

时性以及核查、管理和监督等工作绩效对其进行物质或精神上的鼓励，以调动其参与碳市场工作积极性的制度安排，是一种正向激励机制。

对积极履行减碳责任的企业进行奖励的形式可以是经济奖励、政策奖励和荣誉奖励，比如资格奖励，在绿色信贷、项目审批等方面获得优先权等。

2. 惩戒制度

惩戒制度，是指对履约过程中的相关责任主体的违法渎职行为给予最大限度的防范和纠正的制度，是一种负向激励机制。对未完成履约的企业主要采取以下几种惩罚措施：

（1）罚款：未完成履约的企业按照相关惩罚条款向管理部门缴纳费用，通常罚款标准一般为碳配额市场价格的数倍。

（2）补交履约碳配额：未完成履约的企业需要在规定时间内补交一定额度的履约碳配额，补交的碳配额数量可以等于或大于碳排放缺口。需要注意的是，一般碳市场规定，即使缴纳了罚款也不能免除其补交义务。

（3）信用处罚：对拒不履行履约义务的控排企业进行信用惩罚，记入金融机构征信系统、社会信用信息系统等，并建立通报制度，对其申报各级节能减排相关政策扶持和资金支持项目进行限制。

以上三种处罚可以单独采用一种措施，也可以进行“组合处罚”。

表5－1　　国内外各碳市场奖惩制度比较

碳市场	惩戒制度	奖励制度
欧盟碳市场	以罚款为主，第一阶段超额排放量，每吨二氧化碳当量征收40欧元的罚款；在第二阶段，处罚标准提高到每吨二氧化碳当量100欧元；第三阶段开始，罚款标准将与欧洲消费者价格指数相挂钩	各成员国在税收、财政补贴、投资支持、政策扶持等方面对控排企业进行不同程度的支持
北京碳交易试点	对未履约企业按照碳市场价格（场内交易前6个月均价）的3—5倍进行处罚	以能源审计核查结果为财政奖励支持的标准，初次复核结果“优秀”奖励12万元；“良好”奖励10万元；“合格”奖励8万元；初次复核结为“不合格”但再次复核结果为“合格”的，奖励8万元。对于第三方核查报告优秀且核查工作量大的，将适当提高奖励标准

续表

碳市场	惩戒制度	奖励制度
天津碳交易试点	3年内不能享受融资、优先申报等优惠政策规定	支持优先申报国家、市节能减排相关政策扶持和资金支持项目；鼓励银行及其他金融机构同等条件下优先为信用评级较高的控排企业提供融资服务
上海碳交易试点	对未履约企业处以5万—10万元罚款，将其未履约行为计入信用信息记录，向工商、税务、金融等部门通报，并向社会公布	支持优先申报国家、市节能减排相关政策扶持和资金支持项目；鼓励银行等金融机构优先为纳入碳配额管理的单位提供与节能减碳项目相关的融资支持
重庆碳交易试点	按照清缴期满前1个月碳市场平均价格的3倍罚款	鼓励金融机构优先为碳配额管理单位提供与节能减碳相关的融资支持
湖北碳交易试点	对未履约企业按照碳市场平均价格的1—3倍，但最高不超过15万元的标准处以罚款，下一年度碳配额分配按照未履约碳配额缺口的双倍予以扣除，将未履约企业纳入信用记录	优先支持控排企业申报国家、省节能减排相关项目和政策扶持；鼓励金融机构优先为控排企业提供与节能减碳项目相关的融资支持
深圳碳交易试点	下一年度扣减碳配额，并处以超额排放量乘以履约当月之前连续6个月市场平均价格的3倍的罚款，并进行信用曝光、财政限制等处罚	优先支持申报国家、省、市节能减排资助项目；鼓励金融机构优先为纳入碳配额管理的单位提供与节能减碳项目相关的融资支持
广东碳交易试点	下一年度扣减未足额清缴部分2倍碳配额，处以5万元罚款，未履约情况与诚信体系挂钩等	支持履行责任的企业优先申报国家支持低碳发展、节能减排、可再生能源发展、循环经济发展等领域的有关资金；优先享受省财政低碳发展、节能减排、循环经济发展等有关专项资金扶持

资料来源：笔者根据公开信息整理制作。

不论是在哪个碳市场中，都面临国家与国家、国家与地方、地方与地方、政府与企业的多重博弈，受经济、政治、环境、社会多重因素制约，不同碳市场中控排企业的履约能力和履约行动力有差异。为了保障碳市场的运行，完善履约激励机制是不可或缺的内容。

二　国内外碳市场履约机制介绍

（一）欧盟碳市场（EU ETS）履约机制

欧盟碳市场分三个阶段，第一阶段（2005—2007年）、第二阶段（2008—2012年）和第三阶段（2013—2020年）。控排企业在每年3月底前报告其上一年度经核查过的二氧化碳排放量，在4月底前向所属成员国清缴与其二氧化碳排放等量的碳配额。第一阶段不允许碳配额跨阶段存储和预借；第二阶段允许碳配额跨期储存，不允许跨期预借；第三阶段未定。

表5-2　欧盟碳市场履约与抵消机制简介

履约产品	履约期限	惩罚制度	储存与预借	抵消机制
可用于履约的产品有欧盟配额（EU allowances，EUAs），欧盟航空配额（EU Aviation allowances，EUAAs），京都信用（CERs/ERUs）	交易周期内每年履约。在交易期末注销碳配额，下一交易周期重新发放新的碳配额	对未完成履约的控排单位，要求其缴纳罚金并补交碳配额完成履约	在第一阶段，不允许跨阶段储存和预借；第二阶段允许跨期储存，不允许跨期预借	允许使用UNFCCC认可的抵消信用产品

注：欧盟碳市场第一阶段的交易周期为3年，第二阶段的交易周期为5年，第三阶段的交易周期为8年，第四阶段的交易周期计划为10年。

（二）韩国碳市场（KETS）履约机制

韩国2015年1月启动了全国性碳市场，其体量仅次于欧盟碳市场，是目前世界第二大国家级碳市场。韩国碳市场分为三个阶段，第一阶段（2015—2017年）、第二阶段（2018—2020年）和第三阶段（2021—2025年）。履约时间为每年6月，在履约年结束后6个月内，上交碳配额进行履约。允许碳配额跨期储存和预借，多余碳配额可以储存至任何交易期，不受限制，而碳配额的预借不能跨期，且受到比例限制。允许用碳抵消项目来完成履约，且自第二阶段开始接受来自国际的减排项目（减排项目必须由韩国企业参与投资）产生的自愿减排量。

KETS允许配额跨期储存和预借。多余配额可以储存至任何交易期，不受限制。而配额的预借不能跨期，且受到比例限制。2015年的预借比例上限为10%，2016年和2017年的预借比例上限升至20%。在第二阶段，2018年的配额预借比例上限为15%，从2019年起，将综合考量企业前期实际使用的预借比例来决定上限。

根据韩国《温室气体排放配额分配与交易法》的要求，企业如果未在规定时间内足额履约，将按照当前市场价格的3倍以上缴纳罚款，罚款上限为10万韩元/吨（约合620元人民币/吨）。政府可以采取相关措施来稳定配额价格，包括：（1）动用预留配额（不高于总量的25%）；（2）设定配额最低（70%）和最高持有量（150%）；（3）限制配额跨期存储量；（4）限制核证减排量可抵消比例；（5）设置配额价格上涨上限或下跌下限。

（三）美国区域温室气体行动（RGGI）履约机制

RGGI中用来履约的是“二氧化碳配额”。各州还可以使用（有效的）来自参与州项目的二氧化碳排放抵消项目，抵消其履约义务的3.3%。抵消项目必须是控排企业以外的减排或固碳活动（包括非二氧化碳的温室气体）。以3年为一个周期进行履约。2012年修订增加了临时履约条款，即要求在每一个履约期的头2年保持50%的配额。RGGI允许无限制的储存业务，但在下一个履约期内，将从配额总量中减去储存备抵，从而减少未来几年拍卖配额总量。这限制了过度供应（以及由此产生的低碳价格）的风险，同时允许参与者尽早采取行动，保持配额价值。RGGI体系中，配额可以储存但不能预借。

（四）美国加州总量控制与交易计划履约机制

加州—魁北克碳交易系统接受碳配额和抵消信用作为履约产品。可用的碳抵消比例上限是控排企业履约总量的8%，且仅限于来源于美国（或魁北克）6个领域的减排项目：林业、城市林业、牲畜甲烷管理、破坏臭氧消耗物质、甲烷捕获和水稻种植。截至2021年，使用的补偿的50%需要在加州产生“直接环境效益”（DEBS）。2021年至2025年，可用于履约的抵消比例将减少至4%，此后将保持在6%。

履约以3年为一个周期，在3年期结束后的1年内提交配额。在加州，每年必须交回一部分配额（通常是去年排放量的30%左右）。加州颁布的管理规则令中规定了储存规则，其中规定“加州履约工具不会到期”。允许跨阶段进行储存配额，但持有量不得超过总的“持有限额”规定。例如，在2018年，每个注册机构或多个注册实体的直接公司协会可以持有大约2018年及之前年份的配额总计不超过0.12亿吨。用于履约的配额不计入持有限额。

（五）中国试点碳市场履约机制

中国碳市场试点地区规定控排企业须在履约期内向碳市场主管部门上缴与履约周期内排放总量相等的碳配额（或一定比例的核证减排量，各试点地区政策规定不同）。试点地区均以一个自然年度作为碳排放履约周期，每一年对上一年度的碳排放量进行履约抵消。碳配额或核证减排量须在注册登记系统中提交注销。按照各试点的碳排放权交易管理暂行办法，履约期集中在每年的5—6月，但因各试点碳排放核查和碳配额分配进度的延迟、个别控排企业履约过程中出现这样那样的问题等原因，履约往往无法按规定期限进行，出现延后履约。

三　履约机制的成本—收益分析

碳市场的经济成本主要集中在履约机制。

如前所述，广义的履约机制包括对控排企业碳排放量的监测、报告与核查，碳排放量的注销、储存与预借、奖励与惩罚制度。狭义的履约机制仅指碳排放量核销流程，包括履约主体、履约周期和履约产品。这些要素对履约机制乃至碳市场的成本收益具有不同程度的影响，其中，对控排企业碳排放量的监测、报告与核查是最主要的成本构成。

（一）履约机制的成本分析

履约机制的经济成本包括显性成本和隐性成本。显性成本即会计成本，可以用货币计量并在会计账目上反映出来，包括为完成履约任务而发生资金成本、人力资源成本、物料资源成本。其中资金成本是指履约产品的获取成本；人力资源成本是指履约过程中因使用劳动力而以直接支付或间接支付方式投资和分配于劳动者的全部费用，包括工资、奖金、培训等费用；物料资源成本是指为了完成履约所需要的一切生产资料的总称，如碳配额登记系统建设投入。隐性成本是控排企业为完成履约所放弃的最高收益或最大价值，不能直接从账面上反映出来，如机会成本。

1. 履约总成本构成

履约总成本是指在履约周期内，为完成履约而花费的全部成本和费用，包括履约产品购买成本、履约管理成本、财务成本。履约总成本也可以划分为可变成本和固定成本。

履约产品购买成本：包括各项直接支出和建设费用。直接支出是指控排企业购买碳配额或其他履约产品的支出，直接工资和其他直接支出；建设费用是指为组织和管理履约所发生的各项费用，如碳配额注册登记系统的建设和维护费用。

履约管理成本：是指履约管理机构（政府）和履约主体（控排企业）为了管理和组织履约活动而发生的各项费用。包括控排企业为履约而雇用的管理人员工资和福利费、折旧费、修理费、无形递延资产摊销费及其他管理费用。

财务成本：是指履约管理机构和履约主体为了完成履约任务筹集资金而发生的各项费用。包括履约周期发生的利息净支出和其他费用。

控排企业的温室气体排放量 MRV 碳排放量核销、储存与预借是履约机制的三大构成部分，其中，对控排企业的温室气体排放量进行 MRV 及核销两大环节在履约总成本中占据主要位置。下面重点介绍 MRV 机制和温室气体排放量核销的成本构成。履约总成本函数如（式 5 -2）至（式 5 -4）所示：

$$TC = TVC + TFC \tag{式5-2}$$

$$TVC = f(E,\delta,A) = C(A) + C_M(E) + C_R(E) + C_V(\delta) \tag{式5-3}$$

$$TFC = C_0 \tag{式5-4}$$

履约总成本由可变成本与固定成本构成，其中可变成本 TVC 受履约产品数量 A、监测和报告的碳排放量 E、履约企业数量 δ 影响。TFC 是履约固定成本，指对履约机制中不随着履约产品数量、碳排放量变化的支出。在碳市场交易期内，履约机制的固定投入不变。

（1） MRV 的成本

MRV 的成本构成有三大要素：对控排企业的温室气体排放量进行监测而花费的全部成本和费用 $C_M(E)$、控排企业上报温室气体排放量而花费的全部成本和费用 $C_R(E)$、核查控排企业上报的温室气体排放量而花费的全部成本和费用 $C_V(\delta)$。

在 MRV 的总成本构成中，生产成本主要指为获取真实准确的控排企业温室气体排放量而支付的核查费用；建设成本主要指政府和控排企业为完成 MRV 而建立的温室气体排放量数据录入的电子信息系统的费用，以及系统维护费用；管理成本主要指政府和控排企业为完成 MRV 工作而新增管理机构产生的所有费用、温室气体排放数据收集、统计、台账记录与管理、管理人员的工资等。

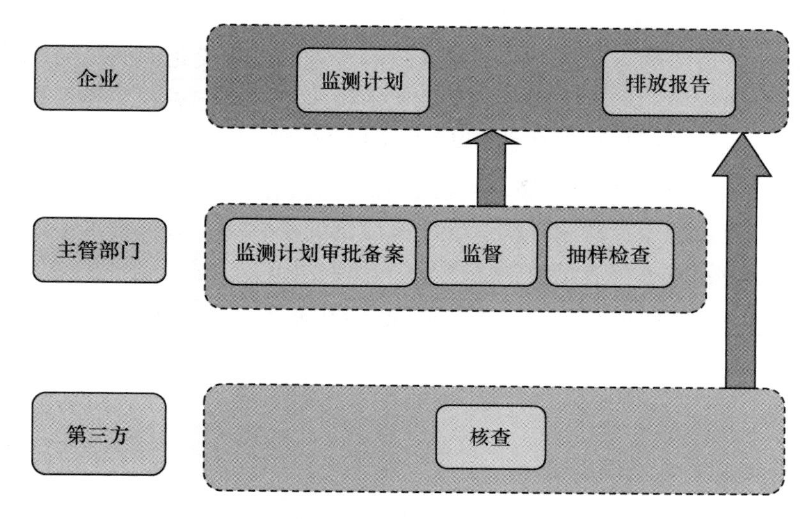

图 5－1　MRV 基本流程

资料来源：赵黛青、王文军、骆志刚：《广东碳交易机制的结构与评估》，中国环境出版社 2018 年版。

➢ 控排企业温室气体排放量监测费用

为精确测算控排企业的温室气体排放量，需要购买设备、制订监测计划、增设工作岗位、填写监测日志等工作，因此产生的固定资产投资、技能培训、工资、监测管理支出等构成了监测费用主体。这部分成本主要发生在控排企业。

➢ 控排企业温室气体排放量报告费用

根据温室气体排放监测计划，按照要求填报温室气体排放量报告而产生的费用，包括排放报告编制、填写带来的办公资料消耗、工时延长产生的工资等生产费用。这部分成本主要发生在控排企业。

➢ 控排企业温室气体排放量核查费用

由碳市场管理部门或代理机构（独立的第三方温室气体排放核查机构）对控排企业提交的排放报告进行审核。主要由核查人员的工资、技能培训费、差旅费、办公资料消耗等构成。这部分成本属于可变成本，费用抵消根据控排企业或需要核查的排放源数量而变动。

（2）温室气体排放量核销费用 C（A）

控排企业履约的一个重要环节是向政府管理部门提交足额的履约产品，申请碳排放量的核销。在这个履约环节的成本构成中，生产成本主要指为获取与控排企业实际碳排放量相等的履约产品而支付的费用，如碳配额或 CER 的购买支出、减排技术或设备投入；建设成本指政府和控排企业为获取履约产品而产生的系统建设和运行费用，购买碳配额缴纳的手续费；管理成本主要指政府和控排企业为完成碳排放量核销而产生的管理支出。

➢ 履约产品购买成本：购买碳配额或 CER 所支付的费用

➢ 交易税费：购买履约产品支付的税费和佣金

➢ 核销管理成本

2. 平均成本与边际成本

履约总成本由履约产品生产成本、履约管理成本、财务成本组成。平均成本是将总成本平摊到履约产品的费用，指完成每一单位履约产品所支付的费用。边际成本是指每增加一个单位的履约产品所要增加支付的成本。计算式如下：

$$AC = AVC + AFC = \frac{TVC}{A} + \frac{TFC}{A} \quad (式5-5)$$

$$MC = \Delta TC/\Delta A \quad (式5-6)$$

（二）履约机制的收益分析

履约机制的收益是指碳配额清缴所带来的直接收益与间接收益总和，包括：

1. 信用收益

对控排企业而言，完成碳排放配额清缴，可以获得信用奖励，包括优先获得低碳项目的资金资助、企业信用提升等；对政府而言，较高的履约率是政府管理效率和能力的表现，有利于提升政府公信力。

2. 溢出收益

催生为履约机制服务的碳核查机构、碳排放报告中介机构、企业履约能力培训等市场服务，为社会提供更多的就业岗位；控排企业为完成履约所采取的节能减排行动导致其他环境污染物减少而产生的协同效应。

3. 市场收益

履约机制允许超配额排放的控排企业按照规定比例购买价格较低的 CER

作为履约产品，碳配额价格与CER价格的差异，降低了控排企业的履约成本，激励碳市场外的经济主体采取更多的自愿减排行动，提高了整体环境效应和社会福利。

（三）履约方案的成本—收益分析

履约产品主要包括：碳配额和核证减排量。对不同履约产品的选择带来履约方案的成本—收益差异。

控排企业制定履约方案需要综合考虑多方面的因素：产品市场前景、企业生产及未来发展计划、碳价及市场预期、边际减排成本等。企业将根据产品市场、碳市场、自身减排成本等制定履约成本最小化方案。在允许碳配额跨期储存的市场中，如果企业预期未来碳配额价格上涨，可以选择储存碳配额而在碳配额现货市场中购买来完成履约。

在产品市场前景看好的情况下，控排企业未来可能增大生产规模，意味着需要更多的碳配额用于履约。如果预期未来碳配额总量收紧、碳配额价格上涨，在减排成本较高的情况下，控排企业更倾向于储存配额以备未来之需。在碳市场中，由于CER价格普遍低于碳配额价格，控排企业一般会选择购买CER来降低履约成本。

具体而言，履约方案的收益主要包括：

（1）差额收益：控排企业购入核证减排量（CER）与碳配额之间的差额货币化收益。

通常CER价格比碳配额价格低，当控排企业在碳交易市场购入CER时，产生了CER与碳配额之间的差额收益：

$$R = A_v \times (P_a - C_c) \quad \text{（式5－7）}$$

其中R表示差额收益，P_a表示碳配额价格，C_c表示CER价格，A表示CER购入量。

（2）溢出收益：控排企业为完成履约任务而导致正外部性收益。

碳配额清缴产生的正外部性收益，也叫溢出效应收益，包括环境污染物减少对生态环境的贡献、就业增加带来的社会福利增加、企业形象提升带来的品牌效益等。在不同的履约机制下，溢出收益的构成不同。

专栏 5-1 碳配额赤字的控排企业履约方案选择

广东省某一控排企业 A，2018 年度碳配额为 80 万吨，实际碳排放总量为 100 万吨。市场碳配额价格约为 20 元/吨，中国核证减排量（CCER）价格约为 10 元/吨，问企业应该如何制定履约方案？

该控排企业碳配额缺口为 20 万吨，有两种履约方案：

方案 1：购买碳配额

该控排企业直接在碳市场购买 20 万吨碳配额，企业履约时实际碳配额量为：80 万吨（发放碳配额）+20 万吨（购买碳配额）=100 万吨，提交后完成履约。

方案 2：购买 CCER + 碳配额

广东省抵消机制中允许控排企业使用排放量的 10% 的 CCER 进行抵消，因此企业可以购买 100 万吨 × 10% =10 万吨 CCER，另外还有 20 万吨 -10 万吨 =10 万吨的碳配额缺口，可以在碳市场直接购买。企业履约时实际碳配额量为：80 万吨（发放碳配额）+10 万吨（购买碳配额），实际 CCER 为 10 万吨，提交后完成履约。

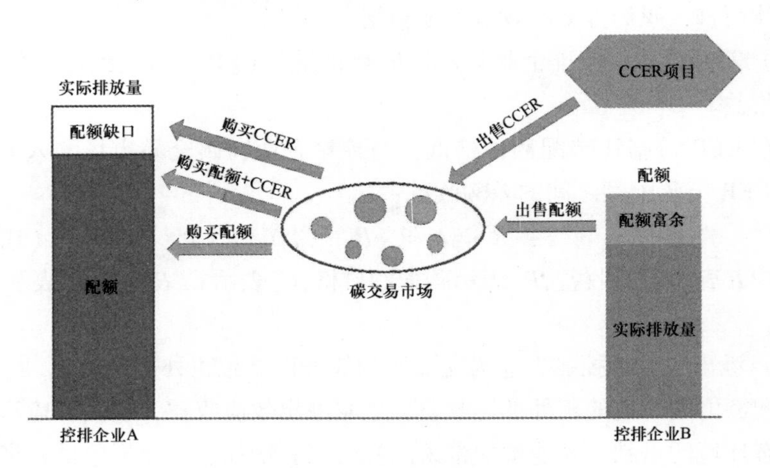

图 1 碳配额赤字的控排企业履约方式

当时碳市场碳配额价格约为20元/吨，而CCER价格约为10元/吨，该控排企业采用方案1的履约成本：20万吨（购买碳配额）×20元/吨=400万元；采用方案2的履约成本：10万吨（购买碳配额）×20元/吨+10万吨（CCER）×10元/吨=300万元。从经济性分析，通常在碳市场上，CCER的价格要低于碳配额，因此企业可以考虑在抵消比例许可范围内尽可能使用CCER进行履约。

资料来源：笔者根据公开信息整理制作。

专栏5-2　碳配额盈余的控排企业履约方案选择

广东省某控排企业B，2018年碳配额为100万吨，实际排放量为80万吨，市场碳配额价格约为20元/吨，CCER价格约为10元/吨，问企业应该如何制定履约方案？

答：该控排企业碳配额量大于排放量，碳配额富余20万吨，有两种履约方案。

方案1：全部碳配额履约

提交80万吨碳配额履约，在碳市场出售富余20万吨碳配额；或储存20万吨碳配额，用于后续履约或待碳市场碳配额价高时出售。

方案2：碳配额+CCER履约

广东省抵消机制中允许控排企业使用排放量的10%的CCER进行抵消，因此企业可以购买80万吨×10%=8万吨CCER抵消履约，则需要提交履约的碳配额量为：80万吨-8万吨CCER=72万吨碳配额。企业履约后富余的碳配额量为：100万吨（发放碳配额）-72万吨（履约碳配额）=28万吨碳配额，富余碳配额可在碳市场出售；或储存28万吨碳配额，用于后续履约或待碳市场碳配额价高时出售。

当企业采用方案2时，企业实际是利用了抵消机制，将8万吨的CCER置换成了碳配额，使企业碳资产增值了8万吨×［20元/吨（碳配额价格）-10元/吨（CCER价格）］=80万元。

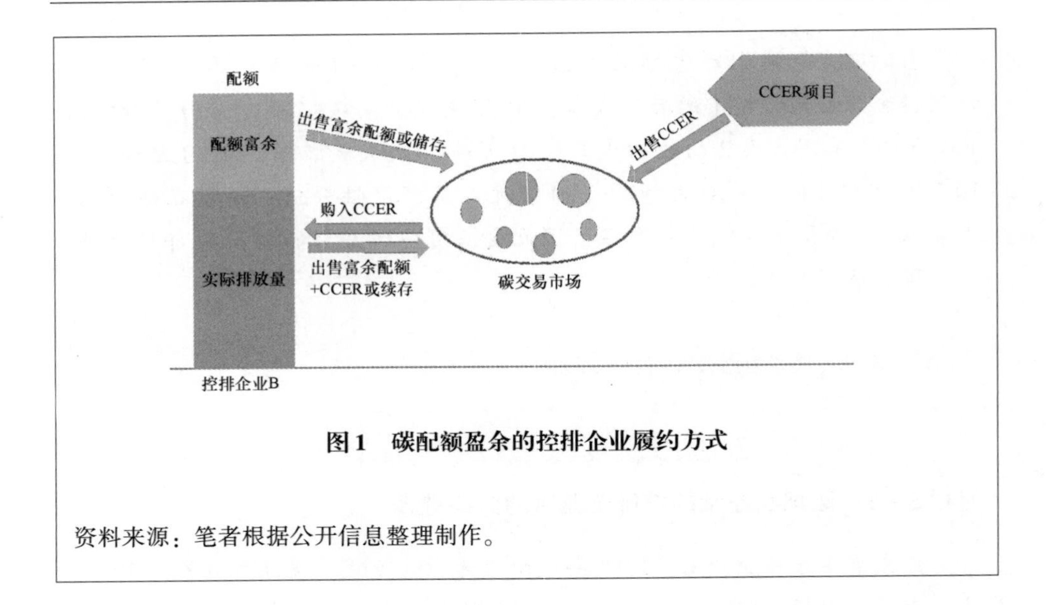

图1 碳配额盈余的控排企业履约方式

资料来源：笔者根据公开信息整理制作。

第二节 碳市场抵消机制

一 碳市场抵消机制概念和构成

（一）基本概念与理论基础

碳市场抵消机制是指允许碳市场履约主体使用一定比例的经相关机构审定的减排率来抵消其部分碳减排履约义务的规定，是一种更灵活的履约机制。最早源于《京都议定书》下的三种灵活减排机制之一的清洁发展机制（CDM）。主要功能是降低控排企业的履约成本，与配额交易互为补充。基于减排成本最小化的原则，CDM 鼓励《京都议定书》附件一中有减排承诺的发达国家与发展中国家以项目合作形式联合开展温室气体减排，项目产生的减排量经过 CDM 执行委员会（Executive Board，EB）核准后成为可在国际碳市场上交易的产品——核证减排量（Certified Emission Reduction，CER），由于 CER 的供给来自控排企业外的自愿减排主体，这些自愿减排主体没有履约义务，减排成本较低，CER 的价格普遍低于碳配额价格。控排企业可以用 CER 履约，抵消碳排放量；同时 CER 的供给方——发展中国家获得交易减排收益。因此，清洁发展机制实质是国际碳市场的抵消机制。用核证减排量抵消控排企业实际碳排放的机制是国际碳交易市场上的通行做法。中国碳市场试点机制也包括了碳抵消机制。

碳抵消机制设计主要基于以下理论：

1. 碳减排的全球效应等同

不同于污染物排放的局部影响，温室气体的排放对地球气候系统的影响不分地区和国界，比如，中国排放一吨二氧化碳与美国排放一吨二氧化碳对大气中温室气体浓度的增加是一样的。同理，在世界上任何一个地方减排二氧化碳所产生的效果也是无差别的。简而言之，控排企业与非控排企业减排二氧化碳对大气系统是无差异的。

2. 碳减排成本的比较优势理论

由于各地区经济发展程度、能源消费结构、产业结构、能效水平、技术条件、低碳政策等存在较大差异，导致产生等量的减排的边际减排成本不同。根据李嘉图比较优势理论，各地区应根据“两利相权取其重，两弊相权取其轻”的原则，集中生产并出售其具有“比较优势”的产品。碳减排成本低的地区应集中资源生产温室气体减排量，与碳减排成本高的地区通过市场交易交换其他产品，获得交换的帕累托最优，提升社会总福利水平。

不同的碳市场具有不同的发展目标，从而会存在不同的抵消机制设计目的。世界范围内已投入运行的几个国际碳市场存在着显著的抵消机制设计差异。其中，设计目的各有不同，大致可以分为三个方面：第一，给碳市场中的履约主体提供灵活的履约方式；第二，向亟待发展的行业和地区提供支持，扩大碳市场跨行业和跨地区的影响力；第三，为难于监测和具有政府规制约束的碳排放行业，提供有效的市场化激励手段。

（二）碳抵消机制的构成

碳抵消机制与碳市场碳配额交易互补，独立于碳市场配额交易机制之外。有自身一套完整的组织机制。碳抵消机制包括的主要要素为：碳抵消信用产品类型、项目类型、抵消比例、产品来源地、抵消时效限制。

1. 碳抵消信用产品类型

在碳市场外的自愿减排量来源于多种减排项目，根据减排信用所属的项目类型，可分为来源于可再生能源和新能源项目、林业碳汇项目、节能项目等；根据对减排量的核证机构不同，分为国际机构核证减排量（如 CER），国家核证减排量（如 CCER）、部门或城市核证减排量（如 PCER）。在不同碳市场中，对碳抵消信用产品的类型、来源地、签发机构有不同规定。例如，加州—魁北克碳市场中，合格的碳抵消信用产品仅限于美国（或魁北克）6 个领域的减排项目：林业、城市林业、牲畜甲烷管理、臭氧消耗物质销毁、矿井甲烷捕获和水稻种植。表 5－3 对中国碳市场的抵消信用产品类型进行了详细介绍。下面介绍几种主要的碳抵消信用产品。

（1）核证减排量

核证减排量是清洁发展机制产生的减排产品。由 CDM 执行委员会核准后成为可在国际碳市场上交易的产品——核证减排量（CER），联合国气候变化框架公约（UNFCCC）附件一国家可以购买一定比例的 CER 用于履行京都减排承诺，CER 的减排信用具有较高认可度，在许多国家碳市场中，CER 也可以用于履约主体抵消碳排放量。例如，中国核证减排量中包括中国自愿减排项目产生的 CER。

（2）中国核证自愿减排量

中国政府为了提高全社会节能减排意识，降低控排企业的履约成本，鼓励更多的非控排主体参与碳市场，与国际碳市场接轨，采取了类似清洁发展机制产品签发流程，对来自中国国内的自愿减排量进行审核，审核通过后签发的核证自愿减排量即为中国核证自愿减排量。国内控排企业根据其所在碳市场的规则，购买中国核证自愿减排量履约。

（3）城市/部门核证减排量

按照地方/部门相关规定进行申报，由第三方核查机构出具的项目减排量报告，经地方政府主管部门备案后，可作为本地碳市场的碳抵消信用产品，用于履约。如：北京碳市场试点中，森林经营碳汇项目在取得市园林绿化局初审同意后，向北京市发改委申报、备案。

（4）个人自愿减排量项目

将个人自愿参与的二氧化碳减排行为经过主管部门核定后成为可交易的碳减排量，如，广东省碳交易碳普惠核证减排项目。规定碳普惠制是指为小微企业、社区家庭和个人的节能减碳行为进行具体量化和赋予一定价值，并建立起以商业激励、政策鼓励和核证减排量交易相结合的正向引导机制[①]。

---

① 广东发展改革委：《广东省发展改革委关于印发〈广东省碳普惠制试点工作方案〉的通知》（粤发改气候〔2015〕408 号），2015 年 7 月 17 日。

2. 碳抵消项目类型

从抵消产品所属的项目类型来看，可以分为以下几种：

（1）可再生能源类项目

新建的太阳能、风电、小水电等可再生能源类型的发电项目。该类型项目实施由于几乎为零排放，其产生的碳减排量相比于传统的火电来说，减排效果是比较明显的，但其投资成本也相对传统火电要高。由此，在比较注重社会责任的企业看来，其产生的减排信用出价也相对较高。

表5－3　　中国试点碳市场抵消产品类型

试点地区	信用产品	来源项目种类细分
北京	CCER 节能项目碳减排量 林业碳汇项目	CCER产品中（1）非来自减排氢氟碳化物、全氟化碳、一氧化二氮、六氟化硫气体的项目；（2）非来自水电项目。林业碳汇中（1）碳汇造林项目；（2）森林经营碳汇项目
上海	CCER	无特别限制
天津	CCER	CCER产品中（1）仅来自二氧化碳气体项目；（2）不包括来自水电项目
重庆	CCER	CCER产品中（1）节约能源和提高能效项目；（2）清洁能源和非水可再生能源项目；（3）碳汇项目；（4）能源活动、工业生产过程、农业、废弃物处理等领域减排项目
广东	CCER	CCER产品中（1）主要来自二氧化碳、甲烷减排项目，即这两种温室气体的减排量应占该项目所有温室气体减排量的50%以上；（2）非来自水电项目；（3）非来自使用煤、油和天然气（不含煤层气）等化石能源的发电、供热和余能利用项目
湖北	CCER	CCER产品中（1）国家发展和改革委员会备案项目，其中，已备案减排量100%可用于抵消；未备案减排量按不高于项目有效计入期内减排量60%的比例用于抵消；（2）非大、中型水电类项目；（3）鼓励优先使用农、林类项目

资料来源：李峰、王文举、闫甜：《中国试点碳市场抵消机制》，《经济管理与研究》2018年第12期。

（2）节能类型项目

工业、交通、建筑领域的节能改造活动，一般也会产生减排量。表现为提供同等的活动量所需消耗的能源、电力减少，产生间接减排效果。

（3）碳汇项目

通常是指通过植树造林、森林管理、植被恢复等措施，利用植物光合作用吸收大气中的二氧化碳，并将其固定在植被和土壤中，从而减少温室气体在大气中浓度的过程、活动。

3. 碳抵消比例

碳抵消机制的信用产品与碳配额市场的配额产品是替代品，具有竞争性，因此，为了保护碳市场的供给不受到过度的外部冲击，不同碳市场对履约主体（控排企业）可以使用的减排信用数量有严格规定，一般碳抵消比例为履约主体碳配额量的5%—10%。加州—魁北克碳市场规定，2020年之前，履约主体可以使用碳配额量8%的减排信用产品用于抵消，2021—2025年，抵消比例将为4%，2025年后抵消比例保持在6%。RGGI碳市场规定的碳抵消比例为3.3%。在中国试点碳市场中，深圳、广东、天津、湖北碳市场规定的碳抵消比例均为10%，上海、北京碳市场规定的碳抵消比例为5%，重庆为8%。

4. 碳抵消信用产品来源地

碳市场设计者在制订碳抵消规则时，出于促进本地减排行动、活跃地方经济的考虑，优先消纳本地项目产生的自愿减排量。同时，也会考虑与其他区域的减排政策协同联盟，采取碳抵消信用产品互认等方式加强区域间联系。对碳抵消信用产品来源地的限制实际上是一种地方保护主义，通过行政干预形成自愿减排量垄断市场，降低了社会总体福利水平。随着本地自愿减排行动的深入，单位减排成本逐渐上升，碳抵消信用产品的地域限制逐渐取消。

在中国，以广东、深圳为代表的试点碳市场对碳抵消信用产品来源地有严格的限制，例如，深圳碳市场对来自农村户用沼气、生物质发电项目、清洁交通减排项目、海洋固碳减排项目的区域限制最为严格，要求必须在本市行政辖区内。在京津冀地区组成的“首都经济圈”内，三地的自愿减排量优先使用。

5. 碳抵消信用产品的时效性

对碳抵消信用产品的有效期进行规定，旨在避免大量碳抵消信用产品积累而导致供给过剩，对信用产品的价格造成冲击。如北京试点碳市场规定可抵消的林业碳汇项目碳减排量需来自2005年2月16日以来的无林地碳汇造林项目和2005年2月16日之后开始实施的森林经营碳汇项目，福建省碳市场也规定可抵消的林业碳汇项目碳减排量需来自2005年2月16日之后开工建设的项目；广东试点碳市场规定可抵消的国家核证自愿减排量不能来自在联合国清洁发展机制执行理事会注册前就已经产生减排量的清洁发展机制项目；重庆试点碳市场规定可抵消的国家核证自愿减排量需来自2010年12月31日后投入运行的减排项目。

专栏5-3　北京市碳抵消机制管理办法

北京市碳排放权抵消管理办法（试行）

第一条（略）

第二条　本办法适用于重点排放单位使用经审定的碳减排量抵消其部分碳排放量的活动。

第三条（略）

第四条　重点排放单位可使用的经审定的碳减排量包括核证自愿减排量、节能项目碳减排量、林业碳汇项目碳减排量。1吨二氧化碳当量的经审定的碳减排量可抵消1吨二氧化碳排放量。

第五条　重点排放单位用于抵消的经审定的碳减排量不高于其当年核发碳排放配额量的5%。

第六条　重点排放单位可用于抵消的核证自愿减排量应同时满足如下要求：

（一）2013年1月1日后实际产生的减排量；

（二）京外项目产生的核证自愿减排量不得超过其当年核发配额量的2.5%。优先使用河北省、天津市等与本市签署应对气候变化、生态建设、大气污染治理等相关合作协议地区的核证自愿减排量；

（三）非来自减排氢氟碳化物（HFCs）、全氟化碳（PFCs）、一氧化二氮（N_2O）、六氟化硫（SF_6）气体的项目及水电项目的减排量；

（四）非来自本市行政辖区内重点排放单位固定设施的减排量。

第七条　重点排放单位可用于抵消的节能项目碳减排量应同时满足以下要求：

（一）来自本市行政辖区内2013年1月1日后签订合同的合同能源管理项目或2013年1月1日后启动实施的节能技改项目；

（二）须是实际产生了碳减排量的节能项目；

（三）碳减排量按照节能项目连续稳定运行1年间实际产生的碳减排量进行核算；

（四）重点排放单位实施的节能项目产生的碳减排量除外；

（五）未完成国家、本市或所在区县上年度的节能目标的单位实施的节能项目产生的碳减排量除外；

（六）试点期节能项目类型包括但不限于锅炉（窑炉）改造、余热余压利用、电机系统节能、能量系统优化、绿色照明改造、建筑节能改造等，且采用的技术、工艺、产品先进适用，暂不考虑外购热力相关的节能项目。

第八条 重点排放单位可用于抵消的林业碳汇项目碳减排量应同时满足以下要求（略）：

第九条 核证自愿减排量按照经备案的国家温室气体自愿减排方法学进行计算，并按照《温室气体自愿减排交易管理暂行办法》《温室气体自愿减排项目审定与核证指南》的相关规定进行申报、审定和核证。

第十条 用于抵消且符合条件的节能项目需向市发展改革委申报（以下略）。

二 碳抵消减排信用产品的生产

以上对碳抵消的概念和构成进行了介绍。下面，以清洁发展机制项目（CDM）为例，详细说明碳抵消的减排信用产品是如何开发的。

（一）减排信用产品的生产过程

一个自愿减排项目产生的减排量最终成为核证减排量产品（碳抵消减排信用产品），需要经过如下几个步骤：

1. 自愿减排项目设计

自愿减排项目业主根据项目实际情况，确定项目适合采用的开发方法学，下载联合国清洁发展机制项目设计文件模板，根据项目实际情况制作项目设计文件（PDD），该文件主要包含内容有项目介绍、项目适合的方法学选择、项目额外性证明，项目减排量计算方法、项目监测计划、利益相关者意见等。

2. 第三方机构审定

项目业主制作好项目设计文件后，需要聘请一个独立第三方机构负责对项目业主制作的文件进行审核，一旦审核合格，该第三方机构将此项目公示于联合国清洁发展机制网站，以寻求公众反馈。所有的审核过程要确保在独立、公正、公平前提下开展。该过程一般要持续2—3个月。

3. 项目谈判阶段

项目业主基于对该项目注册成功的乐观预期，开始与国际买家进行前期商务谈判，一般涉及买卖的减排量价格、数量、交付方式等。注意任何正式的商务合同都需报经买卖双方所在的两国政府主管部门。

4. 项目注册登记

独立第三方机构若在公示阶段没有收到否定的评价，或清洁发展机制理事审核会同意通过的，则表示该项目正式注册成为联合国清洁发展机制项目，也就意味着该项目未来所产生的减排量获得合法认可。

5. 项目监测阶段

项目的运行过程需确保严格按照项目设计文件所陈述的监测计划执行，做到数据透明、公开、管理严格。该阶段数据质量的好坏直接影响着实际减排量能否如预期。

6. 项目减排量计算

项目的减排量计算要严格按照项目所适用的清洁发展机制开发方法学中所采用的方法进行计算。一般来说，项目减排量为基准情景所排放的二氧化碳量减去项目情景所排放的二氧化碳量。

以西北某风电项目为例，减排量计算步骤如下：

首先，计算项目排放：

风电项目属于可再生能源发电项目，按照《CM-001-V02可再生能源并网发电方法学》（第二版）计算，在项目边界内的温室气体排放量是零：PEy=0。

其次，计算基准线排放：

项目基准线情景为西北电网提供同等电量所产生的温室气体排放量。基准线情景的排放量计算公式如下：

$$BEy = EGPJ, y \times EFgrid, CM, y \qquad (式5-8)$$

其中：BEy=在y年的基准线排放量（tCO_2/年）

EGPJ，y = 在 y 年由于自愿减排项目活动的实施而产生的净上网电量（MWh/年）

EFgrid，CM，y = 在 y 年利用“电力系统排放因子计算工具（第 05.0 版）”所计算的 y 年并网发电的组合边际 CO_2 排放因子（tCO_2/MWh）

最后，计算减排量：

项目活动第 y 年减排量计算公式如下：

$$ERy = BEy - PEy \quad \text{（式 5-9）}$$

其中：ERy = y 年的减排量（tCO_2e/年），BEy = y 年的基准线排放（tCO_2e/年），PEy = y 年的项目排放（tCO_2e/年）。

7. 减排量签发

项目正常运行一段时间后，业主有权聘请另一个独立第三方对该项目实际产生的减排量进行实地验证、审定。业主需严格根据项目文件设计要求，向第三方机构提交监测阶段产生的运营数据、所在地区的有关碳排放系数数据、项目管理记录等。

（二）信用产品的经济额外性要求

一个减排项目是否能作为碳抵消信用产品，除了项目本身是否有减排效应外，还需考虑的是经济额外性：如果该项目没有被纳入碳抵消机制，项目是否有盈利。如果有，则不存在经济额外性；如果项目纳入碳抵消机制前，投入减排的总成本高于减排活动产生的总收益，则该项目亏损，厂商会停止生产减排产品。只有当项目纳入碳抵消机制后，通过出售碳抵消信用产品，获得了额外收益，使投入减排的总收益高于总成本，此时，项目就具有了经济额外性，从而具有经济可行性。

以某个清洁发展机制项目为例。在不考虑来自碳抵消信用产品收益的情况下，项目全投资内部收益率为 7.07%，低于行业基准内部收益率（8%），本项目活动在财务上不具有吸引力。而考虑来自碳抵消信用产品收益情况下，来自抵消信用产品的收入会提升内部收益率，项目全投资内部收益率达到 8.03%，项目财务状况明显改善，UNFCCC 的 CDM 审核委员会对项目的经济额外性非常重视，可以说，经济额外性不满足的项目基本很难获得 EB 委员会的批准。

（三）碳抵消减排信用产品的经济意义

降低控排企业的履约成本、扩大温室气体减排参与者范围是在碳市场中引入碳抵消机制的重要经济考虑因素。碳抵消机制的经济意义表现在：

1. 增加社会总福利

鼓励非控排企业主动参与到温室气体减排行动中，对暂时难以通过碳市场进行排放监管的企业产生激励，为减缓全球气候变暖和提升生态环境质量做出实质性的贡献；同时，为碳市场提供了价格低廉的履约产品，使控排企业有机会以更有成本效率的方式完成履约任务。实现了社会总福利的增加。

2. 调控碳市场配额价格，平抑市场波动

碳抵消机制为碳市场提供价格平稳的核证减排量产品，发挥了市场“底价”对配额价值的支撑作用。

三　对碳市场供求关系的调节

将碳抵消机制引入配额市场，一方面是鼓励非控排企业、小规模的排放单位积极参与碳减排，为减缓气候变化做贡献；另一方面也是作为碳配额交易市场的灵活补充机制，降低控排企业的履约成本。因此，碳抵消机制对配额市场的作用是辅助和支撑，不能喧宾夺主，对碳配额市场造成冲击。碳抵消比例的设定，决定了有多少减排信用产品可以进入配额市场，造成履约产品供给量变化。

假设碳市场中，履约产品的需求量为D，碳配额供应量为S，当$D>S$，碳配额供不应求时，在供求关系的作用下，配额价格上升，履约成本增加。在高比例碳抵消规则下，从碳市场外减少Sa单位的碳排放量，将其作为信用产品供给给碳市场，使得$D=S+Sa$，在碳抵消机制的作用下，碳市场以较低的成本实现了市场出清。反之，当$D<S$，碳配额供大于求，且配额价格等于减排信用产品价格时，碳抵消机制失灵。

因此，碳抵消比例设定是保障碳市场平稳运行的重要因素，需要对碳配额初始发放数量、控排企业对碳配额的需求进行预评估，设定合理的、可灵活调整的碳抵消比例以适应不断变化的碳市场。

以欧盟碳市场为例，在第一阶段（2005—2007年），EU ETS接受CDM机制下各类CER作为履约产品抵消控排企业的碳排放量，大量CER随之涌入，对EU ETS造成了冲击；在第二阶段（2008—2012年），EU ETS开始对CER类型做出了一定限制，提出核能项目、大型水电项目、土地利用及土地利用变化和林业（LULUCF）活动产生的减排量不能作为履约产品进行碳排放量的抵消；在第三阶段（2013—2020 年），EU ETS 对 CER 类型做出了更严格的限制：只接受在世界上最不发达国家开展的 CDM 项目产生的 CER。

四　碳抵消项目的成本—收益分析

作为产生碳抵消减排信用产品的温室气体自愿减排项目厂商，在生产自愿减排量这一碳抵消信用产品过程中，需要投入资金、技术和劳动力，只有当减排产品所产生收益高于成本时，厂商才会进行项目投资。

碳抵消项目的成本—收益分析与经济品的成本—收益分析类似。总成本包括了为生产减排量所投入的一切物质资料和人力资源花费，如项目运行成本以及减排量核准成本等。总收益由销售的减排量与碳价高低决定。

设某厂商拟投资一项温室气体减排项目——风电项目，经调查发现，它需要投入设备购置费 4000 万元，项目设计费 20 万元，聘请第三方核查机构进行减排量核定支出 150 万元，年项目运行费 600 万元，工资及管理费 300 万元。预期产生温室气体减排量 1000 万吨，且按照目前 CER 价格 8 元/吨 CO_2 全部售出。可以计算得到：

项目总成本 $=4000+20+150+600+300=5070$ 万元

项目平均成本 $=5820/1000=5.82$ 元/吨 CO_2 减排量

项目总收益 $=1000\times 8=8000$ 万元

项目平均收益 $=8$ 元/吨 CO_2 减排量

在这种情况下，该风电项目年毛利润为 2930 万元，具有成本效益。

延伸阅读

1. 赵黛青、王文军、骆志刚主编：《广东省碳排放权交易机制解构与评估》，中国环境出版社 2018 年版。

2. 李奇伟：《中国碳排放权交易试点履约期的市场特征与政策启示》，《中国科技论坛》2015 年第 5 期。

3. 王遥、王文涛：《碳金融市场的风险识别和监管体系设计》，《中国人口·资源与环境》2014 年第 3 期。

练习题

1. 履约机制在碳市场中有何重要意义？

2. 控排企业履约方式有哪几种？
3. 控排企业如何实现履约成本最小化？
4. 碳抵消机制是如何影响配额市场供求关系的？
5. 比较分析我国七个碳市场试点抵消机制的规定的异同及其政策动机。

第六章

碳市场的价格波动与稳定机制

碳市场中存在两种交易品，一种是碳配额，一种是核证减排量。尽管两种交易品的价格不同，但均是碳市场参与主体边际减排成本的反映。碳配额是碳市场的主要交易品，本章主要介绍碳配额的价格波动与稳定机制。由于减排成本容易受到各种不确定性因素的冲击，从而导致碳价格天然具有波动的特征。为保持碳市场健康平稳发展，有必要在碳市场设计中引入价格稳定机制。本章首先探讨碳价格波动及其管理，然后分别从理论和实践的角度介绍碳价格稳定机制。

第一节　碳价格波动及其管理

由于碳价格波动影响到碳市场的减排效果实现，引发了碳价格稳定的争论。

一　碳价格波动

在不考虑不确定性的均衡条件下，碳价格即等于社会平均边际减排成本。然而，如第三章所述，碳价格存在着众多影响供需的因素，边际减排成本极易受到诸如生产规模变化、减排技术等不确定性的冲击，而碳市场碳配额有供给刚性的特征。此外，碳市场交易层面还面临着信息不对称、交易需求集中、制度不完善等问题，因此碳价格天然具有较高的波动性。

图 6 – 1 显示了 2014—2018 年国内外主要碳市场的价格变动趋势，国外碳市场以欧盟碳市场为例，国内碳市场收集了七省市碳试点的数据。欧盟碳市场

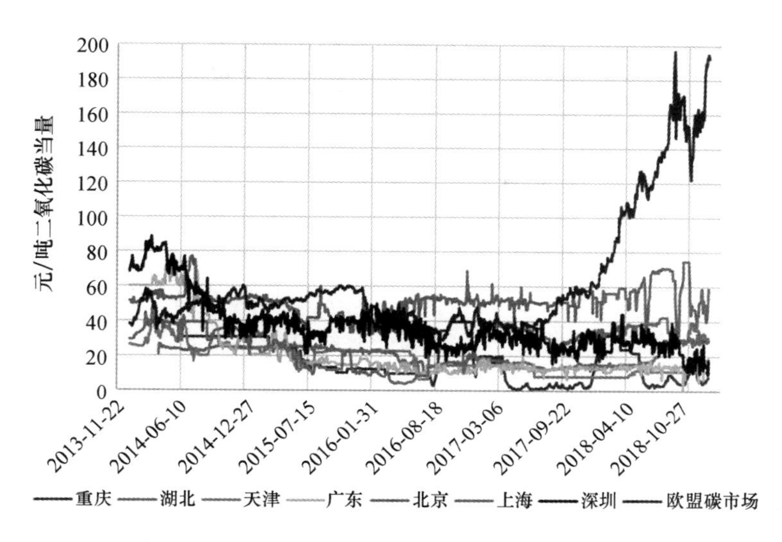

图6－1　2014—2018年国内外碳交易市场价格趋势

资料来源：欧盟碳市场价格来源于wind数据库，国内碳试点价格来源于湖北碳排放权交易中心；碳价格计价均以人民币为单位，且为日交易均价，欧元兑人民币汇率来源于欧洲统计局。

的波动较大，2014—2017年碳价格在50元上下波动，从2017年9月开始大幅上升，最高接近200元。国内碳试点中，深圳、广东和上海碳试点在启动之初碳价格较高，但是随后大幅下跌并持续波动；北京碳试点的价格在部分时点上存在大起大落；湖北碳试点的价格基本保持在20元左右，波动幅度较小；天津和重庆碳试点的碳价格平均较低，成交量也处于较低水平。

专栏6－1　经济危机与欧盟碳价格波动

2015年是欧盟碳市场（EU ETS）运行的第十年。这一年，这一系统已涵盖31个欧洲国家的11000家发电厂、工厂以及绝大多数的航空公司，覆盖欧洲45%的温室气体排放量，成为世界上最大的碳市场。

“这一体系在过去十年间经历了许多波折和坎坷，但总体来说是成功的。它在我们所处的情况下，以最低的成本实现了减排。”2月4日，欧盟委员会气候行动总司司长普莱特斯基在北京出席中欧碳排放交易高层论坛时这样说道。她认为，欧盟最值得推广的经验是，赋予碳排放权商品属性，在市场机制下，通过碳价格信号的刺激不断提高能源使用效率，开发现有碳排放技术的替代性技术，并触发必要的金融流动，从而开启低碳经济之路。

具体来讲，"总量限额与交易"（Cap and Trade）的方法由欧盟委员会决定适用于整个系统的排放总量，控排企业获得各自的排放碳配额（EUA）。在允许储存的条件下，如果企业能够使其实际排放量小于被分配到的碳配额，就可以把剩余部分留到以后使用，或放到市场上出售获得利润；反之，则不能预支未来的碳配额，企业必须到市场上购买碳配额，否则将受到重罚。

尽管原理本身受到很多经济学家推崇，但欧盟碳市场却在现实中遭到了重挫。碳价格从2008年每吨20多欧元的高位一路跌至2013年每吨5欧元，据能源专家分析，碳价格至少要达到每吨20欧元才能促使企业实施低碳能源策略。因此，较低的碳价格不仅无法带动新能源的发展，甚至还增加了煤炭的销量，让整个欧洲的减排系统走到了崩溃的边缘。

碳价格的持续低迷主要是由于2008年以来的经济危机影响。大批企业减产导致对排放需求减少，同时，企业还在出售用不完的碳配额，又增加了碳配额供应，给碳价格施加进一步下行压力。2014年12月，欧盟委员会称，该系统已累计结余碳配额超过21亿吨，高于一年的供应量。碳交易智库Sandbag预计，如果不对交易体系进行结构性改革，2020年年末过剩碳配额可能膨胀到45亿吨。

对于欧盟碳市场当前面临的挑战，普莱特斯基回应道："一个完美的体系几乎是不可能实现的。"她表示，启动碳市场就意味着一个持续的学习过程，欧盟在现实中获得的经验可以指导下一阶段的运营，政策决定者会根据现实需求不断完善这一体系。

针对供给过剩的问题，欧盟一直在思考借助"有形的手"对碳市场进行干预，减少碳配额供给，从而拉高碳价。在欧盟碳市场进入第三交易期（2013—2020年）后，欧盟规定，每年发放的碳配额要以1.74%的速度递减，而航空业的年排放限额为基准排放量（2003—2006年均排放量）的

95%。企业将主要通过竞拍的方式获得碳配额，政府免费发放碳配额的方式将在2030年前彻底消失。

资料来源：《欧盟十年“碳”路：完美的体系是不存在的》，2015年2月5日，人民网，http：//world. people. com. cn/n/2015/0205/c1002－26511841. html。

二　关于碳价格稳定的争论

碳价格波动引发了关于碳价格管理的争论，焦点问题在于有没有必要建立碳价格稳定机制。

在欧盟碳市场的第一、第二阶段，欧盟委员会一直坚持不进行事后调整、不干预市场的立场，他们认为碳价格波动不会影响2020年减排目标的实现，因为碳配额总量已经被严格限制，相反对市场进行人为干预只会增加不确定性。而一些学者则持有不同意见。他们认为碳市场缺乏应对外部冲击的能力，一旦碳价格因外部冲击出现剧烈波动，则会影响碳交易体系的减排效果，所以应该建立碳价格稳定机制；更有学者提出增强碳价格的预见性和可靠性的机制对碳市场至关重要，将决定碳市场是否能够成为一个有效的政策工具。[①] 对争论正反双方的理由，我们总结归纳如下：

支持碳价格稳定机制的理由：碳价格剧烈波动不利于低碳投资；碳市场不能传递“正确”价格信号；碳市场易受外部冲击，有必要保有足够的应对措施和能力。

反对碳价格稳定机制的理由：影响低碳投资的原因不是当期碳价格波动，而是未来碳价格的不确定性；如果市场不能传递“正确”价格信号，管理者更不可能；根据外部冲击进行调整将使市场更加不可预见，也会增加不确定性。

虽然争论仍未有结果，但是碳价格剧烈波动的现实迫使人们行动起来，欧盟委员会主动放弃了不干预的立场，转而发起了“结构改革”（Structural Reform）的大讨论，并提出了干预市场的六个选项：提高减排目标、注销部分碳

① Samuel Fankhauser，Cameron Hepburn，“Designing Carbon Markets Part I：Carbon Markets in-Time”，*Energy Policy*，Vol. 38，No. 8，2010，pp. 4363－4370.

配额、提高年度递减系数、扩大覆盖范围、限制项目信用和建立价格稳定机制。荷兰环境评估署（PBL）使用 WorldScan 模型，对欧盟碳市场“结构改革”的选项进行了评估，指出最佳方案是建立价格稳定机制。对于价格稳定机制，学术界也提出了大量方案，大致分为两类：碳价格上下限和碳配额数量的动态调整。

专栏 6-2　碳价：干预还是不干预？

关于是否干预碳市场以加强碳价格的争论主要归结为几个关键问题：

1. 管理碳价格是否会为长期投资提供更及时的价格信号？

通过干预以实现更高碳价格为目标的一个理由是，这种干预有利于快速推进投资向低碳资本和创新倾斜。例如，英国财政部（2011）认为，如果碳价太低，投资低碳项目的利润不高，企业可能会继续投资碳密集型资本存量。在这种情况下，如果考虑到进行这些投资的沉没成本，人们担心，到 21 世纪中叶，用低碳技术取代它们将成为极其昂贵的成本，因为搁浅资产的损失和一些长时间低碳的投资。这通常被称为“锁定”问题。

在低碳创新方面也有类似的论点，人们担心，如果较低的碳价格在短期内不能刺激创新，那么 21 世纪中叶新的低碳技术的学习曲线可能会变得过于陡峭以至于无法实现雄心勃勃的减排。因此有人认为，系统地将碳价格调整到预期的投资和创新轨迹是可取的。

虽然这个论点看起来很好，但对于支持碳价格的市场干预来说，这并不一定是“扣篮”。首先，资产锁定的风险有时会被夸大，风险大小具体而言取决于涉及哪个部门。事实上，资本成本和投资的前期在不同技术之间可能存在很大差异。联合循环燃气轮机投资并不像燃煤电厂那样资本密集，而且就交付周期而言，太阳能或小规模风电的部署速度远远超过核电。

其次，“锁定”问题不一定是管理碳价格的论据。从本质上讲，它假设长期资产的投资者将无法预测欧盟排放交易体系下未来更高的碳价格。但是，做一个大胆假设，假设这是正确的——问题是为什么？这仅仅是因为碳价格今天很低吗？还是因为未来的碳价在其投资期限内过于不确定？

如果未来的碳价格太不确定，那么可能有几个原因：这可能是因为投资者需要管理碳价进行投资；也可能是因为未来的碳配额供应仍然太不确定，以至于无法作为长期投资决策的有力基础，这才是决定未来价格的关键。

由于许多低碳投资涉及长期资本存量，因此问题最终将成为政策制定者如何最好地为长期政策提供可靠承诺，使得投资者可以在其中获得合理的信心。如果投资者可以确信严格的碳限制将会持续下去并且将来只会收紧，无论欧盟的短期价格如何，他们都应该投资低碳技术。

2. 监管机构能否知道“正确”的碳价格？

欧盟排放交易体系中一些价格管理支持者提出的论点是，碳市场无法被信任，为所需的投资水平提供“正确的”碳价格。由于6—8欧元/吨二氧化碳的价格似乎不符合21世纪中叶左右经济脱碳的轨迹，因此有人认为决策者或独立的中央管理者必须确保产生合理的价格。

但这引发了一个问题，即中央管理者如何能够知道长期内最具成本效益的价格轨迹。毕竟，这将取决于尚未发生的一系列技术和经济的发展。在确定最具成本效益的长期碳价格轨迹时，政策制定者是否必然比市场本身有更大的智慧？虽然市场可能不是百分之百“有效”，但政策制定者的主动自由裁量权也涉及风险。

为了有效运行，市场通常需要有关于价格基本面的相关信息。如果碳价格目前看起来太低而不能与长期减排成本的合理假设同步，这很可能与目前缺乏关于2020年后长期稀缺碳配额的关键信息有关。假设这是正确的，那么确定欧盟排放交易体系的长期减排目标，将有效提供长期激励水平。

3. 是否应在经济周期内调整补贴供应？

从经济效率的角度认为允许价格顺周期合理的原因有：在经济困难和碳需求低的情况下，它可以降低商业成本，但要求企业在经济良好和碳需求高时支付更多。此外，由于未来无法预测，看起来大量盈余或赤字的情况可能会出乎意料地发生变化，正如最近的全球金融危机所表明的那样。

另外，有一个更现实的政治论点表示欧盟排放交易体系是年轻的，尚未完全建立成一个可靠和持久的气候政策工具。无论是欧盟还是其他国家都没有这种政策机制可以借鉴的悠久历史，这意味着它的信誉必须随着时间的推移而获得。欧盟排放交易体系在国际上也很重要，可以作为考虑类似政策的其他国家的榜样，也是国际气候谈判中承诺可信度的来源。在这种情况下，较低的碳价格和大量未使用的碳配额将存入第三阶段和第四阶段，这可能是对其政治信誉的威胁。因此，支持短期碳价格的一次性特别行动可能是合理的，理由是它表明欧盟坚定承诺加强和维持其主要气候政策工具的相关性。

这样做的风险在于，任何此类干预都将成为干预的先例，或许可能导致在未来经济繁荣或价格飙升期间发生放松排放上限的争论。这可能会给低碳技术的投资者带来额外的不确定性，并削弱市场的环境效益。因此，任何干预措施的构建方式对于市场塑造未来“游戏规则”非常重要。

资料来源：Sartor O.，“The EU ETS Carbon Price：To Intervene，or Not to Intervene?”，Paris：CDC Climate Research，2012.

第二节　碳价格稳定机制的理论

理论上而言，碳价格稳定机制可追溯到环境经济学著名的“量价之争”问题（Prices versus Quantities）。

一　“量价之争”问题

1974 年，美国经济学家马丁·维茨曼（Martin L. Weitzman）提出一个问题：在环境政策中，数量型政策和价格型政策哪个的效果更好?[①] 他认为：当不存在不确定性时，理论上数量政策和价格政策的结果完全相同。然而，当存在不确定性时，数量政策固定排放数量，而让市场自发调节价格；价格政策固定碳排放权价格，而让碳排放总量根据碳价格进行调节，两种政策类型将对社会福利产生不同的结果。具体到气候变化领域，碳市场可以认为是数量型环境

① Weitzman，M. L.，“Prices vs. Quantities”，*The Review of Economic Studies*，Vol. 41，1974，pp. 477 -491.

政策，而碳税可以认为是价格型环境政策。“量价之争”便是：当存在不确定性时，碳市场还是碳税带来的福利损失更小？

（一）“量价之争”理论模型

我们可以采用简单的理论框架来说明碳价格与边际减排成本、边际减排收益之间的关系，并分析不确定性的影响。由于政策制定者往往关注碳排放量控制目标，我们依照纽维尔和皮泽2008年的研究①，在维茨曼1974年的经典论文《价格还是政策》的框架基础上，将边际成本和边际收益设定为碳排放的函数。

1. 模型假定

假设碳排放 q 的成本函数为在最优碳排放水平 q^* 上②展开的二阶近似：

$$C(q) = c_0 + (c_1 - \theta_c)(q - q^*) + \frac{c_2}{2}(q - q^*)^2 \qquad (式6-1)$$

其中，c_n 为参数；假设 $c_2 > 0$ 以保证成本的严格凸性。

根据成本函数，碳排放 q 的边际成本为：

$$MC(q) = c_1 - \theta_c + c_2(q - q^*) \qquad (式6-2)$$

随着碳排放 q 增加，所需承担的减排量 $q - q^*$ 越大，因此边际成本越大。

在这一框架下，不确定性体现为边际成本的冲击，用随机项 θ_c 表示，服从均值为0、方差为 σ_c^2 的正态分布。最典型的成本冲击为减排技术的不确定性。当减排技术进步的程度超出预期，可能引起边际成本函数的平移。此外，其他可能产生碳减排的能源气候政策、经济增长的不确定性等因素均有可能转换为边际成本的不确定性。在这样的函数形式下，正的成本冲击 θ_c 将减少排放 q 的边际成本，但将增加减少排放 q 的边际成本。因此，该函数满足边际减排成本递增的特性。

类似地，收益函数可理解为减少碳排放的收益，或增加碳排放的损失，也表示为 q^* 上的二阶近似：

$$B(q) = b_0 + b_1(q - q^*) - \frac{b_2}{2}(q - q^*)^2 \qquad (式6-3)$$

---

① Newell, R. G., Pizer, W. A., "Indexed Regulation", *Journal of Environmental Economics and Management*, Vol. 56, 2008, pp. 221-233.

② 成本函数可以为任意排放水平上展开的二阶近似。为简化分析，大部分文献采用最优碳排放点。

其中 $b_2 \geqslant 0$。因此，成本函数是凹性的。

边际收益函数为：

$$MB(q) = b_1 - b_2(q - q^*) \qquad （式6-4）$$

随着排放增加，所需减排量越大，边际收益递减。为了简化分析，假设边际收益不存在不确定性。

2. 不确定性下的碳价格

政策制定者设定排放总量目标等于社会最优排放量 q^*。事前预期碳市场在边际收益等于预期边际成本时达到均衡，市场完成减排目标，碳价格等于 $q = q^*$ 时的预期边际成本的水平：

$$p = c_1 + c_2(q - q^*) = b_1 - b_2(q - q^*) = c_1 = b_1 \qquad （式6-5）$$

然而，由于存在边际成本冲击，碳价格具有不确定性，即实际碳价格为：

$$p = c_1 - \theta_c + c_2(q - q^*) = c_1 - \theta_c \qquad （式6-6）$$

采用图形，我们更容易看出边际成本的不确定性如何转化为碳价格与预期的偏离。图6-2中，横轴表示碳排放，纵轴表示碳价格。因此，垂直于 $q = q^*$ 的直线表示政府设定的碳市场政策总量目标。边际成本为向上倾斜的直线，边际收益为向下倾斜的直线。政策制定者预期的碳价格为预期边际成本线与边际收益线的交点，此时 $p = p^*$，$q = q^*$。然而，实际的边际成本可能受到冲击

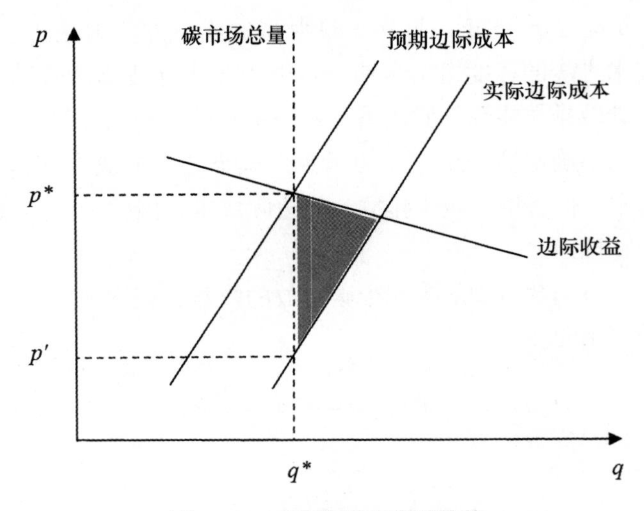

图6-2　不确定性下的碳价格

资料来源：笔者自行绘制。

而向下平移。由于排放量由排放目标 q^* 决定，碳市场总量约束下的碳价格 p' 取决于 $q=q^*$ 时的实际边际成本，并不等于边际收益。此时碳市场将带来福利损失（图中阴影部分）。

3. 福利影响分析

从上可见，当存在边际成本冲击时，碳市场由于限制排放总量，市场将通过调节价格来达到均衡。此时，实际的碳价格将与预期的碳价格产生偏离，更重要的是，也将与边际成本等于边际收益时的碳价格产生偏离，从而造成福利损失。我们可以进一步分析数量型政策在成本冲击下的预期福利。

首先，碳市场的社会福利由净收益，即减排的总收益减去总成本表示［由（式6－5）可知，$b_1=c_1$］：

$$NB(q) = b_0 - c_0 + \theta_c(q - q^*) - \frac{b_2 + c_2}{2}(q - q^*)^2 \quad （式6－7）$$

在数量政策下，碳排放需满足 $q=q^*$，因此，预期的数量政策净收益为：

$$E[NB_Q] = b_0 - c_0 \quad （式6－8）$$

与此同时，我们也可以利用该框架，评估碳税的福利影响。我们知道，任意碳价格等于边际成本，即 $p=c_1-\theta_c+c_2(q-q^*)$。因此，不同碳价格水平下的碳排放方程为：$q_p(\theta_c)=q^*+(p-c_1+\theta_c)/c_2$。最优价格政策应满足边际收益等于预期边际成本这一条件，即根据（式6－5）满足 $p=c_1$。因此，最优碳税政策下的碳排放为：

$$q_p^*(\theta_c) = q^* + \frac{\theta_c}{c_2} \quad （式6－9）$$

将（式6－9）带入净收益（式6－7）并求期望，即可得到最优数量政策下的预期净收益：

$$E[NB_p] = b_0 - c_0 + \frac{\sigma_c^2(c_2 - b_2)}{2c_2^2} \quad （式6－10）$$

（二）"量价之争"的结果比较

根据上述理论模型，我们可以比较最优价格政策和最优数量政策下社会福利（预期净收益）的差异。用（式6－10）减（式6－8）可得：

$$\Delta_{p-Q} = \frac{\sigma_c^2(c_2 - b_2)}{2c_2^2} \quad （式6－11）$$

根据（式6－10），价格政策更优还是数量政策更优取决于边际成本和边际收益曲线的相对陡峭程度。当 $c_2 > b_2$，即边际成本曲线相对陡峭时，价格政策产生的社会净福利大于数量政策；当 $c_2 < b_2$，即边际收益曲线相对陡峭时，数量政策产生的社会净福利大于价格政策；当 $c_2 = b_2$ 时，两种政策无差异。

我们同样可以通过图形来说明这一原理。图 6－3 中 $q = q^*$ 的垂直线表示碳市场总量（数量政策），$p = p^*$ 的水平线表示碳税税率（数量政策）。当不存在不确定性时，边际成本、边际收益、碳市场总量、碳税税率相交于一点，说明碳市场和碳税政策可以带来相同的结果，并达到社会福利最优。假设价格冲击使得实际边际成本曲线向下平移，在碳市场总量控制政策下，将产生图 6－3 中左侧浅色阴影部分的福利损失。在碳税政策下，将产生图中右侧深色阴影部分的福利损失。两块阴影面积之差即为（式 6－10）计算结果的图形表达。在本例中，边际成本曲线相较边际收益曲线更为陡峭，碳税政策的福利损失小于碳市场政策，即碳税的净收益大于碳市场政策，更有利于应对不确定性的冲击。

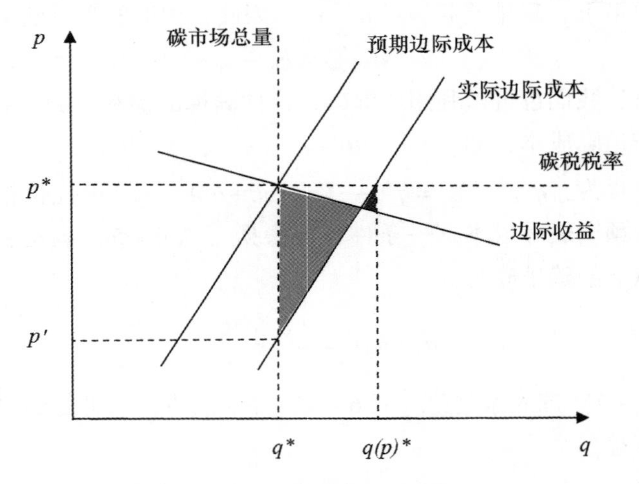

图 6－3　量价之争原理

资料来源：笔者自行绘制。

（三）"混合机制"的提出

"量价之争"具有三点重要的含义：

第一，研究表明，对绝大部分温室气体和大气污染物排放来说，边际收益曲线非常平坦，斜率接近于零。因此，当存在成本冲击时，价格型的碳税政策要优于数量型的碳市场政策，带来的预期净福利损失更小。

第二，在现实中，数量型的碳市场政策往往成为更广泛的选择。从应对气候变化的角度来说，限制排放总量使得碳市场能更好地实现碳排放控制目标。从政治经济学的角度来说，碳税政策涉及政府征税，在政治上也不容易获得支持。

第三，在碳市场政策成为广泛选择的前提下，有必要对纯粹的总量与交易政策进行改造，减少福利损失。

为避免福利损失，罗伯特和斯彭斯（1976）提出了混合机制（Hybrid System）的构想。[①] 他们认为，通过在数量政策中引入价格政策的特征，例如，通过特定的机制设定碳价格波动的上限或下限，可以增加净福利。当市场均衡价格处于碳价格上下限之间时，碳市场表现为数量政策，排放总量受政策限制，而碳价格受供需影响自由调节；当市场价格达到价格上限或下限的水平时，碳价格被“固定”，而排放量可以自由调节，使得碳市场在触及价格上下限的情况下，实质上变成价格型的碳税政策。

这一构想随后从理论上衍生出两种价格稳定机制，一种是在碳市场中引入碳税元素的价格上下限，另一种是对碳排放总量进行动态调节的数量型机制。

二　碳价格上下限的理论探讨

碳价格上下限：设定或限制碳价格的上下限，从而缩小碳价格波动区间，起到降低市场风险、稳定碳价格的作用。价格上下限可以使碳配额供给曲线更有弹性，从而降低碳价格的波动性。[②] 该构想最早可以追溯到罗伯特和斯彭斯[③]，包括价格上限和价格下限两方面，最低拍卖价、价格管理储备等都可以归于广义上的价格上下限措施。

（一）碳价格上限

1. 基本概念

价格上限是指通过释放碳配额等方式，使得碳价格维持在一定水平以下的措施。该措施可以避免控排企业减排成本负担过重，也被称为价格天花板

---

① Roberts, M. J., Spence, M., “Effluent Charges and Licenses Under Uncertainty”, *Journal of Public Economics*, Vol. 5, 1976, pp. 193－208.

② Samuel Fankhauser, Cameron Hepburn, “Designing Carbon Markets, Part II: Carbon Markets in Space, Energy Policy”, *Energy Policy*, Vol. 38, No. 8, 2010, pp. 4381－4387.

③ Roberts, M. J., Spence, M., “Effluent Charges and Licenses Under Uncertainty”, *Journal of Public Economics*, Vol. 5, No. 3, 1976, pp. 193－208.

（Price Ceilings）、安全阀机制（Safety - valve）。

价格上限的优点是确保减排成本不会超过既定阈值，而缺点是放宽了总量约束。

2. 碳价格上限的实现方式

价格上限的具体操作主要包括两种：一种是当碳价格超过某个水平时，以固定价格向市场无限供应碳配额；另一种是设立价格管理储备，按照一定条件向市场供应有限碳配额。[①]

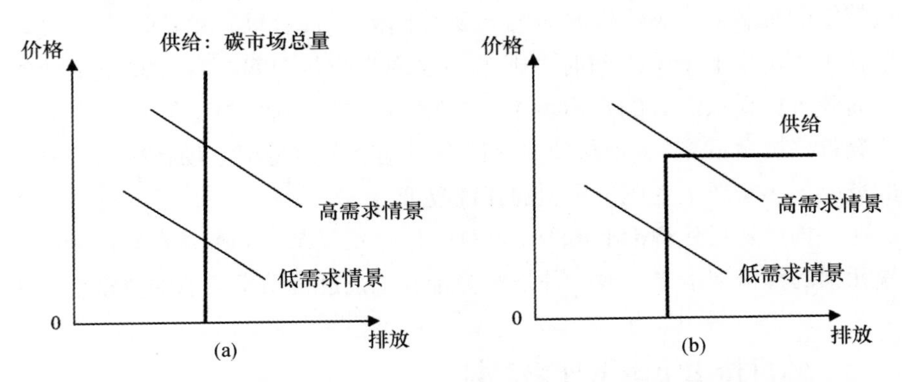

图 6-4　无价格上限的碳市场供需（a）和引入价格上限的碳市场供需（b）

资料来源：笔者自行绘制。

（1）无限供应碳配额方式

当碳市场价格触及价格上限时，政策制定者将以免费或出售的方式向市场投放碳配额，从而增加市场供给，将价格维持在上限水平。对气候变化的案例来说，这种混合机制相比纯粹的总量控制交易政策，可以带来效率和福利的改进。[②] 政府可以在这一最高价格水平向市场出售或拍卖碳配额，不对投放的碳配额数量进行限制；也可以采用免费投放的方式，但后者较难确定免费投放的数量和对象。我们可以对比不采用价格上限和采用价格上限的情况下碳市场供给曲线的差异，从而分析需求（成本）冲击的影响。

① Henry D. Jacoby, A. Denny Ellerman, "The Safety Valve and Climate Policy", *Energy Policy*, Vol. 32, No. 4, 2004, pp. 481 - 491. Warwick J. McKibbin, Peter J. Wilcoxen, "Uncertainty and Climate Change Policy Design", *Journal of Policy Modeling*, Vol. 31, No. 3, 2009, pp. 463 - 477.

② Pizer, W. A., "Combining Price and Quantity Controls to Mitigate Global Climate Change", *Journal of Public Economics*, Vol. 85, 2002, pp. 409 - 434.

（2）限量供应碳配额方式

政府在价格上限上无限供应碳配额，使得高需求情景下排放总量目标难以得到保证。为了在减排成本和排放控制目标之间找到平衡，默里等人于2009年提出了价格管理储备作为价格上限的一种实现方式。[①] 在价格管理储备机制下，政府不再在价格上限上无限制供给碳配额，而是建立一个碳配额储备池。当市场触及价格上限时，将碳配额储备池中的碳配额投入市场；当储备耗尽，若仍不能满足高需求，则不再增加供给，而允许价格上升（如图6－5所示）。

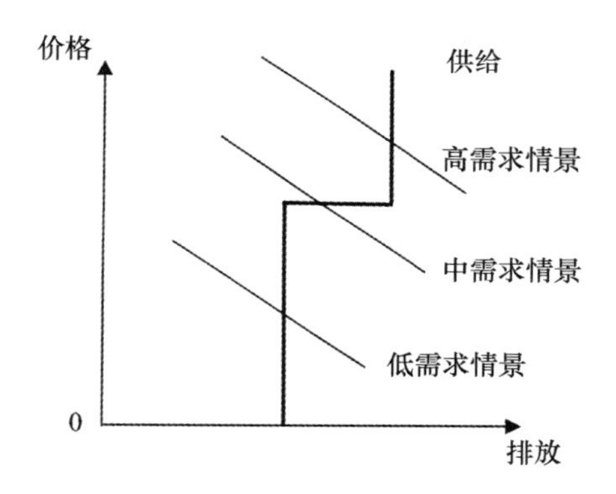

图6－5　碳配额储备结合碳配额上限机制

资料来源：笔者自行绘制。

（二）碳价格下限

1. 基本概念

价格下限是指通过回收碳配额等方式，使得碳价格维持在最低价，避免碳价格进一步下跌的措施。与价格上限正好相反，该措施旨在避免碳配额总需求过低导致碳价格过低，从而影响碳市场的减排效果，又称为地板价（Price floor）。价格下限的优点在于：能够降低成本不确定性、形成对价格上限的补充、确保减排成本最小。

① Murray, B. C., Newell, R. G., Pizer, W. A., "Balancing Cost and Emissions Certainty: An Allowance Reserve for Cap－and－Trade", *Review of Environmental Economics and Policy*, Vol. 3, No. 1, 2009, pp. 84－103.

2. 价格下限的实现方式

一般来说，有三种方式可以实现价格下限：

第一，政府承诺当市场触及地板价时，以该价格无限回购市场中的多余碳配额。然而，这一方案可能让政府面对较大的财政负担，而且事前难以预期其规模大小。

第二，当控排企业出售碳配额时，若市场价格低于地板价，则需缴纳额外的税费，以补齐市场价和地板价之间的差值。该方案不需要政府承担额外的财政负担。

第三，若政府通过拍卖的方式向参与主体发放碳配额，则可以在拍卖中设置底价来引入价格下限。通过这一机制，即使在二级市场上控排企业也没有动力以低于下限的价格出售碳配额，因为它们清楚未来碳配额至少将以底价在拍卖市场上出售。因此，引入拍卖底价后，二级市场的碳价格往往也围绕底价浮动。这一方案也不会给政府带来财政负担。然而，价格下限是否能通过拍卖底价成功保持，还取决于拍卖是否作为碳配额分配的主要手段。若绝大部分碳配额免费分配，则拍卖底价仅能有限地维持价格下限。[①]

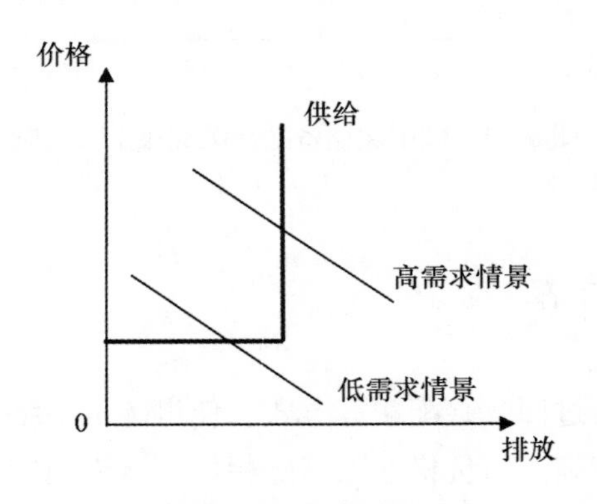

图6－6 价格下限

资料来源：作者自行绘制。

3. 碳价格下限的讨论

随着碳市场的实践，价格下限受到了研究者和政策设计者的重视。不少排

---

① Wood, P. J., Jotzo, F., "Price Floors for Emissions Trading", *Energy Policy*, Vol. 39, 2011, pp. 1746－1753.

放权交易市场都经历过碳配额供给过剩和过低的碳价格。尽管一些学者认为，较低的碳价格是低边际减排成本的表现，说明受政策约束的控排企业已经成功实现了减排，不论这种减排是由经济增长放缓还是技术进步等因素引起的，均不需要政府干预价格。然而，更多的研究者认为政府有必要干预过低的碳价格，主要出于三点理由。

第一，长期来看，应对气候变化依赖清洁技术。然而，过低的碳价格不利于促进清洁技术投资。只有在碳价格，即减排成本达到一定水平的条件下，清洁技术投资才会产生收益。同时，由于其高风险、长周期的特征，只有长期稳定的碳价格信号才能保证清洁技术投资。

第二，过低的碳价格往往是由碳市场的制度缺陷引起的。由于存在不确定性和信息不对称，政策制定者往往无法精确掌握排放主体的减排成本。加之在碳市场制度设计环节，能力建设和碳排放数据的质量不足，减排主体也往往倾向于过高估计其边际减排成本以获得更多的政策优势，因此，碳市场常常面临供给过剩的危机，需要政府纠偏。

第三，过低的碳价格将挫伤参与主体对碳交易制度的信心，不利于机制的长期稳定发展。

（三）碳价格走廊

价格走廊（Price Corridor）同时包含价格上限和下限，该机制既可以应对未预期的价格大幅上涨，也可以应对价格暴跌。当市场需求过高而触及价格上限时，政府投放碳配额以维持天花板价格；当市场需求过低而触及价格下限时，政府通过回收或拍卖底价方式减少碳配额供给，以维持地板价格。当市场价格处于上下限之间时，排放总量固定，而碳价格自由调整（如图6－7所示）。

三　碳配额动态调整的理论探讨

当存在不确定性时，总量控制的碳市场相比碳税政策可能带来更大的福利损失。上一节我们介绍了通过在碳交易中引入碳税元素来增进净福利。而在碳市场可以持续多期的情况下，另一种更直接的改进方式是根据不断更新的市场信息对碳排放总量目标进行动态调整。自2016年以来，总量动态调整的论文受到了学界的重视。

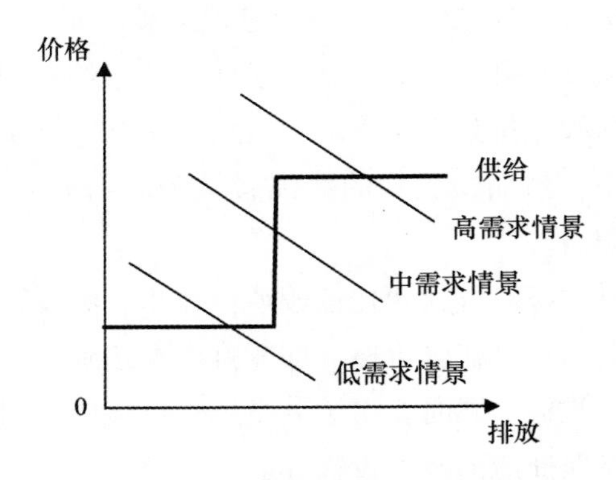

图 6－7　价格上限结合价格下限

资料来源：作者自行绘制。

（一）碳配额动态调整措施的基本思路

通过碳配额供给的动态调整，使得碳配额总供给与总需求相匹配，避免碳价格极端波动。碳配额动态调整的基本思路如图 6－8 所示。政府在上一期根据对当期预期，设置当期的碳市场政策参数，而这一预期中存在不确定性。然而，到了当期，这些不确定性变为现实，因此政府可以纳入这些新的信息，调整政策参数，设置下一期的政策。数量型的碳市场政策由于能更灵活地根据现实参数对碳市场政策进行调整，相比固定碳价格的碳税政策来说净福利更大。也就是说，在允许政策动态调整时碳市场将优于碳税，这与马丁·维茨曼的结论存在差异。当然他们也认为，若政策调整过程中引入了新的政策不确定性，那么碳税也可能优于碳交易。①

（二）碳配额动态调整措施的实现方式

碳配额动态调整措施包括稳定储备机制、碳央行、储存和预借机制等。

1. 稳定储备机制

稳定储备机制的构想，集中体现在欧盟碳市场结构改革中的“市场稳定储备”。为了化解体系中大量的过剩碳配额，提振碳价格，欧盟碳市场在其改革方案中重点提出了通过“市场稳定储备”（Market Stability Reserve，MSR）

---

① Pizer，W. A.，Prest，B.，“Prices versus Quantities with Policy Updating”，National Bureau of Economic Research，Working Paper No. 22379，2016.

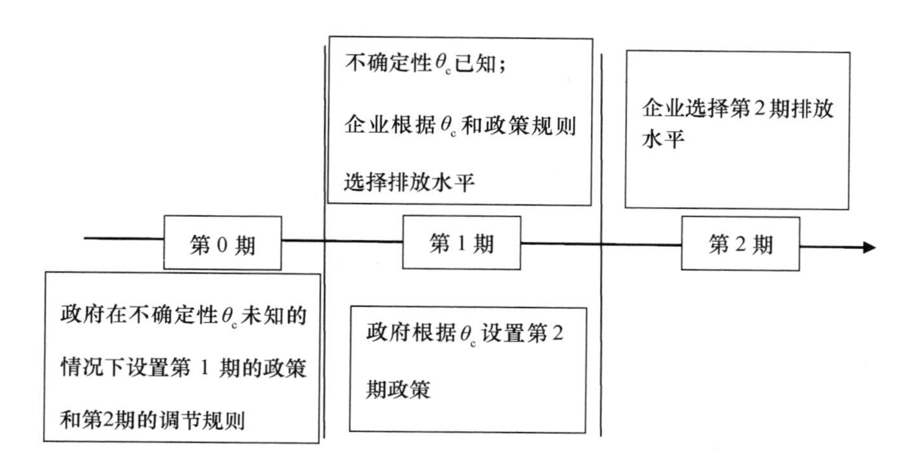

图6-8　两阶段模型中政策动态调整的时间线

资料来源：Pizer, W. A., Prest, B., "Prices versus Quantities with Policy Updating", National Bureau of Economic Research, Working Paper No. 22379, 2016.

来调节流通中的碳配额数量，从而起到动态调节供给的作用。[①] 当市场中流通的碳配额总量高于事前确定的阈值时，欧盟碳市场将多余碳配额放入市场稳定储备池；当市场中流通的碳配额低于一定的阈值，或市场碳价格持续高于一定的阈值时，储备池中的碳配额又将按照一定规则投入到市场中。该机制实质上将碳市场的总量设置为市场碳配额余缺规模的函数，动态进行调整。

2. 碳央行机制

碳央行机制是授权成立的一个独立机构，按照事先确定的规则来对碳配额总量进行可逆的调整，通过控制碳配额的供给来保证碳价格维持在一个事先确定的波动幅度内，这类似于中央银行通过控制货币的供给来稳定通胀率。碳央行的概念是一个较大的创新，得到了许多人的支持，甚至成为欧盟碳市场"结构改革"的第七个选项，也是比较受欢迎的选项。[②] 支持者认为，碳央行

① 参见欧委会网站：《欧盟排放交易体系的结构改革》，https: //ec. europa. eu/clima/policies/ets/reform_ zh。

② Christian de Perthuis, "Raphael Trotignon, Governance of CO_2 Markets: Lessons from the EU ETS", *Energy Policy*, Vol. 75, 2014, pp. 100-106.

能够对碳配额总量进行可逆调整，是碳价格稳定机制的首选。[①]

3. 储存和预借机制

储存和预借机制包括储存（Banking）和预借（Borrowing）两个方面，储存机制允许将过去的碳配额储存到未来使用，预借机制允许将未来的碳配额提前借贷到现在使用。储存和预借机制通过跨期碳配额的调整，有助于缓解碳配额供需失衡，从而起到稳定碳价格的目的。但是，预借机制存在逆向选择问题，即履约意愿不强的企业可能会更加积极地预借碳配额，因此碳市场一般并未设置借贷机制。

4. 自动碳配额数量调整措施

基于跨期调整的构想，碳市场投资者协会（Carbon Market Investor Association）提出了自动碳配额数量调整措施，该措施规定碳配额如果在三年后仍然未被使用掉，那么在下一阶段将相同数量的碳配额从总量中清除，这意味碳市场作为一个整体不能储备过剩碳配额。

第三节　碳价格稳定机制的实践

碳价格稳定机制不仅在学术界引发广泛讨论，在实践中也逐渐得到支持。事实上，多数碳市场正在或者已经建立了碳价格稳定机制。

一　固定价格或价格上下限

（一）新西兰的价格上限

新西兰碳市场将2010年7月至2012年12月设置为过渡期，其间采取特殊政策帮助参与者平稳过渡。过渡期的特殊政策主要包括：第一，新西兰碳市场的参与者可以向政府购买碳配额，价格为25新元每吨，这相当于碳配额的价格上限，可以起到价格安全阀的作用；第二，固定能源、交通、工业过程等部门的参与者，每两单位碳排放只需缴一单位的碳配额，即“排二缴一”，实际享受“半价”的优惠，结合价格安全阀，上述部门参与者面临的最高碳价

① Stefano Clò, Susan Battles, Pietro Zoppoli, “Policy Options to Improve the Effectiveness of the EU Emissions Trading System: A Multi - criteria Analysis”, *Energy Policy*, Vol. 57, 2013, pp. 477 - 490.

是每单位碳排放量 12.5 新元。

（二）澳大利亚碳价格机制

澳大利亚碳价格机制（Australia - CPM），具体分为两个阶段：从 2012 年 7 月 1 日到 2015 年 6 月 30 日为固定价格阶段[①]，之后过渡到浮动价格阶段。固定价格阶段只确定碳配额价格而不设碳配额总量，该阶段第一年碳配额价格为 23 澳元，随后每年递增 5%[②]。浮动价格阶段（从 2015 年 7 月 1 日起）碳配额采用拍卖方式，最初三年拍卖将规定价格的上限和下限，随后价格根据市场浮动。2015—2016 年度的价格上限在 2014 年 5 月 31 日之前设定，此后每年度上升 5%；而价格下限为 15 澳元，此后每年度上升 4%，不过价格下限因为与欧盟碳市场的链接协议而取消。

二　价格触发机制

美国区域温室气体减排行动（RGGI）还设计了“价格触发机制”（Price Triggers），以提高履约的灵活性，并起到抑制碳价的作用。触发价格分为两档：第一档为 7 美元（2005 年美元），并根据消费者物价指数进行年度调整；第二档为 10 美元（2005 年美元），除需根据消费者物价指数进行年度调整外，每年还需上升 2%。当碳配额的 12 个月移动平均价格超过第一档触发价格时，使用抵销信用的数量比例从 3.3% 提高到 5%；而当超过第二档触发价格时，抵销信用的比例提高到 10%，履约期从 3 年扩展到 4 年，抵销信用的资格可以扩展到美国以外的碳配额或信用以及京都信用。价格触发机制包括 14 个月的市场形成阶段，该阶段始于每个新的履约期，而且在计算 12 个月移动平均价格不能包含这 14 个月，因此，价格触发机制的启动最早在每个履约期的第 27 个月。

在第一个履约期内（2009—2011 年），美国区域温室气体减排行动碳配额总量过松，导致拍卖的碳配额量和价格都大受影响。成功拍卖的碳配额数量约占供拍卖碳配额量的 78%，拍卖价格也受到很大冲击，在初期短暂达到 3.5 美元的高峰之后迅速下降，随后一直保持在拍卖底价附近。因此，美国区域温室气体减排行动对示范规则进行了修改，建立价格控制储备，废除价格触发机

---

① 与财政年度保持一致，Australia - CPM 的年度从 7 月 1 日起到次年 6 月 30 日止。

② 5% 的增长包含两个部分：通货膨胀率 2% 和实际价格增长 2.5%。

制。在严格约束碳配额总量的情况下，为避免碳价过高对电厂的冲击，美国区域温室气体减排行动建立了价格控制储备（CCR）。价格控制储备是在碳配额总量外固定数量的碳配额，在碳价超过一定水平时出售。2014 年价格控制储备的额度为 500 万碳配额，随后每年上升至 1000 万碳配额。价格控制储备的触发价格在 2013—2017 年分别为 4 美元、6 美元、8 美元、10 美元，在 2017 年后触发价格每年上涨 2.5%。任何一次拍卖价格超过触发价格，价格控制储备就可以启动，出售价格必须等于或高于触发价格。同时，之前的价格触发机制被废除，这也意味着抵销信用局限于美国区域温室气体减排行动内的项目，且使用的数量上限固定为 3.3%，此外履约期也不可延长。

三　稳定储备机制

（一）欧盟碳市场的稳定储备机制

针对欧盟碳市场碳价格波动，欧盟委员会提出市场稳定储备机制（Market Stability Reserve，MSR）。

稳定储备机制的规则设计主要针对经济危机所带来的外部性冲击以及碳市场自身制度运行问题所导致的碳配额总量结构性供需失衡。稳定储备机制事实上起到了碳配额“蓄水池”的作用。稳定储备机制自动调整机制将被嵌入现有的欧盟排放交易制度体系当中。机制发挥作用将基于碳配额总量变化预先设定的两个主要情形：其一，碳配额过剩的情形。考虑到碳配额流动的总量，当排放交易运行中存在碳配额流通暂时性过剩的数量超过 8.33 亿碳配额单位时，一定数量用于拍卖供应的碳配额将被自动扣减到稳定储备机制当中进行储存，以缓解碳配额总量过剩的局面。其二，碳配额短缺的情形。当碳配额流通数量低于 4 亿碳配额单位时，稳定储备机制将启动投放一定数量的存储碳配额，添加到未来年份计划拍卖的碳配额总量中。

专栏 6-3　欧盟碳市场改革方案

2014 年 1 月 22 日欧盟委员会提出了 2030 年气候与能源政策框架（以下简称“框架”），设定了包括碳减排及新能源发展等一系列目标。其中欧盟碳市场改革部分提出，为将欧盟碳市场发展成一个促进社会低成本低碳投资的更加健全有效的体系，要在下一个碳市场交易期，即2021年开始设立市场稳定储备，用于解决近年来碳配额过剩的问题，同时通过自动调整拍卖碳配额的供给，提高系统对市场冲击的恢复能力。那么，这个市场稳定储备究竟如何设计的呢？这里根据欧盟官方网站的Q&A展示如下：

1. 欧盟委员会1月22日对欧盟碳市场给出了什么提案？

对欧盟碳市场提出了建立“市场稳定储备”（Market Stability Reserve）（以下简称“储备”）的立法建议，作为2030年气候与能源政策框架的一部分。该“储备”将在2021年ETS第四个交易期开始时运行。

2. 该提案有否接受利益相关方的咨询？这与2012年欧洲碳市场情况报告中提出的建议有什么关联？

2013年已对利益相关方广泛征求意见。2012年欧洲碳市场情况报告中给出了很多解决欧盟碳市场供求长期严重不平衡的方法，在2013年3月一次利益相关方会议上“储备”方案被另外提出，大部分利益相关方对此方案持开放态度。2013年10月欧盟委员会对建立“储备”的技术问题召开了专家会议。

3. 欧盟碳市场为何需要“储备”？

欧盟碳市场的建立是为了以一种和谐的成本高效的方式实现欧盟减排目标，作为欧盟碳市场内的企业可以通过购买碳配额来满足自身的排放，或者在自身减排了的情况下把多余的碳配额出售到市场，使得整个碳减排系统不论是短期还是中长期都能自行调整到一个成本最高效的方式。然而在欧盟遭受严重的金融危机的情况下，碳配额的供需出现了结构性失衡，导致市场产生20亿吨冗余碳配额，这种失衡情况主要出现在2011年和2012年，而且会影响至少20年的碳市场。

就目前欧盟碳市场的规则，碳配额的供应（拍卖）形式已经有多年的历史，而且没有任何机制允许对碳配额需求的重大变化做出反应。这导致了市场的严重失衡，也就无法促进或者推迟低碳技术的创新和投资，从长远来看也无法促进低碳经济转型。

此次欧盟委员会提议的“储备”将对现有市场规则做出补充，使碳价能够在中长期走强，促进低碳投资，确保市场更平衡地运转。

4. 这是否表示不需要更改线性降低因子？

建立“储备”不会影响碳排放限额和每年 1.74% 的线性降低因子（每年的碳排放限额需在上一年的基础上降低 1.74%）。

对于线性降低因子也在 2030 年气候和能源框架中有充分考虑。为了达到 2030 年 40% 的减排目标，线性降低因子将改为 2.2%。但我们认为单纯地更改线性降低因子只能逐渐减小市场严重失衡问题，因此需要“储备”从其他方面做出调整。

5. 该提议和“延迟拍卖”有什么关联？

“延迟拍卖”对今后几年市场的供需失衡起到效果，但只是暂时性的效果。我们预计市场失衡的情况在“延迟拍卖”计划结束之后会更严重，到时候市场还会面临同样的问题。所以需要一个结构性的措施可以解决目前市场失衡的问题，同时应对未来可能出现的大规模市场冲击。

6. 有哪些其他结构措施被考虑过？

主要有三个措施：

（1）永久取消第三阶段（2013—2020 年）的一部分碳配额

（2）“储备”

（3）以上两者的结合

影响评价显示建立“储备”可以解决目前的问题，并且使 EU ETS 能够应对未来可能出现的导致市场供需严重失衡的问题。

7. 什么情况下要将碳配额放入“储备”中？

是否将碳配额放入“储备”中取决于总的流通碳配额量，不需要市场流动性碳配额指标作为符合条件。总的流通碳配额量定义为已签发的碳配额加上从 2008 年 1 月 1 日开始每年底使用的国际上的碳信用额，减去 2008 年以来核查的排放量和当年碳配额储备量。

X 年总的流通碳配额量 = 2008 年至 X 年签发的总碳配额量 + 2008 年至 X 年使用的国际碳信用额总量 − 2008 年至 X 年总排放量 − X 年在“储备”中的碳配额量

为保证透明性，每年 5 月将公布上一年度总的流通碳配额量。从 2021 年开始，基于公布的上一年的数据，如果总的流通碳配额量的 12% 大于等于 1 亿吨碳配额，那么总的流通碳配额量的 12% 将放入“储备”中。

例如：到2020年5月，欧盟委员会公布2019年的碳配额总量，假设为13亿吨，那么12%的量（即1.56亿吨）放入2021年的“储备”中，以减少2021年拍卖碳配额量（即减少1.56亿吨）。

8. 什么情况下要将碳配额从“储备”中释放？

有两种情况：

（1）当总的流通碳配额量低于4亿吨，则有1亿吨碳配额自动释放。

（2）当连续6个月碳价比前2年的均价高出3倍，即使总的流通碳配额量高于4亿吨，也会自动释放碳配额。这也作为ETS指令第29a条措施的补充，第29a条允许在连续6个月有明显价格上涨的情况下，适当动用新建厂碳配额储备来增加碳配额拍卖供给。

资料来源：《EUETS改革方案——“市场稳定储备”如何运作》，2014年2月11日，碳道，http：//old. ideacarbon. org/archives/19027；http：//ec. europa. eu/clima/policies/ets/reform/index_ en. htm。

（二）美国加州碳市场的碳配额价格控制储备

美国加州碳市场第一期设置了碳配额价格控制储备（APCR），以避免碳价过高。价格控制储备以固定价格出售，第一期划入的碳配额为总量的1%，随后两期则分别上升至4%和7%。价格控制储备每次出售都将提供储备中所有的碳配额，这些碳配额将被平分为三份，相应的出售价格也分为三档，2013年三档出售价格分别为40美元、45美元、50美元，此后该价格每年增长5%，并根据通胀率进行调整。而为避免不必要的投机，只有控排企业和自愿加入企业有资格购买。

四　碳配额分类管理机制

中国湖北碳交易试点吸取了相关的经验教训和研究成果，设计了一套系统的碳价格稳定机制（见图6－9）。

其设计思路如下：首先，考虑到碳配额供需是决定碳价格波动的基本因素，湖北试点制定了碳配额分类管理及自动注销、企业碳配额事后调节、碳配额投放和回购等调节碳配额供给的机制，以使碳配额供给更具弹性。其次，考

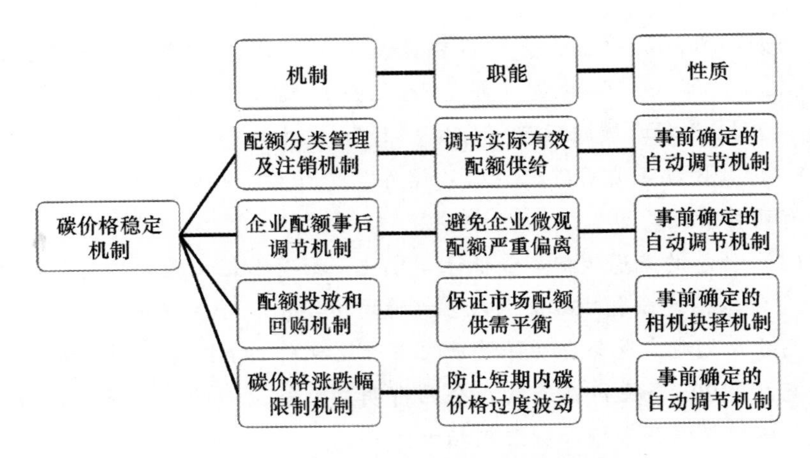

图6－9　湖北碳试点价格稳定机制示意图

资料来源：谭秀杰、王班班、黄锦鹏：《湖北碳交易试点价格稳定机制、评估及启示》，《气候变化研究进展》2018 年第 14 期。

虑到短期市场波动，还制定了碳市场交易的价格涨跌幅限制机制，因为增强碳价格的预见性和机制的可靠性对碳市场至关重要，将决定碳市场能否成为一个有效的政策工具。上述机制都采用了事前确定的模式，即事前明确了机制运行的具体内容、触发条件和调节措施，尽可能避免人为随意抉择，增强了市场的可预见性和稳定性。

（一）碳配额分类管理及注销机制

湖北碳交易试点对碳配额总量进行了结构划分，包括企业年度碳排放初始配额、企业新增预留配额和政府预留配额。初始碳配额占绝大部分，政府预留碳配额占比固定为 8%，其余为新增预留配额。这三部分碳配额实施分类管理，遵循以下原则：严格限制初始免费碳配额的发放，灵活利用两类预留碳配额应对碳配额失衡，自动注销预留碳配额中剩余的部分。在这种制度安排下，碳配额总量就是碳配额潜在的最大供给量；碳配额分类管理将决定实际发放碳配额的数量（实际有效碳配额数）；注销机制将自动削减过剩碳配额。因而，实际有效碳配额数构成市场上真正的碳配额供给，其数量一般小于碳配额总量。

企业新增预留碳配额用于事后调节企业碳配额，主要针对初始碳配额与实际排放严重偏离和产能变更等情况，为保证经济增长空间而采用了相对宽松的标准。政府预留碳配额主要用于市场调控和价格发现，其中市场调控体现为碳配额的投放和回收。企业新增预留碳配额和政府预留碳配额主要起到“安全阀”的作用，避免碳配额过度短缺。同时，未使用的企业新增预留碳配额划归政府预留碳配额，而政府预留碳配额最高不能超过碳配额总量的10%，多余的碳配额将在期末自动注销，避免实际有效碳配额供给出现过剩的困境。

（二）企业碳配额事后调节机制

企业碳配额事后调节机制是湖北碳交易试点所特有的设计。在历史法分配、碳市场运行初期数据质量欠佳、经济增速较快等情况下，企业所获初始碳配额所参考的基准年可能与当年实际生产运行情况出现较大差异。为此，湖北试点通过“双20”损益封顶机制对可能出现的这种差异做碳配额事后调节，从企业微观层面防止供需严重失衡，保证碳市场的稳定。“双20”机制是指，当企业碳排放量与年度碳排放初始配额相差20%以上或者20万吨CO_2以上时，主管部门应当对其碳排放配额进行重新核定，对于缺额或多余部分予以追加分配或收缴。

（三）碳配额投放和回购机制

2015年9月，湖北省发展改革委员会出台了《湖北省碳排放配额投放和回购管理办法（试行)》，构建了碳配额投放和回购机制。尽管这是一种政府相机抉择机制，但依然事前规定了明确的触发条件。主管部门通过向市场投放和回购碳配额等方式避免交易市场供需严重失衡、价格过度波动，提高市场风险防范能力，保障市场健康运行。

碳配额投放以公开竞价的方式出售碳配额，碳配额来源于各年度政府预留的碳配额，主要用于缓解市场碳配额过度稀缺、碳价格上涨的情况。碳配额回购将以协商议价的方式购买碳配额，资金来源于碳市场风险调控资金，旨在解决市场碳配额过剩、碳价格暴跌的问题。碳配额投放和回购的触发条件如下：（1）连续20个交易日内累计有6个交易日碳配额收盘价达到日议价区间最高价或最低价（前一交易日收盘价的110%或90%）；（2）市场供求关系严重失衡，流动性、连续性不足；（3）影响市场健康运行的其他情况。当出现以上任一触发条件，主管部门将联合财政、金融、证券、物价、核查、研究等部门和机构成立咨询委员会，研究决定是否采取碳配额投放或回购行为。

（四）碳价格涨跌幅限制机制

《湖北省碳排放权管理和交易暂行办法》第29条规定：“主管部门会同有

关部门建立碳排放权交易市场风险监管机制，避免交易价格异常波动和发生系统性市场风险。”对此，湖北碳排放权交易中心制定了碳价格涨跌幅限制机制，以防止短期内碳价格过度波动。具体办法如下：日常交易实行日议价区间限制，议价幅度不得超过前一交易日收盘价的 ±10%；大宗交易实行价格申报区间制度，申报幅度不超过前一交易日协商议价转让收盘价的 ±30%，否则为无效报价。

延伸阅读

1. 凤振华、魏一鸣：《欧盟碳市场系统风险和预期收益的实证研究》，《管理学报》2011 年第 8 期。

2. 莫建雷、朱磊、范英：《碳市场价格稳定机制探索及对中国碳市场建设的建议》，《气候变化研究进展》2013 年第 9 期。

3. 谭秀杰、王班班、黄锦鹏：《湖北碳交易试点价格稳定机制、评估及启示》，《气候变化研究进展》2018 年第 14 期。

练习题

1. 简述支持和反对碳价格稳定机制的理由。
2. 简述碳价格上下限的具体类型及其优缺点。
3. 简述碳配额动态调整措施的具体类型及其优缺点。
4. 简述固定价格或价格上下限的案例。

第七章

碳市场与竞争力问题及碳泄漏

在碳市场的设计或建设过程中，往往伴随着对其引发的行业竞争力问题和碳泄漏的担忧。所谓竞争力问题是指碳市场可能导致某些控排行业的成本上升、市场份额萎缩、生产下降等问题。而碳泄漏（Carbon Leakage）则是指碳市场的建立可能导致碳排放量随着企业的搬迁转移到其他气候规制宽松的国家或地区，而企业搬迁主要是为了回避碳市场可能带来的成本增加。竞争力问题和碳泄漏风险，是碳市场经济学理论的一个重要问题。

第一节　竞争力问题的理论探讨

对于竞争力问题的讨论，既存在理论支持，同时也面临理论挑战。其中“污染避难所”理论对于竞争力问题做出了一定程度的解释说明，但是其本身也面临着“波特假说”和“资本—劳动力假说”等理论的挑战。

一　竞争力问题及其理论依据

（一）基本概念

竞争力（Competitiveness）的基本含义是指保持自身利益和市场份额的能力，衡量竞争力的方法包括测算国际市场的占有率和考察国际资本的流动。在开放经济条件下，碳市场将增加覆盖行业的生产成本，包括直接成本和间接成本（详见本书第四章第二节），从而削弱这些行业的竞争力，导致市场份额萎缩、生产下降等问题，即所谓竞争力问题。

（二）概念内涵

竞争力问题是“污染避难所”理论在碳市场研究领域的应用。“污染避难所”（Pollution Havens）由沃尔特和乌格洛在1979年提出，该理论认为严格的环境规制将削弱本国污染密集型行业或企业的竞争力，进而使得污染行业转移到环境规制宽松的国家，或者扩大本国污染密集型产品的进口。[①] 而在这之后，鲍莫尔和奥茨等经济学家又以要素禀赋理论为基础对“污染避难所”理论进行了系统论述，他们把环境要素看作是一种生产资源，环境规制越严格意味着环境要素越稀缺，反之则越充裕。因而环境规制严格的国家将生产更清洁的产品，而环境规制宽松的国家将变成污染产业的集中地。[②]

在早期，“污染避难所”理论更强调国际投资的作用，即随着本国环境规制的提高，跨国公司通过国际投资的方式将污染产品的生产转移出去，导致污染产业在环境规制相对宽松的国家不断扩张。[③] 随着研究的深入，学者们从其他角度对该理论进行了拓展研究，比较有代表性的是从国际贸易的角度对该理论进行建模研究，研究发现即便没有发生产业转移，宽松的环境规制也会使得污染企业获得成本优势，从而在国际竞争中扩大出口，进而使得污染产业不断扩张。[④] 而且，污染产业发生转移之后，也需要通过国际贸易流回气候规制严格的国家或地区，以满足其消费需求。因此，从国际贸易角度探讨“污染避难所”理论要比从国际投资角度更具有一般性。基于这两个角度的差别，在理论上我们将“污染避难所”理论区分为“污染避难所假说”（Pollution Havens Hypothesis）和“污染避难所效应”（Pollution Havens Effect）：前者是指污染密集型行业从环境规制严格的国家向环境规制较弱的国家进行转移，研究者多从投资的区位这一角度入手；后者是指环境规制将影响污染密集型行业的区位选择和国际贸易的流向，研究者多从进出口变动的角度展

① Walter, I. and J. L. Ugelow, "Environmental Policies in Developing Countries", *Ambio*, Vol. 8, 1979, pp. 102 – 109.

② Baumol, W. J. and Oates, W. E., *The Theory of Environmental Policy*, Cambridge: Cambridge University Press, 1988.

③ Birdsall, N. and D. Wheeler, "Trade Policy and Industrial Pollution in Latin America: Where Are the Pollution Havens?", *The Journal of Environment & Development*, Vol. 2, 1993, pp. 137 – 149.

④ Antweiler, W., Copeland, B. R. and Taylor, M. S., "Is Free Trade Good for the Environment?", *American Economic Review*, Vol. 91, 2001, pp. 877 – 908.

开研究。①

二　竞争力问题的理论挑战

“污染避难所”理论虽然为竞争力问题提供了理论支持，但是其本身并未获得实证研究的有力支持，很多学者都曾对“污染避难所效应”表示强烈质疑。② 与此同时，“污染避难所”理论还面临着“波特假说”“资本—劳动力假说”等诸多理论的挑战。

（一）“波特假说”

“波特假说”（Poter Hypothesis）认为恰当的环境规制不但不会降低企业的盈利水平，相反会刺激企业进行技术创新，并在此过程中获得竞争优势，从而形成环境和经济的双赢。③ 具体而言，波特假说相关的理论认为不能把环境规制与竞争力简单对立起来，而应从长远的角度进行分析。一方面，环境规制将激发企业进行技术创新，尤其是绿色技术的创新，同时降低企业内部的低效率④；另一方面，环境规制能够创造先行优势，即相比仍采用传统技术的企业，受到环境规制的企业更能积累先行优势，用新产品阻止对手进入。

（二）“资本—劳动力假说”

“资本—劳动力假说”（Capital – Labour Hypothesis）认为按照要素禀赋理论，一国将出口密集使用本国丰裕资源的产品，那么资本密集型国家将出口资本密集型产品。⑤ 一般而言，污染密集型产品属于资本密集型产品，即资本密集型国家在污染密集型产品上具有比较优势。然而，资本密集型国家大多也是

---

① Copeland, B. R. and M. S. Taylor, “Trade, Growth, and the Environment”, *Journal of Economic Literature*, Vol. 42, 2004, pp. 7 – 71.

② Tobey, J., “The Effects of Domestic Environmental Policies on Patterns of World Trade: An Empirical Test”, *KYKLOS*, Vol. 3, 1990, pp. 191 – 209; Grossman, G. M. and Krueger, A. B., “Environmental Impacts of a North American Free Trade Agreement”, *Social Science Electronic Publishing*, Vol. 8, No. 2, 1991, pp. 223 – 250.

③ Porter, M. and Linde, C. V. D., “Towards a New Conception of the Environmental Competitiveness Relationship”, *Journal of Economics Perspective*, Vol. 4, 1995, pp. 33 – 69.

④ X 低效率由 Harvey Leeibenstein 最早提出，是指由于企业内部原因，没有充分利用现有资源或获利机会的一种状态。

⑤ Cole, M. A. and Elliott, R. J. R., “Determining the Trade – Environment Composition Effect: the Role of Capital, Labor and Environmental Regulations”, *Journal of Environmental Economics and Management*, Vol. 3, 2003, pp. 363 – 383.

环境规制比较严格的国家，这意味着在环境规制比较严格的国家，“污染避难所”效应和“资本—劳动力假说”同时起作用，而且作用方向刚好相反，因此竞争力问题将取决于这两个效应的相对强弱。

此外，对于一些高度依赖某些资源，如化石能源等自然资源的行业，环境规制对这些行业的工厂选址、贸易格局及流向几乎没有影响。[①] 在进一步的研究中，有学者建立了国际双寡头的理论模型，研究碳市场等气候规制对工厂选址的影响。相关的研究结果表明在短期内不会发生工厂转移的现象，而对于长期而言则存在整体转移的可能。但当大国实施严格的气候规制，并且运输成本很高时，长期而言也未必会出现产业转移。[②]

三　竞争力问题的影响因素

对于竞争力问题的影响因素，不同工业部门的特性例如：原材料成本、人力资本、能源价格、运输成本、议价能力等，都将对竞争力的强弱产生影响。[③] 根据世贸组织和联合国环境规划署报告的总结，竞争力问题受到以下诸多因素的影响。

第一，行业自身的特征，包括贸易开放度、能源强度或碳强度（单位产值的能耗或碳排放量）、直接或间接的减排成本、通过价格转移成本的能力、减少排放的能力、向清洁生产转型的潜力、市场结构及运输费用等。

第二，气候规制的规定，比如碳配额分配方法、减轻和豁免措施的有效性、市场碳价格以及机制的严格程度等。

第三，其他政策，如其他国家采用的能源政策或气候规制。[④]

在这些讨论基础上，我们可以提炼出影响竞争力问题的三个关键要素：能

---

① Van Beers, C. and Ver den Bergh, “An Empirical Multi - Country Analysis of the Impact of Environmental Regulations on Foreign Trade Flows”, *KYKLOS*, Vol. 4, 1997, pp. 749 - 756.

② Francesca Sanna - Randaccio and Roberta Sestini, “The Impact of Unilateral Climate Policy with Endogenous Plant Location and Market Size Asymmetry”, *Review of International Economics*, Vol. 20, No. 3, 2012, pp. 580 - 599.

③ Cosbey, A. and R. Tarasofsky, “Climate Change, Competitiveness and Trade”, Chatham House Report, 2007.

④ WTO - UNEP, *Trade and Climate Change*, Switzerland: WTO - UNEP, 2009.

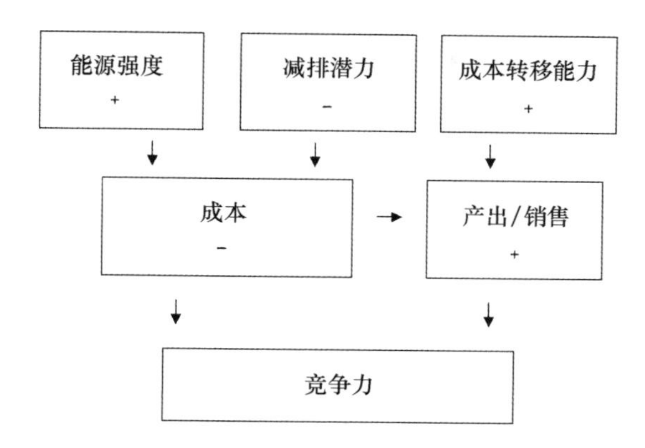

图7-1　竞争力问题的影响因素及机制

资料来源：Oberndorfer，U. and K. Rennings，"Costs and Competitiveness Effects of the European Union Emissions Trading Scheme"，*European Environment*，Vol. 17，2007，p. 3.

源强度、减排潜力和成本转移能力，并对影响的具体机制加以分析。[①]

能源强度（Energy Intensity）越高意味着碳强度（Emission Intensity）越高，这在碳市场下就意味着更高的成本，从而削弱竞争力。

减排潜力包括减排行动的成本有效性和最佳减排技术的可得性，如果能以较低的减排成本获得较高的减排量，说明减排潜力大，则可以减少碳市场对企业成本的影响，从而有助于保持竞争力。

转移成本的能力（Cost Pass – Through Capability）是指企业通过提高产品价格，将产品制造中所增加的成本转移给消费者而不影响自身收益率的能力。若企业能够在不显著影响收益率的情况下将这些成本转移给消费者，那么该企业转移成本的能力就很强，面临的竞争力问题也就不严重。

贸易开放度（Trade Exposure）综合反映对外贸易开放的程度，由进出口总额除以产值获得。该指标也是衡量转移成本能力最重要的指标，贸易开放度越高，意味着该行业面临着激烈国际竞争而削减了提价可能性。

① Oberndorfer，U and K Rennings，"Costs and Competitiveness Effects of the European Union Emissions Trading Scheme"，*European Environment*，Vol. 17，2007，pp. 1 – 17.

专栏7-1　碳密集型和贸易暴露型行业及其认定标准

欧美国家的经验研究也表明，竞争力问题集中在少数行业。对于欧盟碳市场而言，受影响的行业主要是钢铁和水泥行业。[①] 有学者考察了欧盟碳市场对英国的影响，结果显示钢铁、铝、氮肥、水泥、无机化学物和造纸业等六个工业部门可能面临竞争力问题。[②] 也有对于美国的相关研究，其中有学者假设美国建立碳排放权交易体系，每单位碳配额15美元，而其他国家没有采取相应的措施，在此假定情景下，受影响的行业集中在化工原料、造纸、钢铁等七个行业，由竞争力问题导致的生产下降的幅度在0.6%到1.2%之间。[③]

在影响竞争力问题的各种因素中，最重要也最容易量化的两个指标是：能源强度（或碳强度）和贸易开放度。因此，面临竞争力问题的行业一般也被称为“排放密集型和贸易暴露型行业”（Emission - intensive and Trade - exposed Industries，以下简称EITE行业）。而且根据对欧美立法实践的总结，我们发现EITE行业的认定也主要涉及这两方面的标准：一是直接排放和间接排放数量大，导致气候规制引发的减排成本高；二是向消费者转移成本的能力差，而衡量这一能力的一个重要指标是贸易开放度，这是由于国际竞争越激烈则议价的能力就越差。

根据欧盟碳市场修改指令（Directive 2009/29/EC）第10a条第15款、第16款和第17款的规定，EITE行业有四种认定标准：第一，欧盟碳市场引起生产成本[④]提高5%以上且贸易开放度超过10%的行业；第二，欧盟碳市场引起生产成本提高30%以上的行业；第三，贸易开放度超过30%的

---

① Carbon Trust, *EU ETS Impact on Profitability and Trade*, London: Carbon Trust, 2008; Hourcade, J. C. Demailly, D. Neuhoff, K. and Sato, M., *Differentiation and Dynamics of EU ETS Competitiveness Impacts*, London, UK: Climate Strategies Report, 2007.

② Grubb, M., Brewer, Thomas L., et al., "Climate Policy and Industrial Competitiveness: Ten Insight from Europe on the EU Emission Trading System", *Savings & Development*, Vol. 24, No. 1, 2009, pp. 85 - 94.

③ Aldy, J., Pizer, A., "The Competitiveness Impacts of Climate Change Mitigation Policies", *Journal of the Association of Environmental & Resource Economists*, Vol. 2, No. 4, 2015, pp. 565 - 595.

④ EU ETS引起的成本包括直接成本和间接成本，直接成本主要是为了履行EU ETS下的义务而产生的成本，而间接成本则包括其他成本，例如电力成本上升引起的成本。

行业；第四，参考减排潜力、市场特征和利润率等指标而补充的行业。EITE 行业的认定只要满足其中一种标准即可，前三种认定标准的示意图见图 1。2009 年欧委会公布了 EITE 行业首批名单，随后名单做了两次微小调整。在首批名单中以欧盟产业分类体系（NACE）四位码为单位的行业有 151 个，超过四位码的行业有 13 个。四位码的 EITE 行业的分布情况如下：118 个行业位于Ⅰ区，这些行业贸易开放度高导致减排成本难以转移，被认为存在碳泄漏风险；11 个行业位于Ⅱ区，这些行业贸易开放度或减排成本较高，也被认为存在碳泄漏风险；2 个行业位于Ⅲ区，面临着高昂的减排成本，被认为竞争力问题突出；16 个行业位于Ⅳ区，贸易开放度和减排成本都非常高，被认为存在严重的竞争力问题和碳泄漏风险。①

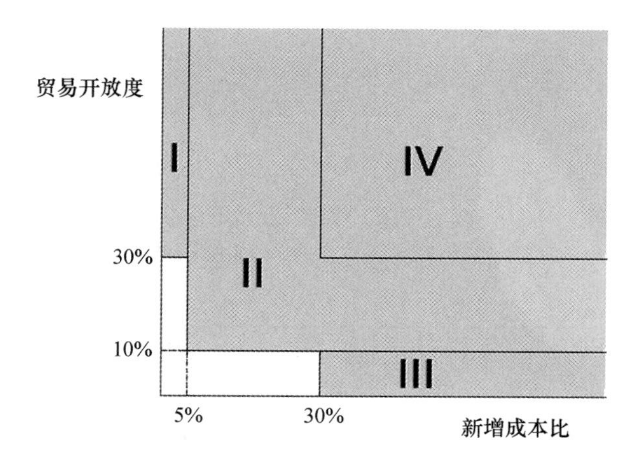

图 1 欧盟 EITE 行业认定标准

资料来源：作者根据欧盟修改指令的规定自行绘制。

美国也有类似规则，曾轰动一时的提案《清洁能源与安全法案》规定，EITE 行业以北美产业分类体系（NAICS）六位码为单位，有两种认定

① European Commission Decision, "A List of Sectors and Subsectors Which Are Deemed to Be exposed to A Significant Risk of Carbon Leakage", C（2009）10251, Brussels: European Commission Decision, 2009.

标准：第一，能源强度[1]或碳强度[2]超过5%，且贸易开放度[3]超过15%；第二，能源强度或碳强度超过20%。满足其中一种标准即为EITE行业，认定标准示意图见图2。按上述标准确定的行业非常集中，主要包括化工、造纸、非金属矿产品、有色金属和钢铁行业，根据美国环保署（EPA）的测算，共有46个NAICS六位码的行业符合上述标准。

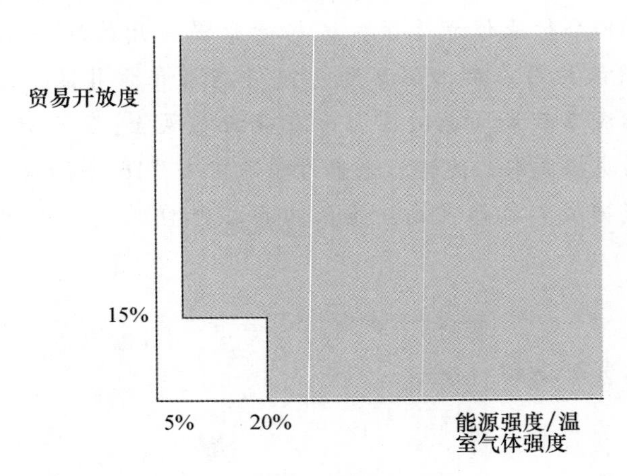

图2　美国EITE行业认定标准

资料来源：作者根据美国《清洁能源与安全法案》的规定自行绘制。

第二节　碳泄漏问题的理论探讨

碳市场可能会损害部分行业的竞争力，进而导致碳泄漏现象。与此同时，学者们还发现一些与碳泄漏影响刚好相反的效应，即负碳泄漏（Negative Leakage）的渠道。

---

① 能源强度的计算公式为：能源强度 =（电力成本 + 燃料成本）/产值。

② 碳排放强度的计算公式为：碳排放强度 = 20 × 温室气体排放量/产值。

③ 贸易开放度的计算公式为：贸易开放度 =（进口 + 出口）/（产值 + 进口）。

一　碳泄漏的渠道

在开放经济条件下，碳市场可能导致其他宽松气候规制国家的碳排放增加，这种现象被称为碳泄漏（Carbon Leakage）。竞争力问题是产生碳泄漏的主要渠道，所以竞争力问题也可以看作是碳泄漏问题的一个方面。此外，碳泄漏还包括需求渠道和能源渠道等。

（一）竞争力渠道

1. 基本原理

竞争力渠道，包括贸易渠道和投资渠道。贸易渠道是其短期表现，投资渠道则是其长期结果。

（1）贸易渠道的机制

贸易渠道的机制是：碳市场削弱了本国碳密集型产业的竞争力和比较优势，导致本国出口下降或进口增加，其他国家由于产出增加而产生更多碳排放。

（2）投资渠道的机制

投资渠道的机制是：碳市场削弱了企业的竞争力，降低了企业的资本回报率，使得碳密集型产业向外转移，从而使得其他国家由于产能增加而产生更多碳排放。①

竞争力渠道的影响取决于行业的差别，有学者通过行业产出变动来间接反映竞争力渠道的影响，因而竞争力渠道又被称为“行业渠道”。②

2. 概念内涵

在实证研究中，竞争力渠道更多指向贸易渠道。根据相关研究发现限制资本流动并不能降低碳泄漏，其原因主要在于：碳泄漏主要源于贸易渠道而非投资渠道，长期而言国内储蓄调整可以破除资本流动限制，以及短期内非化石能

---

① Reinaud, J., “Issues Behind Competitiveness and Carbon Leakage”, OECD/IEA Working Paper, 2008.

② Paroussos, L., Fragkos, P., “Capros, P. and Fagkiadakis K., Assessment of Carbon Leakage Through the Industry Channel: The EU Perspective”, *Technological Forecasting and Social Change*, Vol. 90, 2015, pp. 203 - 219.

源消费受到更大影响。[①] 也有研究通过比较总结能源建模论坛（Energy Modeling Forum）的相关论文后发现，竞争力渠道比能源渠道更为重要，而在竞争力渠道中贸易的作用非常关键。而且，即便通过投资渠道产生了产业转移，相关产品还需要通过国际贸易流回到原来国家或地区，因而投资渠道最终也将反映在贸易变动方面上。[②]

（二）需求渠道

1. 基本原理

需求渠道实际上是碳市场的二阶效应，具体机制如下：碳市场影响了收入水平或产品价格，间接引起国内外需求变动，进而导致碳排放变化。

2. 概念内涵

由于碳市场对不同国家的收入和价格造成的影响各不相同，需求渠道的表现也并不一致。主要存在以下两种相反的理论：第一种理论将收入效应列为碳泄漏的三个主要渠道之一，具体作用机制如下：碳市场减少了能源消费，降低了能源出口国的收入水平和经济增长，导致能源出口国需求下降、碳排放减少，即可能出现"负碳泄漏"。[③] 第二种理论则认为碳市场使得"非减排国家"内能源密集型产品价格相对低廉，这些国家的产品生产需求会增加，即增加了碳排放。[④]

（三）能源渠道

1. 基本原理

能源渠道中化石能源价格起着关键作用，因而能源渠道也被称为"能源价格渠道"。具体的机制是：碳市场降低了本国化石能源消费，导致化石能源价格下降，进而引起其他国家化石能源消费上升，从而产生碳泄漏。

---

① Babiker, M. H., "Subglobal Climate - change Actions and Carbon Leakage: The Implication of International Capital Flows", *Energy Economics*, Vol. 23, 2001, pp. 121 - 139.

② Böhringer, C. Balistreri, E. J. and Rutherford, T. F., "The Role of Border Carbon Adjustment in Unilateral Climate Policy: Overview of an Energy Modeling Forum Study (EMF 29)", *Energy Economics*, Vol. 34, S97 - S110, 2012.

③ Oliveira - Martins, J. Burniaux, J. M. and Martin J. P., "Trade and the Effectiveness of Unilateral CO_2 Abatement Policies: Evidence from Green", *OECD Economic Studies*, No. 19, 1992.

④ Antimiani, A. Costantini, V. Martini, C. Salvatici, L. and Tommasino, C., "Assessing Alternative Solutions to Carbon Leakage", *Energy Economics*, Vol. 36, 2013, pp. 299 - 311.

2. 概念内涵

随着碳泄漏研究的深入，学者们越来越强调能源渠道的作用。有研究采用局部均衡模型，发现美国和加拿大碳税引发的碳泄漏，主要源自能源渠道，其次才是竞争力渠道；[①] 该研究甚至发现能源渠道存在“完美泄漏”效应，即减排量完全被能源渠道的碳泄漏所抵消。“完美泄露”的具体机制如下：碳市场降低了化石能源消费，导致化石能源生产消费格局出现改变，没有实施碳市场的国家能够获得大量廉价的化石能源，引起碳排放量大幅上涨，甚至超过了碳市场减少的碳排放。[②] 随着研究的进一步深入，能源渠道的影响因素也不断被识别，包括实施碳市场的国家对能源价格的影响力、能源供应国的应对策略、能源需求弹性及不同能源间替代弹性等。在这个问题上不同学者有不同的观点，例如：能源渠道受制于减排国家对能源价格的影响力；[③] 石油输出国组织应对气候规制的行为将在能源渠道中发挥重要作用；[④] 能源供给弹性越大会导致碳泄漏率越小等。[⑤]

二　碳泄漏的理论模型

在回顾碳泄漏渠道理论的基础上，本节将介绍一个简化的一般均衡模型，以此进一步分析碳泄漏及其竞争力渠道、需求渠道和能源渠道。

（一）基本模型假定

1. 消费假定

假定世界由本国和外国构成，每个国家都有一个具有代表性的同质企业，

---

① Fischer, C. and A. K. Fox, “Comparing Policies to Combat Emissions Leakage: Border Carbon Adjustments versus Rebates”, *Journal of Environmental Economics and Management*, Vol. 64, 2009, pp. 199 – 216.

② Hassler, J. and P. Krusell, “Economics and Climate Change: Integrated Assessment in a Multi – Region World”, *Journal of the European Economic Association*, Vol. 10, 2012, pp. 973 – 1000.

③ Criqui, P. and S. Mima, “European Climate – energy Security Nexus: A Model Based Scenario Analysis”, *Energy Policy*, Vol. 41, 2012, pp. 827 – 842.

④ Böhringer, B. C. Schneider, J. Rosendahl K. E., “Carbon Leakage: The Importance of OPEC’s Behavior”, The 12th IAEE European Energy Conference, 2012.

⑤ Bollen, J., Manders, T. and Timmer, H., “Decomposing Carbon Leakage”, Third Annual Conference on Global Economic Analysis, 2000.

生产同一种产品。假定世界存在一个具有代表性的消费者，其效用来自于对本国产品 Q 和外国产品 Q^* 的消费，并具有 Cobb – Douglas 形式：

$$U = Q^{\beta}(Q^*)^{1-\beta} \quad (式7-1)$$

其中，β 代表本国产品支出所占比例。

假定本国产品和外国产品的价格分别为 p 和 p^*，消费者的总收入为 I，根据效用最大化可推出消费者对本国产品和外国产品的需求分别为：

$$Q = \frac{\beta I}{p}; Q^* = \frac{(1-\beta)I}{p^*} \quad (式7-2)$$

2. 生产假定

假定产品生产需使用能源 e 和资本 k 两种要素，并且能源消耗是碳排放的唯一来源，即一单位能源消耗就意味着产生相应单位的碳排放。其中，两国的能源供给由国际能源总供给 $\overline{E}$（p_3）决定，国际能源价格为 p_e，且价格越高供给越多；本国和外国资本由无弹性供给 $\overline{K}$ 和 $\overline{K}^*$ 决定，资本价格分别为 r 和 r^*，且不能跨国流动。生产技术为规模报酬不变的 Cobb – Douglas 函数形式，本国和外国的生产函数分别为：

$$q = Ak^{1-a}e^{a}; q^* = A^*(k^*)^{1-a^*}(e^*)^{a^*} \quad (式7-3)$$

其中，A 和 A^* 分别代表本国和外国的生产率，而 a 和 a^* 分别代表本国和外国能源在生产函数的单位密度。

假定本国征收碳税或推行碳市场，本国企业消耗一单位的能源将缴纳额外的成本——碳价格 t，而外国并没有采取相应的措施。那么，本国和外国生产技术对偶（dual）的成本函数分别为：

$$c(r,p_e+t) = \frac{k}{A}r^{1-a}(p_e+t)^{a}; c^*(r^*,p_e) = \frac{k^*}{A^*}(r^*)^{1-a^*}p_e^{a^*}$$

（式7-4）

其中，$k \equiv a^{-a}(1-a)^{a-1}$，$k^* \equiv (a^*)^{-a^*}(1-a^*)^{a^*-1}$。

根据谢泼德（Shepard）引理，本国和外国对资本、能源的条件要素需求函数分别为：

$$e = \frac{\partial c(r,p_e+t)}{\partial p_e}q; e^* = \frac{\partial c^*(r^*,p_e)}{\partial p_e}q^*$$

$$k = \frac{\partial c(r,p_e+t)}{\partial r}q; k^* = \frac{\partial c^*(r^*,p_e)}{\partial r^*}q^* \quad (式7-5)$$

又根据企业利润最大化原则，边际成本等于价格，则可得：

$$p = c(r, p_e + t); p^* = c^*(r^*, p_e) \quad (式7-6)$$

3. 市场假定

假定要素市场出清，包括国际能源市场、本国资本要素市场和外国资本要素市场，则：

$$e + e^* = \frac{\partial c(r, p_e + t)}{\partial p_e} + \frac{\partial c^*(r^*, p_e)}{\partial p_e} q^* = E(p_e) \quad (式7-7)$$

$$k = \frac{\partial c(r, p_e + t)}{\partial r} q = \overline{K}$$

$$k^* = \frac{\partial c^*(r^*, p_e)}{\partial r^*} q^* = \overline{K}^* \quad (式7-8)$$

假定产品市场出清，包括国内产品和国外产品，则：

$$Q = \frac{\beta I}{p} = q$$

$$Q^* = \frac{(1-\beta) I}{p^*} = q^* \quad (式7-9)$$

其中，消费者收入 I 等于禀赋收益和碳价格收入之和，即 $I = p_e \overline{E} + r\overline{K} + r^* \overline{K}^* + te$。

（二）相关推论

给定外生变量本国碳价格 t，两国模型的均衡变量为：本国资本要素价格 r、外国资本要素价格 r^*、世界能源价格 p_e、本国产品价格 p、外国产品价格 p^*、本国产量 q、外国产量 q^*。均衡变量满足以下条件：国际能源要素市场出清、本国和外国资本要素市场出清、本国和外国产品市场出清、本国和外国利润最大化。据此，我们可推出如下命题：

命题1（竞争力渠道和需求渠道）：本国推行碳价格 t 的减排措施后，本国产出下降 $\frac{\partial q}{\partial t} < 0$，同时国外产出上升 $\frac{\partial q^*}{\partial t} > 0$。

根据本国和外国产品市场、资本要素市场的出清条件，结合利润最大化原则，可推出：

$$\frac{\beta}{1-\beta} \frac{p^*}{p} = \frac{q}{q^*} = \frac{\overline{K} \frac{\partial c^*(r^*, p_e)}{\partial r^*}}{\overline{K}^* \frac{\partial c(r, p_e + t)}{\partial r}} \Rightarrow \frac{\beta}{1-\beta} \frac{r^*}{r} = \frac{1-a^*}{1-a} \frac{\overline{K}}{\overline{K}^*}$$

（式7-10）

本国资本要素价格作为计价物，即 $r=1$，本国和外国资本相对价格跟碳价格 t 无关，根据资本要素市场出清条件可得：

$$r^*\left(\frac{A^*\overline{K}^*}{1-a^*}\frac{1}{q^*}\right)^{\frac{1}{a^*}}+t=r\left(\frac{A\overline{K}}{1-a}\frac{1}{q}\right)^{\frac{1}{a}} \qquad (式7-11)$$

国际能源市场出清条件（式7-7）可转化为：

$$e+e^*=a\left(\frac{r}{p_e+t}\right)^{1-a}\frac{q}{A}+a^*\left(\frac{r^*}{p_e}\right)^{1-a^*}\frac{q^*}{A^*}=E(p_e) \quad (式7-12)$$

定义 $B\equiv\left(\frac{\overline{AK}}{1-a}\frac{1}{q}\right)^{1a}$ 和 $B^*\equiv\left(\frac{A^*\overline{K}^*}{1-a^*}\frac{1}{q^*}\right)^{1/a^*}$，结合（式7-11）将（式7-12）简化为：

$$\frac{a\overline{K}}{1-a}\frac{1}{r^*B^*+t}+\frac{a^*\overline{K}^*}{1-a^*}\frac{1}{B^*}=\overline{E}(p_e) \qquad (式7-13)$$

对 t 全微分可推出：

$$-\frac{a\overline{K}}{1-a(r^*B^*+t)^2}\left(r^*\frac{\partial B^*}{\partial t}+1\right)-\frac{a^*\overline{K}^*}{1-a^*}\frac{1}{B^{*2}}\frac{\partial B^*}{\partial t}=\overline{E}'(p_e)\frac{\partial p_e}{\partial t}$$

（式7-14）

外国资本要素市场出清条件为 $\left(\frac{p_e}{r^*}\right)^{a^*}=\frac{A^*\overline{K}^*}{1-a^*}\frac{1}{q^*}$，则可得：

$$-\frac{aK}{1-a}\frac{1}{(r^*B^*+t)^2}\left(r^*\frac{\partial B^*}{\partial t}+1\right)-\frac{a^*K^*}{1-a^*}\frac{1}{B^{*2}}\frac{\partial B^*}{\partial t}=E'(p_e)r^*\frac{\partial B^*}{\partial t}$$

$$\frac{\partial B^*}{\partial t}=\frac{-a\overline{K}}{1-a}\frac{1}{(r^*B^*+t)^2}\left[\frac{a\overline{K}}{1-a}\frac{r^*}{(r^*B^*+t)^2}+\frac{a^*\overline{K}^*}{1-a^*}\frac{1}{B^{*2}}+\overline{E}'(p_e)r^*\right]<0$$

（式7-15）

已知 $\frac{\partial B^*}{\partial t}<0$，则 $\frac{\partial B}{\partial t}>0$。进一步可知 $\frac{\partial q}{\partial t}<0$，$\frac{\partial q^*}{\partial t}>0$。该命题揭示了碳市场对产出的影响，包括竞争力渠道和需求渠道。导致产出变动最直接的机制是竞争力渠道，即随着碳市场的实施，会导致本国产品相比外国产品价格上升、竞争力下降，使得本国产出减少，外国产出增加。此外，需求渠道作为二阶效应也会影响产出，碳市场导致国内外产品价格和收入水平变动，引起对国内外产品需求的变化，进而影响国内外产出。根据上述的推导，在两个渠道的综合影响下，本国产出减少，外国产出增加，而这意味着本国碳排放减少和外国碳排放增加。

命题 2（能源渠道）：本国推行碳价格 t 的减排措施后，国际能源价格下跌$\frac{\partial\ p_e}{\partial\ t}<0$，本国产品单位产出能源强度降低$\frac{\partial\ e/q}{\partial\ t}<0$，外国产品单位产出能源强度增加$\frac{\partial\ e^*/q^*}{\partial\ t}>0$。

根据外国资本要素市场出清条件，并结合命题 1 结论$\frac{\partial\ q^*}{\partial\ t}>0$，又知本国资本要素价格 $r=1$ 和外国资本要素价格 $r^*=\frac{1-a^*}{1-a}\frac{1-\beta}{\beta}\frac{\overline{K}}{\overline{K}^*}r$，可推出$\frac{\partial\ p_e}{\partial\ t}<0$。

本国和外国单位产出的能源强度分别为：$\frac{e}{q}=\frac{a\overline{K}}{1-a}\left(\frac{A\overline{K}}{1-a}\right)^{-\frac{1}{a}}q^{\frac{1}{a}-1}$和$\frac{e^*}{q^*}=\frac{a^*\overline{K}^*}{1-a^*}\left(\frac{A^*\overline{K}^*}{1-a^*}\right)^{-\frac{1}{a^*}}q^{*\frac{1}{a^*}-1}$。给定 $a<1$ 和 $a^*<1$，又结合$\frac{\partial\ p_e}{\partial\ t}<0$ 和命题 1 结论$\frac{\partial\ q^*}{\partial\ t}>0$，可以推出$\frac{\partial\ e/q}{\partial\ t}<0$ 和$\frac{\partial\ e^*/q^*}{\partial\ t}>0$。

命题 2 反映了能源渠道的作用机制，碳市场降低了本国能源需求，引起国际能源价格下滑，导致外国单位产出将投入更多的能源要素，最终本国产品单位产出碳强度降低，外国产品单位产出碳强度上升。

命题 3（碳泄漏）：本国推行碳价格 t 的减排措施后，本国能源消耗下降$\frac{\partial\ e}{\partial\ t}<0$，外国能源消耗上升$\frac{\partial\ e^*}{\partial\ t}>0$。

由谢泼德引理可知外国能源消耗量 $e^*=a^*\left(\frac{r^*}{p_e}\right)^{1-a^*}\frac{q^*}{A^*}$，结合本国资本要素市场出清条件$\left(\frac{p_e}{r^*}\right)=\frac{A^*\overline{K}^*}{1-a^*}\frac{1}{q^*}$，可得 $e^*=\overline{K}^*\frac{a^*}{1-a^*}\left(\frac{A^*\overline{K}^*}{1-a^*}\frac{1}{q^*}\right)^{-\frac{1}{a^*}}$。类似可推出本国能源消耗量为 $e=\overline{K}\frac{a}{1-a}\left(\frac{A\overline{K}}{1-a}\frac{1}{q}\right)^{-\frac{1}{a}}$。根据命题 1 结论$\frac{\partial\ q^*}{\partial\ t}>0$ 和命题 2 $\frac{\partial\ p_e}{\partial\ t}<0$，可推出$\frac{\partial\ e}{\partial\ t}<0$ 和$\frac{\partial\ e^*}{\partial\ t}>0$。命题 3 显示的是碳泄漏的最终结果，碳市场将导致本国能源消耗下降、外国能源消耗上升，亦即本国碳排放下降、外国碳排放上升。

三　负碳泄漏相关研究

在碳泄漏研究逐步深入的同时，学者们还发现一些与碳泄漏影响刚好相反的效应，即负碳泄漏（Negative Leakage）的渠道，包括生产侧的要素投入变动、诱导技术进步及外溢效应，以及需求侧的消费替代效应和收入效应。

（一）要素投入变动

碳市场会引起生产投入要素的变动，导致负碳泄漏现象。其中引起广泛关注的就是资源紧缩效应（Abatement Resource Effect）：被纳入碳市场的行业将投入更多清洁的生产要素，这减少了高碳行业的要素投资，进而导致高碳行业生产萎缩、碳排放下降。该效应可以显著影响碳泄漏的最终结果，可能会抵消部分甚至是全部正碳泄漏。[①] 此外，还有研究关注单个生产要素在特定情况下变动的影响，发现气候规制将引起能源价格变动和能源间替代，减排国家的石油和天然气消耗下降而增加了世界供给，非减排国家将使用更多石油和天然气来替代煤，从而碳泄漏得以减少，甚至可能出现负碳泄漏的情况。[②]

（二）诱导技术创新效应和技术外溢效应

诱导技术创新效应（Induced Technological Innovation）是指：碳市场改变了相对价格，从而激励企业进行节能、低碳等方面的技术创新，从而降低碳排放的现象。[③]

技术外溢效应（Diffusion of Technology）是指：碳市场诱发技术创新后，技术创新外溢到其他国家，从而导致其他国家或地区提高能源效率、降低碳排放。在技术溢出效应足够大的情况下，碳泄漏可以被抵消，会出现碳泄漏率为零甚至为负的情况。[④]

---

① Baylis，K.，Fullerton，D.，and Karney，D.，"Negative Leakage"，*Journal of the Association of Environmental and Resource Economists*，Vol. 1，2014，pp. 51－73.

② Bauer，N. Bosetti，V.，et al.，"CO_2 Emission Mitigation and Fossil Fuel Markets：Dynamic and International Aspects of Climate Policies"，*Technological Forecasting and Social Change*，Vol. 90，2015，pp. 243－256.

③ Di Maria，C. and E. Van der Werff，"Carbon Leakage Revisited：Unilateral Climate Policy with Directed Technical Change"，*Environmental and Resource Economics*，Vol. 39，2008，pp. 55－74.

④ Gerlagh，R. and O. J. Kuik，"Spill or Leak? Carbon Leakage with International Technology Spillovers：A CGE Analysis"，*Energy Economics*，Vol. 45，2014，pp. 381－388.

（三）侧重需求侧的消费替代效应和收入效应

在封闭经济条件下，其他国家减少碳排放将给非减排国家带来环境福利，此时非减排国家的最优选择是将额外的环境福利转化为更大的生产，进而导致更多的碳排放，这被称为搭便车效应（Free Riding）。而在开放经济条件下，非减排国家的碳排放变化可以分解为：搭便车效应、生产替代效应（Substitution Effects in Production）、消费替代效应（Substitution Effects in Demand）、收入效应（Income Effects）。

生产替代效应是指严格的碳市场导致污染品的生产被非减排国家所替代的现象；消费替代效应是指污染品价格上升导致消费偏好转向清洁品；收入效应是指非减排国家获得更多收入后更倾向减排。其中搭便车效应和生产替代效应会导致非减排国家碳排放增长；而消费替代效应和收入效应导致非减排国家碳排放降低。因此，最终非减排国家碳排放变化取决于搭便车效应、生产替代效应、消费替代效应、收入效应的综合作用。①

上述负碳泄漏机制的理论探讨表明，单纯研究竞争力渠道、能源渠道可能会高估碳泄漏的影响，未来需进一步加强对要素投入变动、诱导技术创新及外溢效应、消费替代效应和收入效应的研究。

第三节　经验研究结论及应对措施

对竞争力问题和碳泄漏问题的经验研究大致包括事前研究和事后研究两类，然而研究结论并不一致。无论经验研究结论如何，竞争力问题和碳泄漏风险，在碳市场设计和实施过程中始终被广泛关注。

一　竞争力问题和碳泄漏问题的经验研究

对竞争力问题和碳泄漏问题的检验大致分为两类：一是利用预测模型模拟碳泄漏的事前（ex ante）研究；二是利用历史数据来进行碳泄漏的事后（ex

① Copeland, B. R. and M. S. Taylor, "Free Trade and Global Warming: A Trade Theory View of the Kyoto Protocol", *Journal of Environmental Economics and Management*, Vol. 49, 2005, pp. 205 – 234.

post）研究。

（一）采用预测模型的事前研究

竞争力问题和碳泄漏问题主要影响 EITE 行业，因此一种思路是从行业层面对上述问题进行模拟。然而，由于碳排放与经济活动密切相关，碳市场将会影响到社会经济的方方面面。有鉴于此，对于竞争力问题和碳泄漏风险的模拟大多采用可计算一般均衡模型（Computable General Equilibrium，以下简称 CGE 模型），以便全面刻画碳泄漏所涉及的复杂经济社会关系。[①]

根据 IPCC 第三次评估报告显示，经济范围内的碳泄漏较为温和，为 5% 到 20%，即在最差的情境下附件一国家减排量的 1/5 会转移到其他国家，但这种极端情况的前提假设是不存在技术转移和灵活履约机制。[②] IPCC 第四次评估报告指出大部分模拟模型支持第三次评估的结果，并再次强调若低碳技术得到有效推广，碳泄漏率将进一步降低。[③] 就相关研究而言，大多数模拟结果与 IPCC 报告的结论一致，碳泄漏率在 5%—20%。[④] 但是由于各个模型的情景设置、关键参数、市场结构等存在差异，部分研究模拟的碳泄漏率与上述“5%—20%”的范围不相一致，既有碳泄漏更严重的情况，也有碳泄漏为负的结果。[⑤]

---

① 牛玉静、陈文颖、吴宗鑫：《全球多区域 CGE 模型的构建及碳泄漏问题模拟分析》，《数量经济技术经济研究》2012 年第 11 期。

② IPCC, *Third Assessment Report of the Intergovernmental Panel on Climate Change*, Cambridge: Cambridge University Press, 2001.

③ IPCC, *Climate Change* 2007: *Mitigation of Climate Change*, Cambridge: Cambridge University Press, 2007.

④ Paltsev, S. V., “The Kyoto Protocol: Regional and Sectoral Contributions to the Carbon Leakage”, *Energy Journal*, Vol. 22, 2001, pp. 53 – 79; Kuik, O. and R. Gerlagh, “Trade Liberalization and Carbon Leakage”, *Energy Journal*, Vol. 24, 2003, pp. 97 – 120; Arroyo – Currás, T. Bauer, N. Kriegler, E. Schwanitz, V. J. Luderer, G. Aboumahboub, T. Giannousakis, A. Hilaire, J., “Carbon Leakage in a Fragmented Climate Regime: The Dynamic Response of Global Energy Markets”, *Technological Forecasting and Social Change*, Vol. 90, 2015, pp. 192 – 203.

⑤ Antimiani, A. Costantini, V. Kuik O. Paglialunga, E., “Mitigation of Adverse Effects on Competitiveness and Leakage of Unilateral EU Climate Policy: An Assessment of Policy Instruments”, *Ecological Economics*, Vol. 128, 2016, pp. 246 – 259; Babiker, M., “Climate Change Policy, Market Structure, and Carbon Leakage”, *Journal of International Economics*, Vol. 2, 2005, pp. 421 – 445; Gerlagh, R. and O. J. Kuik, “Spill or Leak? Carbon Leakage with International Technology Spillovers: A CGE Analysis”, *Energy Economics*, Vol. 45, 2014, pp. 381 – 388.

（二）基于历史数据的事后研究

由于数据的缺乏，竞争力问题和碳泄漏风险的事后研究较为困难。但是，学者们巧妙利用实证方法从不同角度进行检验，主要包括贸易进出口和贸易内涵碳的角度。

1. 贸易进出口角度的事后研究

竞争力问题和碳泄漏风险的事后检验大多从国际贸易进出口的角度展开，主要考察碳市场是否造成 EITE 行业出口下降或进口增加。但是，事后检验几乎没有发现存在竞争力问题或碳泄漏风险的证据。① 甚至有学者认为，竞争力问题或碳泄漏风险可能并非碳市场所导致，而是受到国际分工、要素禀赋差异以及国内发展需求等因素的影响。②

2. 贸易内涵碳角度的事后研究

一些专家将 IPCC 定义的碳泄漏称为"强碳泄漏"（Strong Carbon Leakage），并提出与之相对的"弱碳泄漏"（Weak Carbon Leakage），即用严格气候规制国家向宽松气候规制国家进口的内涵碳来表示。③ 一些研究从弱碳泄漏的概念出发，通过投入产出模型计算各国间贸易内涵碳，试图从侧面来寻找碳泄漏的证据。

尽管贸易内涵碳研究在对象、方法、数据等方面存在差异，但它们有一些

---

① Reinaud, J., "Climate Policy and Carbon Leakage: Impacts of the European Emissions Trading Scheme on Aluminium", International Energy Agency Information Paper, OECD/IEA, 2008; Sartor, O., "Carbon Leakage in the Primary Aluminium Sector: What Evidence after 6.5 Years of the EU ETS?", *Ssrn Electronic Journal*, 2013；赵玉焕、范静文、易瑾超：《中国—欧盟碳泄漏问题实证研究》，《中国人口·资源与环境》2011 年第 8 期。

② Sijm, J. P. M., Kuik, O. J., Patel, M., Oikonomou, V., Worrell, E., Lako, P., Annevelink, E., Nabuurs, G. J., Elbersen, E. W., "Spillovers of Climate Policy: An Assessment of the Incidence of Carbon Leakage and Induced Technological Change due to CO_2 Abatement Measures", Netherlands Research Programme on Climate Change, 2004; Aichele, R., G. Felbermayr, "Estimating the Effects of Kyoto on Bilateral Trade Flows Using Matching Econometrics", *The World Economy*, Vol. 7, 2013, pp. 303 - 329；周慧、盛济川：《EUETS 是否导致欧盟碳密集型行业发生碳泄漏》，《中国人口·资源与环境》2014 年第 1 期。

③ Peters, G. P., Hertwich, E. G., "CO_2 Embodied in International Trade with Implications for Global Climate Policy", *Environmental Science & Technology*, Vol. 42, 2008, pp. 1401 - 1407.

共同的发现。[①] 第一，国际贸易内涵碳数量巨大，占到全球总排放的15%左右。第二，美、欧、日等发达国家是主要的碳净进口国，即进口产品的碳排放量超过了出口产品的碳排放量。第三，中国、印度等发展中国家是主要碳出口国，其中我国碳净出口最多，占到国内排放的20%以上。这表明发达国家通过进口而达到了减少国内碳排放的目的，而这相当于把碳排放转移到发展中国家。部分研究者由此断言，弱碳泄漏存在于发达国家和发展中国家，但并未说明碳市场与碳泄漏的关系。

(三) 竞争力问题和碳泄漏问题研究评述

事前研究大量利用CGE模型，模拟了竞争力问题和碳泄漏风险，但此类研究也存在一些不足：第一，假设情景的设置大多依据主观判断，与实际制度安排存在一定差距，因此难以准确衡量气候规制的影响；第二，部分文献中行业覆盖范围并不明确，这容易导致碳市场的经济环境影响被高估；第三，多数相关研究并未将碳配额的约束程度细分到行业，这既会导致影响评估不够准确，也不便于分析行业间的相互影响。

事后研究虽然从不同角度衡量了竞争力问题和碳泄漏风险，增强了学界对该问题的认识，但也存在一些不足：第一，由于数据的缺乏，直接检验碳市场对贸易和投资影响的研究还很薄弱，而且主要集中在国际贸易方面，研究结论也不一致；第二，碳泄漏率的事后研究不足，更严重的是碳泄漏率公式难以剔除气候规制以外因素的影响，而事实上发展中国家经济正常发展才是碳排放增加的主要原因；第三，尽管弱碳泄漏聚焦于国际贸易内涵碳的变动，但是仅仅

---

① Friot, D., Steinberger, J., Antille, G., Jolliet, O., *Tracking Environmental Impacts of Consumption: An Economic – ecological Model Linking OECD and Developing Countries*, 16th International Input – Output Conference of the International Input – Output Association (IIOA), Istanbul, Turkey: 2007; Weber, C. L. and Matthews, H. S., "Embodied Environmental Emissions in U. S. International Trade, 1997 – 2004", *Environmental Science and Technology*, Vol. 41, No. 14, 2007, pp. 4875 – 4881. Peters, G. P., Hertwich, E. G., "CO_2 Embodied in International Trade with Implications for Global Climate Policy", *Environmental Science & Technology*, Vol. 42, No. 5, 2008, pp. 1401 – 1407; Weber, C. L., Peters, G. P., Guan, D. and Hubacek, K., "The Contribution of Chinese Exports to Climate Change", *Energy Policy*, Vol. 36, No. 9, 2008, pp. 3572 – 3577. Nakano, S., et al., "The Measurement of CO_2 Embodiments in International Trade: Evidence from the Harmonised Input – Output and Bilateral Trade Database", Oecd Science Technology & Industry Working Papers, 2009; Wiedmann, T., et al., "A Carbon Footprint Time Series of the UK – Results from a Multi – region Input – output Model", *Economic Systems Research*, Vol. 22, No. 1, 2010, pp. 19 – 42.

计算内涵碳不足以说明碳市场与竞争力问题或碳泄漏风险的关系。因为弱碳泄漏虽然剔除了国内非贸易因素引起的碳排放变动，但贸易领域内所有因素引起的碳排放变动都会被统计到弱碳泄漏，包括碳市场、国际分工、要素禀赋等。

二　应对措施的讨论

为了应对竞争力问题和碳泄漏问题，一些相应的内部改善机制或外部解决措施被提出和采用，比如额外的免费碳配额、碳关税等。

（一）额外的免费碳配额

为避免碳市场造成的竞争力问题和碳泄漏风险，一般会额外照顾 EITE 行业。事实上，欧盟、新西兰、加州的碳市场都制定了相应的措施，为 EITE 行业分配部分额外的免费碳配额。①

1. 欧盟碳市场的措施

欧盟碳市场在第一期免费分配的碳配额不低于 95%，第二期免费分配的碳配额不得低于 90%，因而竞争力问题和碳泄漏风险并不明显。第三期要求拍卖比例不低于 50%，并逐步提高拍卖比例。为应对可能存在的竞争力问题和碳泄漏风险，欧盟碳市场建立了针对既有设施的过渡性措施，继续免费发放部分碳配额。分配的方法将采用基准法，基准值与设施产出量的乘积就是该设施能获得的全额碳配额。但是免费碳配额并非全额发放，仅 EITE 行业可以获得碳配额的 100%。电力设施免费配额发放的比例为零，其他行业在 2013 年免费发放全额碳配额的 80%，随后每年等量减少，到 2020 年只有 30%。

2. 新西兰碳市场的措施

新西兰碳市场将 2010 年 7 月至 2012 年 12 月设置为过渡期，向部分产业分配免费碳配额。该措施仅针对两类产业：一是面向受新西兰碳市场影响较大的产业，这主要针对林业和渔业，二是面向工业中的 EITE 企业，以避免竞争力下降和碳泄漏。EITE 企业免费分配的方式采用基线法，具体的计算公式为：$FA = LA \times PDCT \times AB$，其中 FA 为年度最终免费碳配额量；LA 为援助水平，分为 60% 和 90% 两档；PDCT 为年生产量；AB 为活动的排放基线，是该活动

---

① World Bank，“State and Trends of Carbon Pricing 2014”，Washington，D. C.：World Bank，2014.

每单位产出的平均排放量，是根据企业向政府提供的相关数计算得出的。企业的援助水平将根据单位排放来确定，当工业活动每百万收益的碳排放高于 800 吨且低于 1600 吨时，援助水平为 60%；当工业活动每百万收益的碳排放高于 1600 吨时，援助水平为 90%。[①]

3. 美国加州碳市场的措施

美国加州碳市场第一期免费分配包括两种：电网碳配额和工业援助碳配额。工业援助碳配额针对 EITE 行业，分配方法采用基线法。考虑到不同行业面临着不同的碳泄漏风险，行业的援助比例（AF）分为三档：碳泄漏危险程度高的行业在所有三期的 AF 均为 100%，主要包括油气开采、造纸、化工和水泥；程度为中等的行业在三期的 AF 分别为 100%、75% 和 50%，包括石油冶炼和食品加工等；程度为低等的行业在三期的 AF 分别为 100%、50% 和 30%，比如医药。同时，考虑到部分行业难以计算基于产品的基准线，因此工业援助碳配额的分配采用两种方式：一种基于产品的基准线（B），采用此种方式的行业以清单的形式列明，清单同时规定了各行业对应的基准线[②]，计算公式为：

$$At = \sum O_{a,initial} \times B_a \times AF_{a,t} \times c_{a,t} + \sum O_{a,trueup} \times B_a \times AF_{a,t-2} \times c_{a,t-2}$$

其中 a 为某个碳泄漏行业的生产活动，t 为年度，$O_{a,initial}$ 是 $t-2$ 年的产出，$O_{a,trueup}$ 是产出校准值（$t-2$ 年与 $t-4$ 年产出的差额）。

另一种基于能源基准线，该方法针对上述方式所列清单以外的行业，具体计算公式为：

$$At = (S\ Consumed \times B_{Steam} + F_{Consumed} \times B_{Fuel} - e_{Sold} \times B_{Electricity}) \times AF_{a,t} \times C_{a,t}$$

其中 $S_{Consumed}$ 是历史蒸汽消费量的算术平均数，B_{Steam} 是蒸汽生产的碳排放基准线，$F_{Consumed}$ 是历史能源消费量的算术平均数，B_{Fuel} 是能源生产的碳排放基准线，e_{Sold} 是历史电力出售量的算术平均数，$B_{Electricity}$ 是电力生产的碳排放基准线。

最高量不得超过该企业年度最高排放量的 110%。

针对 EITE 行业的额外免费碳配额，在很大程度上缓解了竞争力问题和碳

---

① How the Act Works, "User Guide to the Climate Change Response Act 2002", Wellington, 2006, p. 14.

② 具体数值见 The Regulation for the California Cap on Greenhouse Fas Emissions and Market Based Compliance Mechanisms, Table 9. 1。

泄漏风险。欧委会认为通过免费发放碳配额的方式可以应对竞争力问题和碳泄漏风险，并不建议采用其他措施。相关研究以欧盟水泥行业为研究对象发现，在欧盟碳市场按祖父法则免费分配比为50%的假定下存在碳泄漏，而当该比例为75%时碳泄漏就几乎不存在了。[①] 2009年美国环保署（EPA）以《清洁能源与安全法案》为例展开分析，重点研究了化工、造纸、非金属矿业、钢铁、非铁金属五个工业部门，在假定采取免费发放碳配额等措施的情境下，竞争力问题也几乎不存在。[②]

（二）碳关税

国内措施无法影响国外产品的成本，也不能对国外减排施加影响。因此，在考虑采取免费碳配额的同时，部分声音投向了碳关税。

1. 基本原理

碳关税征收的前提是国内实施了严格的气候规制，而根据气候规制的不同，碳关税可以分为两种类型：一种是基于国内碳税或能源税的碳关税；另一种是基于国内碳市场的碳关税。因此，碳关税可以说是一类措施的总称，这类措施以国内严格气候规制为基础，针对那些来自气候规制更弱国家的碳密集型产品，要求其缴纳一定数量的税收或碳排放权，或者向本国出口的碳密集型产品返还税收或碳排放权，具体数量根据产品生产过程中的碳排放量而定。严格来说，碳关税本身并不是对这类措施的准确表述，因为这类措施与关税存在明显差别。欧美的立法提案和研究文献将这类措施定位为世界贸易组织规则下边境调节措施的一种，因而称为“边境碳调节”（Border Carbon Adjustment）、“边境调节措施”（Border Adjustments Measures）或“边境调节”（Border Adjustments），并区分为“对进口产品的边境调节措施”和“对出口产品的边境调节措施”。

2. 概念内涵

碳关税被认为是应对竞争力问题和碳泄漏问题的重要措施，大量研究对其效果进行了评估。有研究利用CIM - EARTH模型测算了2010年《京都议定

---

① Demailly, D. and P. Quirion, “CO_2 Abatement, Competitiveness and Leakage in the European Cement Industry under the EU ETS: Grandfathering vs Output - Based Allocation”, *Climate Policy*, Vol. 6, 2006, pp. 93 - 110.

② U. S. Environmental Protection Agency, “The Effects of H. R. 2454 on International Competitiveness and Emission Leakage in Energy - Intensive Trade - Exposed Industries”, 2009.

书》附件一国家碳排放的变化，发现在碳价格为 29 美元时碳泄漏率超过 20%；而碳关税实施后不仅碳泄漏问题得到解决，而且由于附件一国家大多是净碳进口国，碳关税还将纳入非附件一国家的碳排放从而促进全球减排。① 也有研究通过对比三种碳关税（进口征税、出口退税、两者兼有）以及基于产出免费分配等措施，发现在美、加、欧盟征收 50 美元的碳税的情况下，兼具进口征税和出口退税的碳关税解决碳泄漏的效果最佳。② 还有研究采用 Meta - analysis 方法分析了 2004—2012 年 25 篇碳关税的文献，他们发现在没有碳关税时碳泄漏率在 5%—25%，平均值为 14%；实施碳关税后，碳泄漏率平均值下降为 6%。③

欧盟和美国对碳关税的讨论已有多年，并形成了大量的研究成果和立法草案，但是到目前为止碳关税并未真正实施。

专栏 7 - 2　美国碳关税的具体内容

美国虽然没有通过气候规制立法，但是存在众多的气候规制提案，这些提案中大多有碳关税条款，下表对这些条款的规定进行了简单的总结。这些条款大多包括三部分：第一，征收的国家范围，多数提案针对没有采取与美国"可比"减排措施的国家；第二，征收的产品范围，一般是碳强度（或能源强度）和贸易强度达到一定水平的初级产品；第三，操作层面的规定，包括起始时间、缴纳额度的确定、获得额度的途径和方式、管理机构等。在众多提案中，2008 年的《气候安全法案》影响最大，余下内容将重点介绍这个提案中的碳关税。

---

① Joshua Elliott, Ian Foster, Samuel Kortum, et al., "Trade and Carbon Taxes", *American Economic Review*, Vol. 100, 2010, pp. 465 - 469.

② Fischer, C. and A. K. Fox, "Comparing Policies to Combat Emissions Leakage: Border Carbon Adjustments versus Rebates", *Journal of Environmental Economics and Management*, Vol. 64, 2009, pp. 199 - 216.

③ Branger, F. and P. Quirion, "Would Border Carbon Adjustments Prevent Carbon Leakage and Heavy Industry Competitiveness Losses? Insights from a Meta - Analysis of Recent Economic Studies", *Ecological Economics*, Vol. 99, 2014, pp. 29 - 39.

表1　　美国气候立法提案中的碳关税条款

提案	产品范围	国家范围	生效日期	碳配额调节要求
S. 1766	初级产品	没有采取可比行动，非低排放或低发展水平国家	2020年1月1日	基于免费碳配额的数量和经济调整比例
S. 2191	初级产品	没有采取可比行动，非低排放或低发展水平国家	2019年1月1日	基于免费碳配额的数量和经济调整比例
S. 3036《气候安全法案》	初级产品和消费制成品	没有采取可比行动，非低排放或低发展水平国家	2014年1月1日	基于免费碳配额的数量和经济调整比例
H. R. 6186	初级产品	没有采取可比行动，非低排放或低发展水平国家	2020年1月1日	基于出口国的经济发展水平
H. R. 6316	初级产品和消费制成品	世贸组织中没有采取可比行动，非低排放或低发展水平成员	2015年1月1日	基于免费碳配额的数量和经济调整比例
H. R. 2452《清洁能源与安全法案》	EITE行业产品和部分消费制成品	没有达到法案中具体标准的，非低排放或低发展水平国家	2020年1月1日	基于接受的免费碳配额数量

资料来源：作者根据美国各应对气候变化法律提案整理。

《气候安全法案》规定的可以豁免碳关税的国家有三类：最不发达国家、碳排放很少的国家、气候规制与美国“可比”（Comparable）的国家。确定一国是否采取可比行动的步骤如下：第一步，若该国气候规制确定的减排幅度与美国相等或更大，则直接认定为采取了可比行动，否则需进入下一步骤；第二步，考察该国是否开发和采用最新技术、推广减排技术，或采取其他控制碳排放的法律机制和技术标准。第二个步骤规定得比较模糊，纳入其考虑范围的措施虽然很多，但是缺乏明确的标准，也没有规定如何比较，因此即使认定一国采取了这些措施，也并不意味着确认该国采取了可比行动。

该提案的产品范围包括初级产品和消费性制成品。其中，初级产品分为两类：一类是铁、钢、钢铁制品、铝、水泥、玻璃、纸浆、纸、化学品和工业陶瓷；另一类是碳排放与上一类相当，且在生产消费性制成品时需大量使用的产品。对于消费性制成品，提案仅给出了三个模糊的标准：并非初级产品、生产过程有大量的碳排放、管理当局认为对该产品征收碳关税不仅可行而且必需。因此，消费性制成品的范围广泛而模糊，甚至可能扩大到汽车、电器等。

进口产品需缴纳足量的碳配额，碳配额数量的计算方法如下：首先计算出每单位产品所需缴纳的碳配额，公式为：单位产品碳配额量 = 碳强度[①] × 碳配额调整因子[②] × 经济调整率[③]；碳配额数量就等于进口量乘以单位产品碳配额量。进口产品所需碳配额通过购买专门的“国际储备碳配额”获取，其价格等于国内碳配额价格的算术平均数。此外，符合规定的他国碳配额或减排信用也被认可。

延伸阅读

1. 牛玉静、陈文颖、吴宗鑫：《全球多区域 CGE 模型的构建及碳泄漏问题模拟分析》，《数量经济技术经济研究》2012 年第 11 期。

2. 赵玉焕、范静文、易瑾超：《中国—欧盟碳泄漏问题实证研究》，《中国人口·资源与环境》2011 年第 8 期。

3. 周慧、盛济川：《EUETS 是否导致欧盟碳密集型行业发生碳泄漏》，《中国人口·资源与环境》2014 年第 1 期。

练习题

1. 什么是碳泄漏问题？并简述碳泄漏的渠道。
2. 简述竞争力渠道的发生机制。
3. 简述竞争力问题的应对措施。
4. 简述免费碳配额措施的作用机制。
5. 简述碳关税的作用机制及效果。

---

① 碳强度（National Greenhouse Gas Intensity Rate）是该国该种产品单位产量所直接或间接排放的碳排放。

② 碳配额调整因子（the Allowance Adjustment Factor）是根据美国国内免费分配的排放额度而对进口产品所需缴纳的碳配额进行调整。

③ 经济调整率（the Economic Adjustment Ratio）是根据该国采取的减排措施所进行的调整。

第八章

碳市场的环境、经济与福利效应

本章分别从碳市场的环境效应、经济效应、福利效应三个角度总结和分析碳市场的作用和意义。其中，第一节碳市场的环境效应主要关注前文未详细展开的协同减排效应，总结碳市场环境协同效应的内涵与定义、协同效应的发生机理、协同效应的政策措施、协同效应的度量方法。第二节碳市场的经济效应则阐释碳市场对技术创新、金融市场发展、产业结构调整、宏观经济的影响，及其发生机制。第三节碳市场的福利效应首先阐述福利经济学的思想内涵、分别从个体和社会总体的角度分析碳市场的福利效应，并介绍碳市场福利效应的驱动因素，进而拓展延伸介绍代际公平与动态福利效应的内容。本章最后介绍了碳市场相关研究前沿中广泛应用的碳市场社会经济效应的评估方法，主要包括自上而下的宏观经济模型、自下而上的能源系统模型、混合模型、计量分析模型、投入产出模型。

第一节　碳市场的环境效应

碳市场的环境效应可以分为三大效应：一是温室气体直接减排效应，二是温室气体转移效应，三是环境污染物的协同减排效应。其中，碳市场的直接减排效应指在碳市场覆盖范围内，通过碳配额分配和交易机制的实施直接带来的二氧化碳减排效应，这是碳市场设计的最初目标，也是碳市场最为直接的环境效应。而温室气体转移效应指由于排放密集型生产从排放约束强度高的地区或国家转移到排放约束强度低的地区或国家，从而导致碳排放从排放约束强度高的地区或国家转移到排放约束强度低的地区或国家，即“碳泄漏”效应。由于前两种效应在其他章节已经有所介绍分析，本节将重点介绍分析碳市场的环境协同效应。

一　环境协同效应基本概念和类型

（一）环境协同效应的定义

1. IPCC 环境协同效应定义

协同效应起源于一种物理化学现象，指两种或两种以上组分相加或调配产生大于各种组分单独作用的总和。物理学家赫尔曼·哈肯在其 1971 年的著作《协同学导论》中系统地提出协同效应（Synergy Effects）的概念，指环境中各个系统之间存在的相互影响和相互合作的关系，也是从物理化学的角度定义协同效应。

随后，协同效应又被引入到管理、医药、军事等自然或社会科学领域。随着气候变化谈判和气候变化问题研究的深入，协同效应的概念也被引入到气候变化领域。2001 年的 IPCC 第三次评估报告中正式提出协同效益（Co－benefits）一词，并将其定义为基于多重目标而实施相关政策所同时获得的包括温室气体减排在内的各种效益，强调温室气体减排政策通常旨在实现经济发展、环境可持续等与减排同等重要的目标。与之相区别的是辅助效益（Ancillary Benefits），IPCC 第三次评估报告将辅助效益定义为气候变化减缓政策产生的辅助或附带效益，即温室气体减排政策通过对社会经济系统的作用而产生的除了减少温室气体排放以外的社会经济效益。然而，从 2007 年的 IPCC 第四次评估报告开始，不再区分协同效益（Co－benefits）与辅助效益（Ancillary Benefits）的区别，两者可以交换使用[①]，指减缓温室气体排放的政策所产生的非气候效益。为了强调气候政策所产生的负面作用，2014 年 IPCC 第五次评估报告中提出与协同效益（Co－benefits）相对应的不良副作用（Adverse Side－effects），指一项旨在实现某一目标的政策或措施对其他目标产生的消极影响（不考虑社会福利效应）。根据 IPCC 第五次评估报告的定义，协同效益和不良副作用专指非货币化的政策效应，不考虑政策措施对总体社会福利的影响。

---

① Mayrhofer J. P., Gupta J., "The Science and Politics of Co－benefits in Climate Policy", *Environmental Science & Policy*, Vol. 57, 2016, pp. 22－30.

图8－1总结了IPCC协同效应定义的演变，以及从覆盖范围、衡量标准角度分类的协同效应。

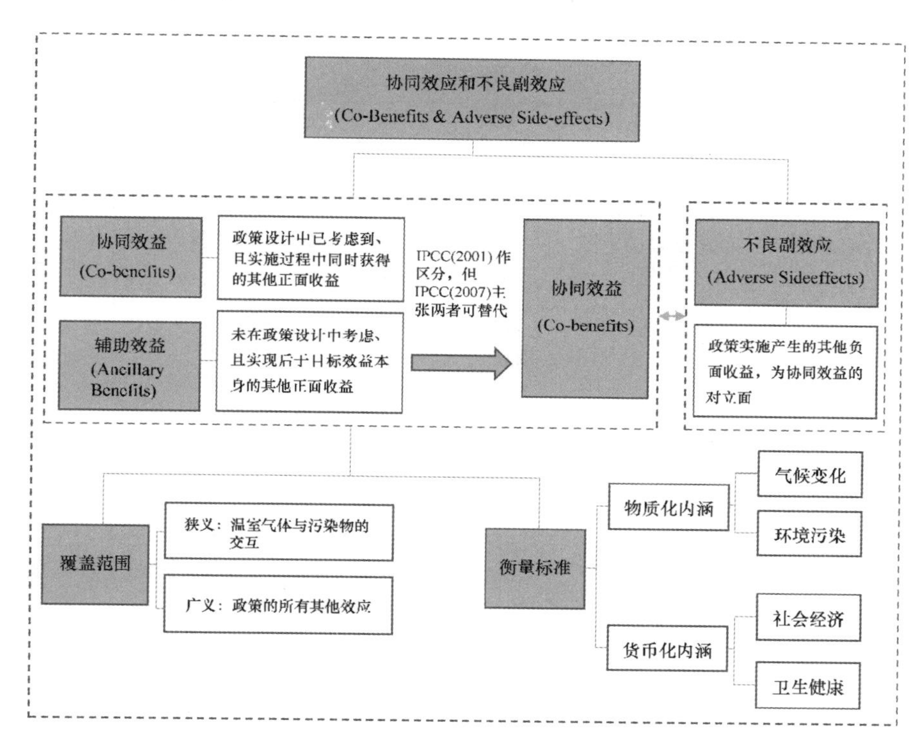

图8－1　协同效应内涵演变与分类

资料来源：作者整理。

2. 其他国家或机构环境协同效应定义

随着对气候问题关注的加深，一些国家和国际组织也展开了关于协同效应的相关研究，均采用Co－benefits作为协同效应对应的英文词汇。表8－1列举了美国环境保护局（US EPA）、经济合作与发展组织（OECD）、欧盟环境局（EEA）、日本国际协力机构（JICA）、中国环境保护部与经济政策研究中心（PRCEE）等机构对协同效应赋予的不同内涵。美国环境保护局（US EPA）、亚洲城市清洁行动（CAI－Asia）强调环境和气候政策的货币化收益。日本地球环境战略研究所（IGES）、日本国际协力机构（JICA）对协同效应的定义则是从发展中国家地域性收益的角度来看。中国环境保护部与经济政策研究中心

（PRCEE）则是从物质化角度来定义协同效应，关注温室气体与大气污染物的协同控制。

表8－1　　协同效应定义

机构	来源	协同效应的定义	特征
美国环境保护局（US EPA）	综合环境战略手册，2004年12月	通过一项或一套措施所产生的两个或者更多协同效益。包括因减少局地大气污染物而产生的健康及经济效益；减少污染物排放所关联的温室气体减排	强调货币化收益
欧洲环境局（EEA）	—	同IPCC，强调协同控制战略中的资源有效利用	强调货币化收益
日本地球环境战略研究所（IGES）	日本地球环境战略研究所白皮书，2008年	在地方层面通过适当的可持续发展政策所产生的额外效益，如空气质量和水质的改善、能源安全保障的强化、交通秩序的改善	侧重地域问题
日本国际协力机构（JICA）	协同效应型气候变化对策与JICA的合作，2008年6月	协同效应型气候政策既有利于发展中国家的持续发展，又有利于气候变化对策的实施，是以同时实现发展效益与气候效益为目的的政策	侧重地域问题
亚洲城市清洁行动（CAI－Asia）	—	协同效应指针对空气污染、能源供给、气候变化制定的综合方案，同时产生了一些其他非指定效益，如交通和城市规划的改善、人体健康和农业的改善、经济发展的改善、政策实施成本的降低等	强调货币化收益
中国环境保护部与经济政策研究中心（PRCEE）	2003年	在控制温室气体排放的过程中减少了其他局域污染物排放；在控制局域的污染物排放及生态建设过程中同时也可以减少或者吸收CO_2及其他温室气体排放	强调物质化收益

资料来源：作者整理自《污染减排的协同效应评价及案例研究》，中国环境科学出版2012年版。

（二）环境协同效应的分类

根据以上环境协同效应的定义，概括而言协同效应从内涵上可以分为三类：第一，某种温室气体减排政策带来的其他温室气体或大气污染物减排效应；第二，某种大气污染物减排政策带来的其他大气污染物或温室气体减排效应；第三，集成地分析综合环境政策的总成本和效益。第一类和第二类协同效应是从物质内涵的角度度量协同效应，而第三类协同效应则是从货币内涵的角度度量协同效应。

从覆盖范围来看，狭义的“协同效应”侧重于考虑大气污染物和温室气体减排政策的环境效应。环境协同效应既包括正效应，也包括负效应。正协同效应是指温室气体减排措施（常规局地污染物减排措施）减缓常规局地污染物（温室气体）排放；反之，负协同效应则是指某些温室气体减排措施（常规局地污染物减排措施）会增加常规局地污染物（温室气体）排放。而广义的协同效应则指环境政策实施所产生的所有影响，包括对环境、经济、生态、健康、农业等其他社会因素产生的正面和负面效应。

本节所讨论的碳市场的环境协同效应属于IPCC第五次评估报告所定义的协同效益和不良副作用的范畴，属于狭义的协同效应。本章第二节、第三节则分别讲述碳市场的经济效应和福利效应，属于广义协同效应的范畴。

二　环境协同效应发生机理

（一）正协同效应的发生机理

温室气体与大气污染物排放的正协同效应发生的机理在于两者之间的同根同源性。由于大气污染物和温室气体排放在很大程度上有共同的来源，即化石燃料燃烧、工业、交通等人类活动，温室气体减排与大气污染防治在理论上存在直接相关性。温室气体和大气污染物减排政策均能促进它们共同来源的能源消费总量减少或能源消费强度提升，进而促进温室气体和大气污染物的协同减排。

（二）负协同效应的发生机理

在一些情况下，大气污染物与温室气体减排存在着负向协同效应，负向协同效应的发生机理来源于大气污染物与温室气体之间的物理和化学作用。在特定的情况下，大气污染物排放增加反而能够抑制温室效应。

斯德哥尔摩环境研究所（Stockholm Environment Institute，SEI）的一项研究发现温室气体对全球变暖的实际影响小于预期，这是由于大气中存在的气溶胶能够吸收和散射太阳光，从而使温室气体造成的热效应降低40%左右。

与之相反，臭氧和黑碳气溶胶等大气污染物由于对太阳光辐射有较强吸收能力、较弱反射能力，会显著提高大气温度，从而加强温室效应。

此外，温室气体与大气污染物的负向协同效应的发生也取决于不同地区、不同背景下所选取的减排措施。例如脱硫设施的使用会增加能源消耗，尽管降低了二氧化硫排放，却导致温室气体排放增加；利用石灰石吸收二氧化硫的过程中产生二氧化碳，也会导致温室效应加强。这种情况通常发生在经济高速增长的发展中国家，一次能源使用以煤炭、石油等化石燃料为主，清洁能源替代化石能源的成本较大，因而大气污染物减排政策不能有效促进清洁能源替代化石能源使用，在此特定情景下会促进二氧化碳排放，产生负协同效应。

三　协同效应的政策措施

（一）协同效应政策措施的目标与内涵

协同效应政策措施是指为了获得协同效益而采取的政策措施。协同效应政策措施的目的在于通过考虑温室气体与大气污染物的协同效应，在制定和实施气候政策或者大气污染物减排政策的同时实现其他环境效益，并进而获得经济、健康、社会等方面的效益。正向协同效应实现的关键在于采取合理的协同政策措施，在实现气候政策目标（局地污染物减排目标）的同时，支持或至少不阻碍局地污染物减排目标（气候政策目标）的实现。协同效应的政策措施包括能源措施、污染物措施等。其中，能源措施是指通过减少化石能源使用或提高能源效率实现气候政策目标和局地污染物减排目标，其理论依据是温室气体和大气污染物排放的同根同源性；污染物措施则是指通过污染治理工程等方式实现温室气体排放和污染物排放的协同控制。

（二）碳市场相关协同政策措施

碳市场通过碳配额分配和市场交易机制设计控制一定覆盖范围内的碳排放总量，但一般不对碳排放主体所采取的减排措施加以约束。尽管排放主体无论采取怎样的碳减排措施，只要达到碳市场机制下的减排目标就能实现碳市场设计的意义，但不同的减排措施却可能产生正向或负向的协同效应。因此，在通过碳市场设计实现温室气体减排目标的同时，如果能够从协同效应的角度出发引导排放主体采取具有正向协同效应的减排措施，便能够实现超越碳市场设计目标本身的环境、社会、经济效益。

图 8－2 展示了碳市场机制下碳排放企业可能采取的行为措施，及其气候效应和污染物排放效应。其中，第一象限和第四象限的碳减排措施尽管都能实

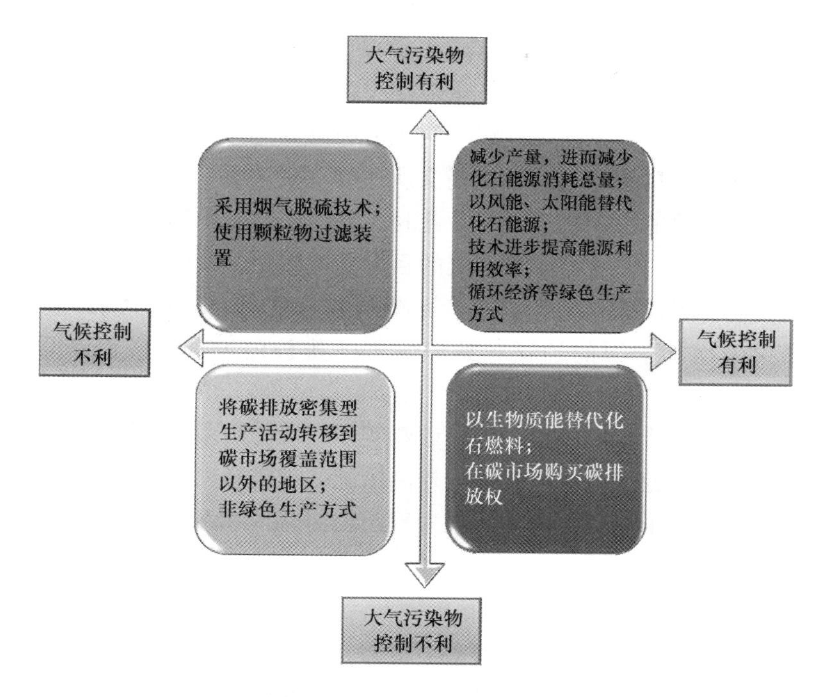

图8－2　协同效应政策措施

资料来源：作者整理。

现温室气体减排，但对于大气污染物的排放却有截然相反的作用。第一象限中减少化石能源消耗总量、以风能或太阳能替代化石能源、通过生产技术进步提高能源利用效率等措施在实现二氧化碳减排的同时，还有助于减少化石燃料燃烧产生的二氧化硫、氮氧化物等其他大气污染物。相反，第四象限中以生物质能替代化石能源尽管减少二氧化碳排放，但却导致氮氧化物等大气污染物排放的增加①，即产生负向协同效应；在碳市场上向其他企业购买碳排放权的行为尽管并不影响二氧化碳减排总目标，但却可能导致购买排放权的企业增加大气污染物排放，从而产生负向的协同效应。考虑到碳市场交易机制降低整体碳减排成本的作用，尽管企业购买碳排放权的行为导致了物质内涵的负协同效应，

① 李廉明、王鲁生、李秋萍等：《生物质直燃发电供汽过程中的污染物排放分析》，《中国设备工程》2017年第9期。

但仍有可能产生货币内涵的正向协同效应。

此外，在碳市场约束下，碳排放企业的一些行为不仅未必减少企业自身的碳排放量，甚至可能导致全球二氧化碳排放总量上升。例如，第三象限中通过将温室气体排放密集的生产过程转移到碳市场覆盖范围之外的地区，不仅可能导致温室气体排放总量的上升（即前文所述的“碳泄漏”效应），也有可能导致大气污染物排放的协同增加。尽管此时大气污染物减排和温室气体减排之间存在正向协同效应，但这与政策制定的目标背道而驰。最后，碳排放企业通常还会采取安装脱硫设施和颗粒物过滤装置的方式减少大气污染物排放，这些行为可能会由于增加能源的消耗导致温室气体排放的增加，从而产生负协同效应。

总体而言，尽管碳市场机制的设计以实现二氧化碳减排为目标，而不约束企业减排的具体措施，但考虑到协同控制措施的现实意义，有必要在碳市场设计之外，引导企业采取能够同时实现大气污染物减排和温室气体减排的正向协同效应。

（三）协同政策措施的意义

在环境政策制定和措施采取过程中考虑协同效应不仅有利于降低政策实施成本、降低政策失效风险，还有可能实现更多的社会、经济、健康效益。

1. 提高政策的成本有效性

首先，统筹气候政策与大气污染物减排政策能够实现总减排成本的降低，实现“1+1<2”的总成本投入。越来越多的国际经验和证据表明，如果统筹考虑气候变化和大气污染控制战略，在总收益一定的情况下，气候变化和大气污染控制战略实施的成本将大大降低。例如，加拿大通过采取很高机动车燃油效率标准、提高燃油税率、鼓励发展公共交通、进行发电行业燃料转换以及加大新能源的比例等措施来控制二氧化碳排放，这些措施在实现2010年二氧化碳减排6800万吨的同时，也实现了22万吨二氧化硫和14万吨氮氧化物的减排，累计避免的经济损失为12亿美元。据美国环境保护局的测算，2010年美国由于温室气体减排措施的采用，约减少5亿美元的二氧化碳治理费用。根据中国人民大学的研究，中国如果在2020年时达到碳排放比2005年减少45%的目标，每年需要为此新增300亿美元的投资。要实现如此艰巨的减排目标，对技术和资金支持的需求无疑是巨大的。如果在制定碳减排政策、实施碳减排措施的过程中考虑协同控制，则能够在很大程度上降低减排成本。

2. 降低政策实施风险

气候政策与污染物减排政策之间可能产生冲突，统筹考虑两者之间的协同效应有助于降低政策实施的风险，避免负向协同效应的发生。例如，燃煤电厂安装脱硫设施有助于实现环保目标，但脱硫设施运转耗能会增加温室气体排放，如果以削减每吨二氧化硫耗电 100 千瓦时计算，保守估计全国每年电厂脱硫 1000 万吨，则至少消耗电 10 亿千瓦时。中国 70% 以上电力来自于煤炭发电，这部分由于脱硫设施使用导致的化石能源消耗将对气候问题产生显著的负面影响。在这种情况下，尽管减少了局地污染物排放，却导致气候问题加剧。此外，如果通过不当的措施实现气候政策目标，也可能导致严重的环境污染问题。例如，太阳能产业发展需要使用多晶硅，多晶硅生产过程会释放具有毒性的四氯化硅，造成局地环境污染。总而言之，减少温室气体排放和局地污染物排放在一定条件下是矛盾的，只有统筹考虑两类政策之间的协调机制才可避免两种政策的矛盾、降低政策实施的风险。

3. 实现社会福利改进

最后，统筹考虑气候政策与污染物减排政策能够带来经济、社会、健康方面的效益，实现“1 +1 >2”的收益。例如，上海环境科学研究院开展的上海协同效应案例研究表明，如果实施燃料替代、提高能效以及二氧化硫限额排放等积极的协同控制政策，上海将会由于 PM 2. 5 的浓度降低减少 1265—11130 例死亡，并由此产生 3. 27 亿—28. 84 亿美元的潜在经济收益。通过采取相关污染物减排与温室气体减排的协同效应措施，从环境质量改善的角度，可以减少烟尘、氮氧化物、硫氧化物等的排放，实现社会、经济、健康等方面的收益。

四　环境协同效应的度量

（一）环境协同效应的度量标准

协同效应的度量需要依据所选择的评价标准决定。由于大气污染物减排和温室气体减排所产生的社会、经济、健康影响难以进行货币化的定量评估，因此协同效应的评估标准通常选择减排量。协同效应的物质化度量标准包括局地大气污染物和温室气体的减排量。其中，局地大气污染物包括一次污染物，如 PM_{10}、Pb、SO_2、NOx、CO、HAPs 等，以及 PM 2. 5、O_3（臭氧）等二次污染物；温室气体则包括 CO_2、CH_4、N_2O、HFCs、PFCs、SF_6六种气体。

（二）碳市场协同效应度量

对于碳市场的直接减排量和协同减排量估算，以通过能源措施减少温室气体排放为例。根据《IPCC2006年清单指南》中提供的化石燃料燃烧的排放估算方法，可以基于燃料中碳的总量估算二氧化碳减排量。CO_2的排放因子主要取决于燃料的含碳量，燃烧条件相对不重要。因此，直接碳减排可以基于燃烧的燃料总量和燃料中平均碳含量进行相当精确的估算。然而甲烷、一氧化二氮和其他非气体的排放因子则更多地取决于燃烧技术和工作条件，如果使用平均排放因子会引入很大的不确定性。直接二氧化碳减排量可根据减少的能源消耗总量及其排放因子估算，即二氧化碳减排量等于减少的燃料消耗量乘以该燃料的排放因子。相应的二氧化硫、氮氧化物减排量则需要根据燃料的含硫量、含氮量，以及燃烧技术条件确定相应的排放因子进行估算。

（三）污染物减排措施协同效应度量

对于大气污染物减排的协同减排量估算，以烟气脱硫为例。采用烟气脱硫方式减少二氧化硫排放过程中，一方面，由于能源的消耗间接增加，导致温室气体排放增加；另一方面，二氧化硫吸收剂在吸收二氧化硫的过程中释放二氧化碳，也会导致温室气体排放的增加。间接耗能增加导致的温室气体排放估算需要考虑脱硫设施的耗电量、发电过程中的化石能源使用量。而吸收剂化学反应导致的二氧化碳排放估算则相对精确，由于脱硫过程中的钙硫比例通常为1∶1，二氧化碳排放量的增加则可以根据二氧化硫减排量和两种分子的质量直接计算。

专栏8-1　四川华电攀枝花发电公司机组关停协同效应评估

为实现“十一五”期间二氧化硫减排目标，《攀枝花市主要污染物总量减排实施方案》制定了包括四川华电攀枝花发电公司关停1号、2号、5号、6号机组等29项总量减排措施。以攀枝花发电公司关停1号机组为例，计算污染物减排和温室气体减排的协同效应。

四川华电攀枝花发电公司1号机组装机容量50MW，“十一五”期间预计耗煤量11.14万吨，燃煤平均硫分0.72%。关停1号机组，在“十一五”期间将实现：

1. 二氧化硫减排量

$$R\ (SO_2)\ = M \times S \times\ (64/32)\ \times 10^4 t$$
$$= 11.4 \times 0.72\% \times\ (64/32)\ \times 10^4 t$$
$$= 1283t \qquad (式1)$$

其中，M 为“十一五”期间预期的燃煤减排量；S 为燃煤平均硫分；64 和 32 分别为 SO_2 和 S 的相对分子质量和相对原子质量；$R\ (SO_2)$ 为估计的二氧化硫总减排量。

2. 二氧化碳减排量

$$E\ (CO_2)\ = M \times C \times\ (44/12 \times 0.8)\ \times 10^4 t$$
$$= 11.4 \times 50\% \times\ (44/12 \times 0.8)\ \times 10^4 t$$
$$= 163281t \qquad (式2)$$

其中，M 为“十一五”期间预期的燃煤减排量；C 为燃煤平均碳分；44 和 12 分别为 CO_2 和 C 的相对分子质量和相对原子质量；0.8 为煤炭中碳分转化为 CO_2 的比例。

资料来源：中日污染减排与协同效应研究示范项目联合研究组：《污染减排的协同效应评价及案例研究》，中国环境科学出版社 2012 年版。

第二节　碳市场的经济效应

碳市场的建设可能会导致高排放企业的排放成本增加，激励低碳投资、促进产业结构低碳化发展。从生产层面看，在碳市场的约束下，控排企业通过对产量、能源结构、生产技术等进行调整实现成本最小化；从投资流向看，节能减碳技术和创新、新能源行业、低碳行业将成为新的投资热点；从产业结构看，碳市场通过碳配额目标管理有利于促进高排放行业逐渐退出，具有调整产业结构的作用；如果控排企业不能将碳市场带来的成本传导出去，可能导致企业为降低碳排放水平削减产量，减缓发展速度，对面临国际竞争的企业而言，还可能削弱这些企业在国际市场上的竞争力。因此，碳市场将对企业的创新、生产选择、产业结构、经济增长等多方面产生影响。

一 碳市场的创新效应

(一) 创新效应的定义

早在19世纪，经济学家Hicks就提出了诱导创新假说。① 而哈佛大学商学院的Porter教授在此基础之上提出了在环境政策影响下的创新效应，即著名的"波特假说"，该理论指出污染往往是资源的浪费，减少污染将提高资源的利用效率，而设计合理的政策，特别是基于市场的政策工具可以引发创新，这在一定程度上可以抵消由环境规制带来的企业成本增加。②

碳市场是针对企业生产过程中二氧化碳排放而制定的控制政策，基于"波特假说"，碳市场的创新效应是指在对企业的二氧化碳排放进行约束时，企业预计将面临更高的排放成本，而这为它们提供了一种动力，促使它们在运营上做出改变，并进行创新投资，以降低产出的排放强度。早期的环境政策以命令控制型为主，主要采取技术标准等政策，而碳市场是基于市场的激励型政策，其目的在于从源头上减少二氧化碳的排放，从公司层面来看，碳市场或者碳税等政策的创新效用都明显优于强制技术标准的政策。③

(二) 创新效应的发生机理

在新古典经济学中，技术和创新往往被视为外生变量，且创新的原因也未得到进一步的研究。随着经济学理论的不断发展，经济学家们提出了内生增长理论，即经济增长的根本动力或者内生因素在于技术进步，而造成技术进步的驱动因素也得到了学者的广泛讨论。技术进步可以分为较为稳定的渐进式发展以及受到外界冲击导致的突变性发展。政策因素作为重要的外界冲击之一，其对技术进步的影响是不可忽视的。

碳市场便是一种市场化的政策手段，通过经济激励对企业的二氧化碳排放进行约束。碳市场所覆盖的企业将面临排放量的约束，若排放碳配额免费分配

① Hicks, J. R., *The Theory of Wages*, New York: Macmillan, 1932.

② Porter, M. E., "Essay: America's Green Strategy", *Scientific American*, Vol. 264, 1991.

③ S. R. Milliman, R. Prince, "Firm Incentives to Promote Technological Change in Pollution Control", *J. Environ. Econ. Manage*, Vol. 17, 1989, pp. 247-265.

给企业，当企业的排放量超过所获碳配额时，其需在市场上购买额外碳配额，从而支付相应的排放成本，而当企业的排放量低于所获碳配额时，其可在市场上出售多余碳配额获得收益。若排放碳配额以拍卖的形式发放，则企业排放越多其所承担的排放成本越高。由此，为降低排放、减排成本，企业有动机对创新进行投资，提高能源利用效率，促进绿色技术进步，从而实现经济发展和气候问题改善的双赢。

在碳市场的约束下，企业可以选择进行生产技术创新或者环境技术创新。生产技术的提升可以提高企业的生产效率，以更少的要素投入生产同量的产品，并实现减排目标；环境技术创新可以提升末端治理的效率，降低企业的排放成本。而由于技术创新存在一定的外部性和外溢性问题，企业进行技术创新所获得的收益将低于社会收益，因此，其进行创新的动力不足。而碳市场的成立凸显了环境技术先进、排放强度低的企业的优势，该部分企业可以以更低的减排成本减少更多的二氧化碳排放，甚至在市场中将多余的碳配额卖出而获得收益。由此可见，碳市场在一定程度上可将技术的外部性内部化，从而影响企业的投资决策。

（三）创新效应的影响因素

碳市场所覆盖的行业主要为电力、钢铁等资本密集型的行业，因此政策引导技术创新也主要集中于这些行业当中。对于资本密集型行业而言，沉没成本与投资周期往往是影响新技术创新的关键因素，且两者对于时间均非常敏感。在传统技术和新技术的竞争过程中，政策强度及持续时间将在很大程度上影响新技术的优势，进而影响技术创新。

除此之外，碳市场政策本身的严格性及政策的可预测性也将影响企业的技术创新。政策的严格性即企业达到政府规定的减排任务时所付出的货币成本，其要素包括碳市场的限额、碳配额拍卖的比例以及碳配额分配方法等。碳市场的排放限额越低、碳配额拍卖的比例越高，企业所面临的减排成本就会越高，其对创新进行投资的动力就越大。2005 年，欧盟碳市场正式开始运行，在其运行的第一期（2005—2007 年），碳配额总量充足，95% 的碳配额免费分配给企业，第二期（2008—2012 年）的碳配额总量有所缩紧，而免费分配比例依然较高，为 90%，在 2005—2009 年，碳市场的平均现货价格为 10 欧元左右，而在大部分时间现货价格都接近于0。学者研究发现，在欧盟碳市场的第一期及第二期，碳市场所覆盖的企业对低碳技术研发影响较弱。政策的可预测性即政策的确定性及其未来的发展预期，主要包括政策的大体方向、具体规则以及政策持续时间。政策的可预测性越强，企业越能准确估计投资的预期回报率，对创新的投资越明确。

（四）碳市场与创新效应之间的相互影响

基于市场的碳减排政策可区分为价格政策与数量政策，价格政策以碳税为主，而数量政策以碳市场为主。当不存在不确定性时，价格政策与数量政策所获得的社会福利是完全相同的。然而，实际情况下，排放主体的边际减排成本（MAC）与减排的边际收益（MB）存在信息不对称及不确定性，此时MAC曲线与MB曲线的斜率将会影响两种政策的效率。[①]

在碳市场的约束下，特别是当碳配额以拍卖的形式发放时，碳市场所覆盖的企业不仅面临着数量约束还需承担一定的排放成本。一方面，较高的排放成本有助于激励企业进行创新投资，促进技术进步；而另一方面，技术创新有助于降低企业的减排成本，使得边际成本曲线变得更加平坦，从而降低数量规制带来的社会福利损失。

二　碳市场对金融市场的影响

碳市场的建设将导致许多企业，特别是排放密集型企业的运行面对新的财务约束。由于金融机构可以参与碳排放权的交易，碳市场本身与企业之间存在资金联系，因此，碳市场与金融市场也有着紧密联系，就此角度而言，碳市场不仅仅对单个企业或者整个工业行业产生直接与间接的影响，也将对金融市场产生较大的影响。

（一）碳市场对企业财务的影响

在市场竞争中，可持续发展被认为是影响企业竞争力以及财务绩效的重要因素，对此，学者们的普遍观点是：从长期来看，可持续发展已渐渐成为企业及总体经济发展的重点，且可持续性问题与财务风险有着较强的相关性，虽然其并不会自动带来更好的财务绩效，但与传统资产相比，他们并没有明显的劣

① Weitzman, M. L., "Prices vs. Quantities", *The Review of Economic Studies*, Vol. 41, No. 4, 1974, pp. 477 – 491.

势。总体而言，碳市场的建设对于企业的财务影响是较为复杂的。

1. 碳市场对企业财务的正向影响

在碳市场中，金融机构起到了重要的媒介作用，为各方牵线搭桥提供代理服务。投资者利用金融机构开发的碳市场金融衍生工具，如碳期权、碳期货等，为碳排放权交易提供更加灵活的交易选择与避险工具。此外，金融作为现代经济交易信息融通的载体，凭借广泛的客户基础与交易平台，为排放权交易提供高效的信息，形成公开透明的交易价格，为交易的顺利进行创造了必要条件。

金融为碳市场提供了大量资金。金融机构利用自身独特的资金优势，为交易双方提供融资服务，增加交易者的杠杆能力，活跃了金融交易，扩大了碳市场的容量。

2. 碳市场对企业财务的负向影响

与低碳发展相关的风险也在影响银行、保险公司以及机构和私人投资者。例如，由于公司业绩的负面影响，与气候变化相关的风险已经对金融市场产生了影响。此观点也被 Xstrata 公司所证实：2002 年，日本政府宣布正在考虑征收煤炭税，该税将于 2003 年 10 月生效，此后，日本出口煤炭的大型企业斯特拉塔（Xstrata）的股价下跌了近 10%。

碳市场作为实现可持续发展的一种政策措施，无疑与可持续发展规划一样，对企业的财务业绩乃至金融市场都会产生影响。在碳市场的运行初期，企业将需要在市场购买碳配额以满足自己的排放需求，若未能履行碳配额清缴义务，则企业将受到惩罚。如果企业无法将成本转移给最终用户，这些成本就会像传统成本一样，影响自由现金流、股东价值等经济绩效。针对碳市场对企业的影响，标准普尔（S&P）在 2003 年 8 月指出：欧盟碳市场的运行将增加欧盟电力行业的生产成本，而几乎所有的行业都会受到电力行业成本上升的冲击，最终，这些成本可能会对公司的业务和财务状况产生影响，进而导致它们信用评级发生变化。标准普尔等评级公司在意识到碳市场运行将对企业产生的潜在影响之后，及时对企业的信用评级进行调整：2003 年 3 月，由于资本化不足，标准普尔将慕尼黑保险公司的信用评级从 AA + 下调至 AA –。因此，该公司决定进行现金筹集活动，随后其股票下跌了 5%。

碳市场通过将企业的排放成本货币化，揭示了某些行业、部门和单个公司存在环境相关风险。对于企业而言，碳市场带来的货币成本只是一个次要的考虑因素，从财务角度来看，利益相关方对政策的反应带来的影响更大。由于碳市场的运行需要信息的透明，即保证公众获得有关碳配额分配和排放监测结果信息的权利，因此，利益相关方需要了解企业排放战略的决定性信息。基于这些信息，利益相关方也可以选择是否支持企业所做出的生产决策。如果企业做出的生产及排放战略没有达到相关方的期望，那么由此产生的对其声誉和经济绩效的间接影响可能会比由于排放交易或处罚造成的直接成本更加激烈。

由此可见，碳市场的运行对企业有着较大的影响。除了明显的排放密集型行业外，对金融服务、运输、半导体、电信、电子设备、食品、农业和旅游业的公司而言，财务影响也是切实可见的。环境责任经济联盟（Coalition for Environmentally Responsible Economics，CERES）针对欧盟碳市场对企业的影响提出：在欧洲拥有重要业务的企业必须比其他企业更早地解决排放问题，但最终所有的企业都会受到影响。

（二）金融市场的新商机

金融市场参与者的主要目标之一是分析和评估客户的机会和风险。一般而言，尽早认识到机会或风险因素能够帮助其调整投资策略，获得更高的收益/风险比。由于碳市场对公司的业绩有着重要的影响，贷款、项目融资、投资银行、保险业务以及资产管理等相关领域也将受到冲击。为了降低碳市场对公司的负面影响，金融服务公司可以通过开发特殊的排放交易产品、投资机会或创新量化和评估各种投资组合中的排放交易风险的新方法来积极应对。

1. 管理创新

如前所述，碳市场影响公司和金融市场。在碳市场运行的影响之下，如何扩展和改进现有的量化、评估风险和机遇的方法是管理层面临的挑战。值得注意的是，调整后的影响评估必须预测两个因素：需要采取的预防措施，由此产生的收益的变化。此外，金融机构应将包括对潜在风险的初步分析及持续评估在内的风险控制调查纳入其常规系统和客户政策，从而对碳市场的风险（如贷款协议或保险费）进行全面定价。随着碳市场交易频率的上升，经纪人和交易员的需求也将增加，金融市场的就业得到扩张。

2. 产品创新

在碳市场的影响下，企业在融资和贷款活动中将重点考虑其对公司产生的影响，以及由此带来的机遇和威胁。例如，这种影响可能涉及对减排技术进行必要投资的成本，或由于未履行碳市场法规而导致的计划外成本。对于银行来说，在这一背景下，扩大其产品组合增加了两个商业机会：为节能投资发放贷款，以及为低排放交易相关风险的客户制定特殊合同条件。当然，对于保险公司和再保险公司来说，新的保险产品需要与新的风险因素相结合。例如，清洁发展机制等项目在生产能力方面的保险需求尤为明显。考虑到公司在一定时间内无法遵守碳市场法规，或因违反法规而被罚款时，它们可能会面临诉讼。因此，保险公司也可以为责任风险制定特殊的保险。期货、期权在资本市场的不同领域都很常见；由于排放量、排放交易和相关项目的不确定性，碳排放权交易也有对冲需求。在这些情况下，金融机构可以开发新的衍生品，即提供对冲产品。

3. 服务创新

碳市场建立的初期，交易体系不够完善，各种投资策略尚不成熟，金融衍生品也还有待开发，市场难以高效率运行。而针对碳市场相关的金融领域的管理技术和投资的专业知识差别很大。因此，碳市场服务创新，建立省间、国家之间的联盟和网络能够强化信息的可得性，提高资源利用效率，也有助于提升金融公司及研究团队的专业水平，有效解决公司客户面临的由碳市场带来的成本风险与投资风险，优化公司客户的投资策略，提高公司客户的利益。

专栏8－2　碳市场对产业结构升级的推动

2014年12月，由海通新能源股权投资管理有限公司和上海宝碳新能源环保科技有限公司合作的海通宝碳基金成立。该产品拥有2亿元人民币的专项投资资金，并于2015年1月18日在上海环境能源交易所正式上线启动，对全国的核证减排量（CCER）进行投资。该基金的设立标志着碳市场与金融市场的成功联通，同时也意味着碳金融体系的推进。

2015年，由上海证券有限责任公司与上海爱建信托有限责任公司联合发起设立的“爱建信托·海证1号碳排放交易投资集合资金信托计划”成为国内首个专业信托金融机构参与的、针对CCER的专项投资信托计划。2015年4月8日，该计划在上海环境能源交易所以协议转让方式完成了上海碳市场首笔CCER交易，交易量为20万吨。此次交易是国内金融机构首次参与CCER购买活动。

截至2016年底，上海碳交易试点已经开发的碳金融产品包括CCER质押贷款、CCER购买权、碳基金、碳信托、借碳交易和碳配额远期交易。碳金融产品有助于提高碳资源配置效率、市场参与率，同时也有助于实现套期保值、为参与者提供价格发现、规避市场风险。

资料来源：段茂盛、吴力波、齐绍洲、胡敏：《中国碳市场发展报告——从试点走向全国》，人民出版社2018年版。

三 碳市场的结构调整效应

（一）结构调整效应的定义

现代市场经济中，产业结构和经济增长之间的相互作用越来越明显，合理协调的产业结构可以极大促进经济增长，不合理的产业结构则会阻碍经济增长，产业结构的优化升级是现代经济运行的一个重要特点。现代经济增长理论认为，产业结构既决定着经济发展水平又受经济发展程度的制约，合理的产业结构可以推动经济增长，增强经济实力。一个地区的产业结构水平反映其经济发展速度和层次，研究地区产业结构与经济增长的关系对于促进该地区调节产业结构、制定产业政策、促进地区经济发展意义重大。

碳市场结构调整效应是指，在碳市场的约束下，高排放企业的排放成本增加，在市场中的竞争力下降，企业的生产结构及实施政策地区的产业结构将因此而发生变化。

（二）碳市场结构调整效应的发生机理

在碳市场中，企业通过做出减排努力，使碳配额需求低于其所获得的免费碳配额供给，将多余的碳配额在碳市场中卖出可以获得减排收益；减排潜力小减排成本高的企业也可在市场中购买碳配额，降低减排成本，完成碳排放控制目标。

从经济学的角度来看，在竞争性的市场当中，企业通过对比减少排放的成本与购买碳配额的成本来决定是否从事减排活动。当企业减少一单位二氧化碳排放的边际成本高于碳配额的市场价格时，其会选择从市场中购买碳配额以满足排放需求。反之，当企业减少排放的边际成本低于碳配额的市场价格时，其会选择减少排放而在市场中出售碳配额。最终，碳市场会实现市场均衡。在市场的作用下，减排潜力强、效率高的企业会获得更多的资源，而效率低的企业会减少生产最终退出市场，最终通过市场的优胜劣汰实现产业结构的优化调整。具体而言，碳市场可以通过三个方面调整经济结构：

1. 碳价格的调整作用

在碳市场中，排放需求超过碳配额供给量的企业或者行业需要购买额外的碳配额，而较高的碳价格有助于激励生产技术进步，优化生产结构，从而调整经济结构。在碳市场的约束之下，为降低排放成本，企业将通过多元化的融资形式并利用绿色行业相应的扶持措施，提高自身的科技含量，优化生产结构，提高能源利用率及生产效率。

2. 碳市场的竞争机制

碳市场可能导致低效率的企业成本大幅增加，使用新技术、效率高的企业拥有更强的竞争优势，从而提升行业的生产效率。在同一行业的市场竞争中，效率高的企业拥有较大的竞争优势，而合理的碳配额分配机制又将强化这一优势，使得低效率的企业最终退出市场。而有助于节能减排的新技术的采用，在初级阶段可能比传统技术的成本更高，碳市场的建设给予使用新技术的企业获得额外收益的机会，进而增加使用新技术的空间，若政策的持续时间足够长，那么在学习效应的影响下，其成本会逐渐下降，相对于传统技术的优势得到体现，新技术将得到推广。

3. 碳市场推动产业链的转型

投资者将增加服务业等附加值高而排放低的行业的投资，而减少对钢铁等排放密集型行业的投资，从而推动产业链的全面转型。改革开放以来，我国一直在提升工业化水平，资本也多流向工业行业，最终却导致了钢铁等行业产能过剩的情况。而工业行业与服务业及农业相比是排放强度最高的行业，在碳市场和去产能的影响下，工业行业的成本增加、利润降低，投资者的投资积极性也将随之下降。服务业作为近年来我国飞速发展的行业，其能源消耗及碳排放量较低，相对其他行业在碳市场中有更大的盈利机会，对投资者的吸引力将增加。

（三）碳市场促进产业调整的影响因素

在碳市场的建设初期，政府将依据本地区的发展诉求，针对不同的行业制定分配方案，此举不仅对企业的成本产生影响，还将对市场发出信号，引导企业采取措施。由此看来，不同的排放上限、不同的碳配额分配方法以及不同的政策灵活度产生的影响将有所差异。

1. 碳配额总量因素

碳市场是由碳配额总量管理与排放权交易共同构成的。碳配额总量上限规定了碳市场所涵盖行业在一定时期内的总排放量，限额越高即碳市场对控排企业的减排压力越弱，而限额越低即企业减排压力越强。在较强的机制约束之下，企业面临的减排要求更高，随之而来的是更高的排放成本。在竞争性的市场中，低效率的企业将因难以承担高昂的减排成本而退出市场，而高效率的企业也将积极地寻求技术创新以降低减排成本。如此一来，碳排放机制对于产业结构的优化具有推动的作用，但与此同时，短期内经济也将受到较大的负面影响。

2. 碳配额分配因素

碳市场的建设不仅要控制二氧化碳的排放，还肩负着淘汰落后产能、促进产业结构调整的重要任务，碳市场往往只包含部分行业。例如，纳入北京碳市场试点的行业有电力、热力生产和供应企业；制造业、采矿业；服务业企业（单位）。由此可见，碳市场的设立是对部分行业的生产进行约束。而对于纳入碳市场的行业而言，碳配额的分配方法也是影响其行业结构的重要因素。政府在制定碳配额分配方案时通常会综合考虑减排目标及产业结构目标。目前，各国碳市场所采取的碳配额分配方法有三种：基准线法、历史强度法和历史法。在基准线法分配方法之下，技术落后、排放强度大的企业将面临更大的减排压力，因此，基准线法对于鼓励先进产能、淘汰落后产能、实现行业结构的优化有一定的作用。若不进行技术革新，为了实现减排目标，企业通常会选择购买碳配额、减少生产、增加节能设备等方法，更有甚者，直接延长企业生产链，将生产资料集中在能耗更低，附加值更高的生产过程中。这个过程，一定程度上推动企业完成产业升级从而促进产业结构调整。

3. 政策导向因素

通过碳市场的政策信号释放，可以理解政府政策对于行业发展的态度和趋势，从而开展有利于企业和行业未来发展趋势的生产经营活动。碳市场的政策实施过程，从某种程度可以反映出国家对于产业结构调整的思路和方向。对于产能过剩、工艺落后的行业，采取更为严格的分配方案，释放出相应政策信号，警示企业从自身入手，提升管理效能，加速产能升级。反之，对于政策鼓励和允许的行业，碳配额分配相对宽松，或者采取市场补充机制等方式，进一步释放政策信号以促进产业调整。

专栏8－3　碳市场对产业结构升级的推动

欧盟碳排放交易体系（EU ETS）是全球最大的跨行业、跨地区的温室气体排放权交易体系，其二氧化碳排放权交易量在2005年至2009年间增长了近20倍。截至2009年，EU ETS的碳排放权交易量占全球交易总量的85.93%。杜莉等（2012）利用不同产业占比变化来表示欧盟产业结构的变化，即 $ISV_{it} = \sum_{s=1}^{3} |Q_{it,s} - Q_{i0,S}|$，其中S表示农业、工业、服务业，$i$ 表示欧盟的不同国家，$Q_{it,s}$ 表示 T 期 S 产业产值占GDP的比重，$Q_{i0,S}$ 表示2004年（基期）S产业产值占GDP的比重。作者还用一国碳配额与实际二氧化碳排放量的比值作为碳排放权交易量的代理变量，即 $CO_2R_{it} = CEQ_{it}/CEA_{it}$，其中 CEQ_{it} 代表 i 国 t 时期碳配额量，CEA_{it} 代表 i 国 t 时期的实际排放量。CO_2R_{it} 越大表示 i 国的企业越有动机出售碳配额，其低碳化的程度也越高。本文的计量结果显示：CO_2R_{it-1} 的值越大，工业产业占GDP的比重越低，$CO_2R_{it-1} \geq 1$ 时，产业布局更加合理，而该国调整产业布局的动力越小。

资料来源：杜莉、丁志国、李博：《产业结构调整升级：碳金融交易机制的助推——基于欧盟数据的实证研究》，《清华大学学报》（哲学社会科学版）2012年第5期。

四　碳市场对宏观经济的影响

建设碳市场的初衷是为了以市场化的手段实现二氧化碳的减排，并降低减排成本，实现资源配置的最优化。但碳市场对经济增长究竟有着怎样的影响却还未有定论。学者们就碳市场与经济增长之间的关系的观点大致分为三类：促进关系、抑制关系和正“U”形关系（呈现先下降、后上升的趋势）。

（一）碳市场促进经济增长

碳市场促进经济增长的路径在于技术创新等，例如，碳排放权交易推动企业技术创新，进而通过影响生产函数的技术因素促进经济增长。理论上，由于碳市场对技术创新的促进及产业结构的优化，从长期的角度来看，经济是可以实现可持续发展的，而这一观点也得到了学者的支持。[①] 而实际上，通过结合美国碳市场的发展与人均国民收入的变化之间的关系来看，碳市场的建设与运行对于国民收入的提高的确存在促进作用。[②]

（二）碳市场抑制经济增长

碳市场抑制经济增长的主要原因是企业的生产成本增加。就企业本身而言，排放成本的增加将导致其利润受损，在短期内生产技术难以改变的情况下，企业将有动机通过降低产量来减少成本、避免利润受到较大冲击。而就国家而言，本国企业由于成本的上升将调整销售价格，这将导致其在国际市场中的竞争力下降，进而导致本国的出口量下降、经济受到损失。我国七大碳市场试点于2013年陆续开始正式运营，通过对我国低碳试点省份的经济增长与碳排放之间的关系进行模拟研究，可发现，两者之间存在显著的正相关关系，此结果表明对碳排放进行约束不利于经济增长。[③]

（三）碳市场与经济增长的“U”形关系

碳市场设立与经济增长之间的另一种可能的联系是存在“U”形关系，即在经济发展水平较低的情况下，经济发展模式以粗犷型为主，此时抑制碳排放将导致经济下降，而在经济发展水平较高时，生产技术较为先进，能源使用率提高，此时随着碳市场的运行，经济将得到更好的发展。与环境库兹涅茨曲线的原理类似：当经济发展水平较低时，随着人均收入的增加，环境污染也会增加，而当经济发展水平越过一个门槛之后，人均收入水平的增加反而会带来环境污染的改善。而这一观点亦得到了学者的支持，有学者通过构建碳排放内生

---

① 齐新宇、严金强：《碳排放约束与经济增长理论及实证研究》，《学术月刊》2010年第7期。

② Azomahou, Théophile, Laisney, François, and N. Van Phu., “Economic Development and CO_2 Emissions: A Nonparametric Panel Approach”, *ZEW Discussion Papers*, Vol. 90, No. 6, 2005, pp. 1347 – 1363.

③ 刘竹、耿涌、薛冰等：《中国低碳试点省份经济增长与碳排放关系研究》，《资源科学》2011年第4期。

条件下的经济增长模型，就能源结构调整对经济增长稳态的影响进行分析，研究结果显示经济增长稳态均衡会随着能源结构的调整呈现出“U”形。考虑到碳排放减排目标与能源结构调整有着较强的联系，可以推测出碳排放约束与经济增长也有可能出现“U”形关系。

第三节　碳市场的福利效应

一　福利经济学思想渊源

福利效应是福利经济学关心的核心问题。在讨论碳市场的福利效应之前，我们首先要对福利问题所涉及的思想渊源和基本概念进行一些了解。所谓福利，本意是指人的幸福或快乐，福利在现代经济学中表现为效用。

对福利的研究起源于古典经济学中的伦理学传统，亚当·斯密（1723—1790 年）等古典经济学家关注个体和整个社会的福利，并将福利作为理论分析的出发点和目的。比如，亚当·斯密著名的“看不见的手”理论就指出，市场机制下个人对私利的追求有益于整个社会的福利。

19 世纪 20 年代，哲学中的一种意识派别——效用主义（Utilitarianism）逐渐流行起来，西方福利经济学开始形成以效用主义为基础的伦理道德传统。效用主义代表人物包括大卫·休谟（1711—1776 年）和杰里米·边沁（1748—1832 年），其核心观点认为，人类行为以快乐和痛苦为动机，能够增进福利的行为就是正义的行为，而社会道德规范的合理性取决于是否有利于遵守者的福利。经济学中的效用主义则认为，效用（Utility）是度量个人福利水平的概念，社会发展的目标是追求更高的效用水平。

19 世纪 70 年代，西方经济学界发生了边际主义革命，边际主义学派将基于数理模型的边际分析，和效用主义与经济理论内在地联系在一起，形成边际效用价值论。经济学分析的形式变得简洁优美，而经济分析中福利的伦理道德基础也因为工具的数理化逐渐开始淡化。熊彼特针对这一趋势指出：“效用价值理论与任何享乐主义的假定或哲学是毫无关系的。因为该理论并不解释或说明它的论证起点即需要与欲望的性质。”①

① 约瑟夫·熊彼特：《经济分析史》（第三卷），商务印书馆 1995 年版。

1920年，英国经济学家庇古（1877—1959年）出版代表作《福利经济学》，福利经济学作为一门独立的经济学科才真正成型，庇古因此被称为“福利经济学之父”。庇古福利经济学也被称为物质福利学派（Material Welfare School），认为福利是对享受或满足的心理反应。福利有社会福利和经济福利之分，只有能够用货币衡量的部分才是经济福利，社会福利难以计量和研究，经济学是研究经济福利的学科。这一学派认为福利可以用效用来衡量，效用是客观的社会有用性。效用具有基数性质，即效用可以直接计量、加总求和，消费者效用可以用他们消费商品的种类与数量来客观度量，而社会总福利是对个人效用进行加总（与之相对应，序数效用论认为效用不是具体的数字，而是对商品组合进行选择时的先后排序），福利经济学追求最大化的社会总福利。福利经济学发展至今，中间经历了采用基数效用或序数效用、是否应包含价值判断、怎样理解公平与效率问题等多轮论战和思想演变，但庇古所构建的分析框架仍然可以作为理解福利经济学的逻辑起点。

理论演变的过程中逐渐发展出帕累托效率、福利经济学第一定理、福利经济学第二定理、社会福利函数、次优理论等重要的分析工具，对当今福利分析的基本范式也产生了重要影响。在本节具体分析环节，会对碳市场问题中涉及的福利经济学概念进行更明确的定义和阐释。

二　个体福利效应

（一）福利效应基本含义

个体层面的福利效应可以定义为碳市场对消费者效用水平的影响。在不考虑不确定性的情况下，消费者的效用是关于商品消费的函数，消费数量越高则效用越高，特定商品为消费者提供的边际效用呈现递减趋势；消费者在商品价格 P 和收入水平 I 形成的预算约束下，选择最大化自身效用水平的消费集合，表述为：

$$\max U = U(X)$$

$$\text{约束条件：} P'X < I \qquad \text{（式 8 - 1）}$$

其中，X 是 n 种商品或服务构成的向量，P 是相对应的价格向量。通过求解上述最优化问题，可以得到 n 维的马歇尔需求函数（Marshallian Demand Function）。马歇尔需求函数是指消费者根据自身收入和价格水平，进行效用最大化选择后最终确定的最优商品消费数量。

$$x_i^* = x_i(P,I), \quad i = 1,\cdots,n \qquad (式8-2)$$

将马歇尔需求函数代入效用函数表达式，可以得到消费者的间接效用函数（Indirect Utility Function）。间接效用是指一定收入水平和商品价格下，消费者通过最优化选择所能达到的最优效用水平。

$$U = V(P,I) \qquad (式8-3)$$

对于一般的消费品而言，间接效用函数具有两个性质：

第一，给定收入水平，价格上升会降低效用水平，因为消费者所能消费的商品数量下降了；

第二，给定商品价格向量，收入水平下降会降低效用水平，因为更低的收入也意味着消费更少数量的商品。用数学形式表达如下：

$$\frac{\partial V(P,I)}{\partial P_i} < 0 \quad i = 1,\cdots,n$$

$$\frac{\partial V(P,I)}{\partial I} > 0 \qquad (式8-4)$$

（二）碳市场的福利效应

1. 减排的福利效应

理解碳市场的福利效应，首先要理解减排的福利效应。

碳减排的个体福利效应是指，由于碳排放权被赋予清晰的产权界定，碳排放从外部成本进入企业生产的内部决策过程，从而影响其他生产投入要素回报和产业链各环节商品价格；以及碳排放权作为一种资源禀赋，其配置方式会改变社会现有的财富结构，进而对经济主体福利水平产生影响。

考虑一种更加直观的展示方法：消费者个人效用是消费水平的增函数，并且单位商品所能带来的边际效用是递减的，如图8-3个人效用函数的典型形式所示。商品价格上升会引起消费者所能消费的商品数量的下降，从而降低效用水平。消费者收入的影响同理，方向相反。

$$Welfare_p = U(C') - U(C) \; Welfare_p C' \qquad (式8-5)$$

用数学语言描述减排的个体福利效应，可以简化为如下形式：

$$Welfare_p = U(C') - U(C) \qquad (式8-6)$$

其中，$Welfare_p$ 为个体福利效应，C' 为施加减排约束后的个体消费水平。消费水平取决于商品价格和消费者收入状况，因此减排对消费者福利的直接影响可以总结为两种渠道：价格渠道和收入渠道。

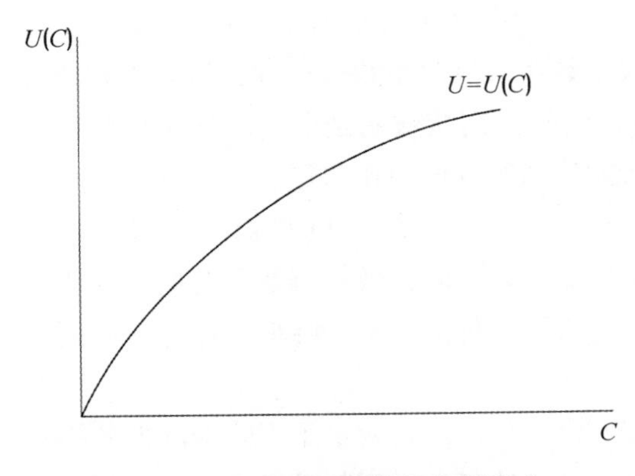

图8－3 个人效用函数的典型形式

2. 碳市场对消费者福利的影响

（1）碳配额对其他生产要素的替代

怎样理解和界定碳市场会对商品价格和消费者收入产生影响呢？在制度环境健全的经济环境中，购买碳配额对于生产企业而言是一种生产成本。当碳配额相对稀缺时，碳配额成为新的生产要素，会对其他现有生产要素产生替代作用。对于典型的高排放行业的企业而言（比如，钢铁、水泥等高耗能制造企业），碳配额会对企业产量产生直接的限制效果。在产量约束下，资本、劳动力的投入会受到影响，产出效率位于边际水平的小型生产厂商、设备提供商和产业工人遭受的冲击会更加明显。不仅如此，由于高耗能高排放产业大多位于产业链上游，产量约束引发的供给收缩效应会通过提高生产投入成本，沿产业链传递到更广泛的产业部门中。上述影响会同时影响商品价格和一般消费者的收入水平，降低当期消费者的福利水平。

（2）碳配额分配与福利效应

当然，消费者是否面临福利损失还取决于特定主体所在部门分配到的碳配额是短缺还是充裕的。对于依据历史法获得较多初始碳配额并且具有较高减排潜力（边际减排成本较低）的行业或企业而言，更合理的选择是主动增强减排措施，并将碳配额在碳市场出售以获得更高收益。对于这些行业或企业中的劳动力及产品消费者而言，碳配额的分配以及碳市场交易会带来当期福利的增益。碳配额对经济活动施加了新的约束，迫使当代人更多地替子孙后代考虑，因此单纯从商品消费和经济收益方面考虑，全社会的总体消费水平最多“和碳市场之前一样好”，并且通常是会降低的。在这一基础上，碳市场是尽可能降低减排对当代人造成的福利损失的一种机制。市场可以汇总信息，发现碳配额的真实价格，调节碳配额的配置情况，从而让在减排方面有优势的企业承担更多减排任务，同时获得经济收益，提高碳减排政策的效率。

（3）代际公平

由于社会中并非每个人都关心代际公平和可持续发展问题，碳市场很可能会遭遇来自特定群体的持续阻力。代际公平是指当代人和后代人在利用自然资源、满足自身需求、谋求生存和发展上的权利应均等。有三种潜在的机制可以缓解由于碳市场带来的当期消费者福利损失。

第一，碳市场效应。碳市场允许企业之间重新配置碳排放权，因此在碳市场下，减排的任务将交由减排成本最低的企业完成。长期范围内，企业可以通过降低排放获得额外收益，因此企业在节能减排技术方面会做出更多投资和突破。

第二，道德满足感。乐观地讲，代际公平和可持续发展理念在未来将被更多民众认同，消费者可以在自我约束中获得道德层面的满足感，正如柏拉图所说：“节制是一种美德。”

第三，环境与健康效应。碳减排政策在良好设计下可以带来“协同减排”效应，二氧化碳排放量下降的同时，化石燃料燃烧导致的环境污染问题随之减轻，在环境感受与身体健康方面产生改进，为居民带来正的福利影响。

三　社会总福利效应

（一）社会福利函数

碳市场的社会总福利效应，是指碳市场的建立对整个社会所追求的发展目标产生的影响。社会总福利用社会福利函数表示。社会福利函数是描述社会发展目标，衡量社会发展程度的一种方式，函数形式取决于特定的伦理道德观点。比如，效用主义的社会福利函数表现为个体效用的加总形式，而罗尔斯主义的社会福利函数则是里昂惕夫函数形式。

1. 效用主义的社会福利函数

如图8－4（a）所示为效用主义的社会福利函数 $W(U_1, U_2)$。其中，U_1、U_2 分别为个体1和个体2的效用水平，社会福利函数 W 为两人效用之和，因此不同个体的效用之间具有完全替代性。即便社会分配极端不公平，比如 U_1 等于 0 而 U_2 足够大的情况，社会福利仍然可以达到较高水平。

2. 罗尔斯主义的社会福利函数

与效用主义相反，罗尔斯主义的社会福利函数认为效用的绝对加总无法反映社会真正应追求的发展目标。与很多哲学家持有的道德观点相一致，罗尔斯认为社会应寻求建立公正原则，而效用主义对资源配置的观点可能导致一些值得保护的自由和权利遭受损害。经济学家试图用直观的形式描述罗尔斯的主张，并将其描述为里昂惕夫函数形式。在这种形式下，社会福利由社会中效用最低的个体决定，即 U_1、U_2 中水平较低者。而效用更高的个体对社会福利的边际贡献是零，如图 8 -4（b）所示。

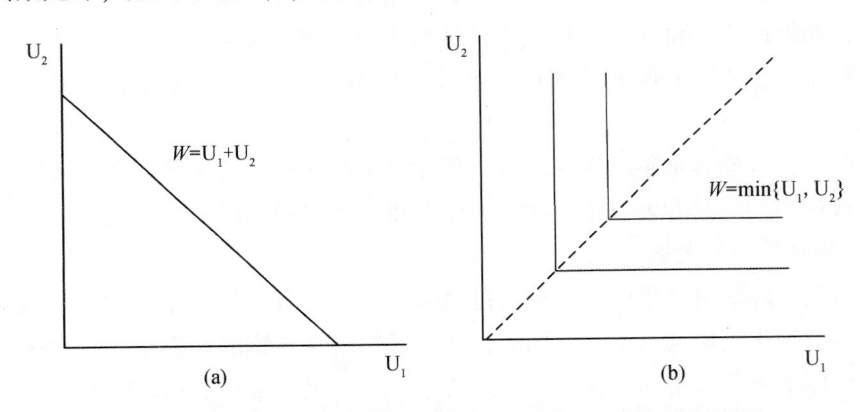

图 8 -4 效用主义社会福利函数（a）与罗尔斯主义社会福利函数（b）

（二）碳市场对社会总福利的影响

碳市场对社会总福利的影响依赖于社会福利函数形式背后隐含的规范研究假设。规范研究是与实证研究相对应的概念，解决经济关系中“应该是什么样”的问题，对经济的目标、决策、制度和现象等方面做出“好”或“不好”的价值判断。而实证研究旨在解决经济“是什么样”的问题，强调对经济现象和规律进行客观描述。

那么不同的价值判断对于我们理解碳市场的社会总福利效应的具体影响是什么呢？

1. 基于效用主义的影响

假如我们采取效用主义观点，社会福利函数中不同个体的效用表现为完全替代形式，则实质上社会总福利就和“消费者剩余”在概念上有相似之处。但注意二者是不同层次的范畴。消费者剩余是指消费者在购买一定数量的某种商品时最高支付意愿的总和与实际支付的总价格之间的差额，衡量了消费者在市场交易中获得的主观额外利益。社会总福利与消费者剩余的区别在于，社会总福利描述整个社会的经济活动相对于某种价值标准所形成的评价，反映社会全体成员的总体发展程度。而消费者剩余是衡量特定商品行业中消费者获益程度的经济概念。对于某一产业而言，产业的社会福利应等于消费者剩余加生产者剩余之和。二者层次的差异可以结合一般均衡和局部均衡的关系来理解。

对于效用主义的社会总福利而言，社会总福利函数为个体福利的加总。因此，对于社会而言，减排相比于不减排的状态，当期福利有所下降；相比于直接减排，由于碳市场可以自动汇总信息，优化排放权的配置，当期福利有所上升，因为福利下降的程度减轻了。

2. 基于罗尔斯主义的影响

对于罗尔斯主义的社会福利函数而言，减排相比于不减排的状态，当期福利既可能上升也可能下降，这是因为减排政策对特定企业或居民的具体影响既可能为负，也可能为正。同理，碳市场的影响在具体到个体层面后也是不确定的。因此在公平角度下考虑碳减排和碳市场的影响，取决于实际的数据表现。

四　福利效应的驱动因素

在实际研究中，通常会将社会总福利效应分解为更具体的驱动因素。这种分解主要通过对社会总福利 W 进行全微分进行。dW 的不同组成部分，分别对应整体碳排放政策社会总福利效应下的不同子效应。与碳市场相关的社会总福利效应可以分解为：价格效应（Price Effect）、收入效应（Income Effect）和禀赋效应（Endowment Effect）。

（一）价格效应

价格效应是指，由于高耗能高排放产业面临产量约束而引发的供给收缩效应提高了生产投入成本，产业链上更广泛的产业部门会面临更高生产成本压力，从而在总体意义上提高消费者面临的价格水平。

（二）收入效应

收入效应是指，在上述影响过程中实际工资和劳动力就业也遭遇负向影响，居民收入降低，带来负向福利效应。

（三）禀赋效应

禀赋效应是指，特定的碳配额分配方法（比如，历史法或拍卖法），会对经济主体的财富水平产生分配效果，对于碳配额分配较多且节能减排压力较小的部门或企业而言，禀赋效应为正；对于碳配额分配较少或减排成本较高的部门或企业而言，禀赋效应为负。

五　代际公平与动态福利效应

到目前为止，一个基本的结论是，限制碳排放会产生负的福利效应，而碳市场尽可能地减少了这一限制导致的福利损失。那么，为什么要进行碳减排呢？只有当我们将讨论放置在一个代际框架中时，碳市场的意义才真正显现出来。

代际公平是指当代人和后代人在利用自然资源、满足自身需求、谋求生存和发展上的权利应均等。代际社会福利函数描述了多个世代群体的总体福利水平。考虑两个世代的情况，可以用一个简单的附加了贴现因子的代际社会福利函数描述社会总福利的跨世代动态特征：

$$W = W_1 + \beta W_2 \qquad \text{（式 8 - 7）}$$

其中 W 为代际社会福利水平，W_1、W_2 分别对应世代 1 和世代 2 的社会总福利水平，世代 1 是当今世代，世代 2 是未来的一代人。β 为代际贴现因子，当 β 小于 1 并且大于 0 时，说明对于当前时代而言，未来世代的福利水平相对而言“没那么重要”，但不能完全忽略。当 β 等于 0 时，代表了一种完全漠视未来世代福利水平的价值倾向。一般而言，我们认为 β 介于 0 到 1 之间。

跨期最优化决策通常要求不同世代间的社会总福利水平是平滑的。“平滑”是指社会总福利水平在不同世代的分配相对均匀，没有出现当今世代过度消耗资源导致未来世代社会总福利过低的情况。

不同世代人类之间享有平等发展的权利，这一道德伦理判断被普遍认为是合理的。但是，对于具有代际外部性问题的领域而言，比如碳排放问题，当前时代会内生地产生过度占有资源的倾向，从而挤压未来世代人类的生存发展空间。碳市场通过确定产权，将具有外部性的碳排放以成本形式转入当期经济主体的决策过程，有利于缓解当今世代对碳排放资源的过度消耗程度。在相应的减排目标下，碳市场可以帮助实现一种相对高效的减排任务分配与承担方式。

第四节　碳市场社会经济效应评估方法

宏观经济模型刻画了经济变量间的影响关系，是客观经济规律的抽象化版本。利用宏观经济模型进行碳市场社会经济效应评估，主要是基于计量估计得到的参数，对宏观经济变量之间的关系进行分析，并依据实证研究结果来外推外生冲击造成的宏观经济影响。在气候建模领域，宏观经济模型较多地应用于分析气候政策对宏观经济的影响。[①] 其他代表模型包括 E3MG（Environment – Energy – Economy Model at the Global level）和 POLES（Prospective Outlook on Long – term Energy Systems）等。E3MG 是一个自上而下的“全球能源—环境—经济”数量经济模拟模型。它是一个具有开放框架的非均衡模型，以全球跨部门和时间序列分析为基础，提供了一种对待长期技术进步的方法，以描述长期能源安全和气候稳定问题，特别强调运用动态和随机等经济学工具。POLES 也是一个自上而下的数量经济模型，它以分层体系和相互关联的国际、地区子模型为基础，提供了一个长期的能源供需情景。

但是宏观经济模型对于历史数据的依赖，在很大程度上影响了其对未来经济发展路径的预测能力。因为能源价格、气候变化等问题在 20 世纪末期出现前所未见的变化，对于这样的冲击，宏观经济模型就显得无能为力。因此，为了解决这个问题，宏观经济建模，包括自下而上的能源技术模型，以及自上而下的宏观经济模型在气候变化领域逐渐成为主流。我们可以将现有的主流能源经济学模型分为三大类，即“自上而下的模型”“自下而上的模型”和“混合模型”。除了这类大型模型，也有许多研究使用计量方法和投入产出分析研究碳市场带来的社会经济影响。以下对上述几种方法进行介绍。

---

① 比如 Italianer（1986）建立的多区域、动态宏观经济模型——HERMS（Harmonized European Research for Macrosectoral and Energy Systems），Italianer 利用该模型对欧盟征收碳税的宏观经济影响进行了较为详细的分析。

一 自上而下的宏观经济模型

（一）可计算一般均衡模型

1. 可计算一般均衡模型的基本原理

可计算一般均衡模型（Computable General Equilibrium Model，CGE）在能源经济领域的应用非常广泛，经常被用于评估不同环境政策的实施效果和对经济与福利的影响。CGE 模型的理论基础是微观经济学的瓦尔拉斯一般均衡理论，在整个经济体的运行中，居民部门（家庭）以自身消费效用最大化为目标，生产部门（厂商）以生产利润最大化为目标；价格在模型中是内生的，通过寻求模型中同时满足所有经济主体目标函数的解，从而最终实现市场出清（商品市场和要素市场供需平衡）、零利润（生产者利润为零）和收支平衡（消费者收入全部用于消费）的“一般均衡”状态，可以很好地刻画整个经济系统的运行。当政府进行政策干预后（如碳市场的实施），各主体的目标函数和市场机制受政策影响发生变化，在各市场最终都将达成均衡的条件下，整个经济中的要素需求、要素价格、产品产量、商品价格等变量值均会发生改变，我们便能从中得出政策干预对整个经济系统运行带来的影响。一个基本的 CGE 模型分析框架如图 8－5 所示。

2. 该方法的应用与评估效果

在第八章第三节部分讨论碳市场的福利效应时，本书将其分为对个体的福利效应和对社会的总福利效应。但是在实际研究中，由于居民福利难以准确刻度，现有研究以评估碳市场的社会总福利为主。此时可以使用 CGE 模型对碳市场带来的福利效应进行评估。

如 Yu 等对上海碳市场带来的社会总福利影响进行了评估，结果发现在现有的碳配额分配制度下，到了 2030 年 GDP 会损失 3.4%，而社会总福利会损失 8.9%（以 2007 年为基年）。这里的社会福利以居民可支配收入所能购买得到的货物和服务进行衡量。[①] Liu 等则是对湖北碳市场带来的影响进行了测算，结果发现虽然湖北省 2014 年的碳排放下降了 1%，GDP 却只下降了 0.06%，

---

① Yu，Z.，Geng，Y.，Dai，H.，Wu，R.，Liu，Z.，Tian，X.，& Bleischwitz，R.，“A General Equilibrium Analysis on the Impacts of Regional and Sectoral Emission Allowance Allocation at Carbon Trading Market”，*Journal of Cleaner Production*，Vol. 192，2018，pp. 421－432.

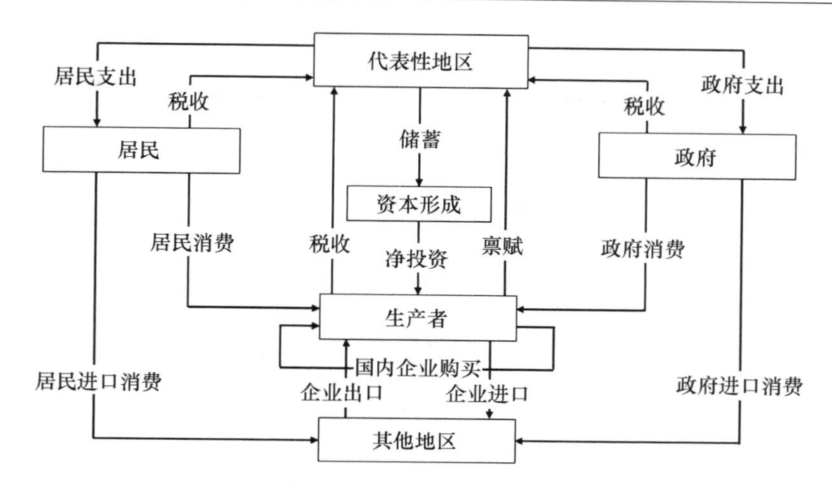

图8-5　基本的CGE模型分析框架

注：箭头表示价值流方向。

资料来源：笔者自行绘制。

全省产业结构也得到了改善。对于社会福利来说，虽然居民消费有所提高，消费者价格指数却上升了0.02%，社会福利出现了损失。[①]

现有的研究发现碳市场会对社会福利带来净损失，其中主要原因在于碳市场给企业带来的成本提升中很大一部分会转嫁给消费者，因此居民会面临更高的商品价格，福利也便出现了损失。但是由于气候变化问题越发严峻，降低碳排放是政府执政中无法避免的问题，不可避免地会面临经济和福利损失，因此选择什么样的政策以保证损失的最小化便成了关键。有学者发现在设定碳减排目标后，相比不使用任何政策工具，使用碳市场政策将得到显著的福利提升，这为碳市场的实施再一次提供了依据。其中Wu and Tang使用中国数据进行了研究，政策情景模拟结果表明到了2020年，基于历史排放法分配碳配额的碳市场的实施相比于不实施碳市场，其GDP损失和福利损失分别减少约0.5%和0.3%。[②] Fujimori使用全球数据核算得到实施碳市场能够降低全球净福利损失

① Liu, Y., Tan, X. J., Yu, Y., & Qi, S. Z., "Assessment of Impacts of Hubei Pilot Emission Trading Schemes in China - A CGE - analysis Using Term CO_2 Model", *Applied Energy*, Vol. 189, 2017, pp. 762-769.

② Wu, L., Tang, W., "Efficiency or Equity? Simulating the Carbon Emission Permits Trading Schemes in China Based on an Inter-regional CGE Model", *MEMO*, 2015.

的0.1%—0.5%。[①]

CGE模型还可以用于研究碳市场的减排效应：如Qian等（2018）对全国碳市场的6种不同部门覆盖情景进行了模拟研究，这5种情景包括：涵盖石化、化工、建材、钢铁、有色、造纸、电力和航空八大行业的基准情景（BAU）、在基准情景中考虑电力排放双重规制情景（BAUDC）、优先纳入高排放量行业情景（ES）、优先纳入高国际贸易占比行业情景（TI）、优先纳入高碳排放强度行业（EI）以及优先纳入成本最小行业情景（PE）。图8-6中的直线表明在不同的碳市场排放总量控制比例下，无论哪种情景，碳市场均能够带来全国碳排放总量的下降，具有显著的减排效应。柱状图表明，不同的行业覆盖情景相对于基准情景存在一定的减排效应差异，当电力排放被双重规制时，减排效应将相对减小，而当碳强度较高行业被优先纳入碳市场时，减排效应将相对更大。

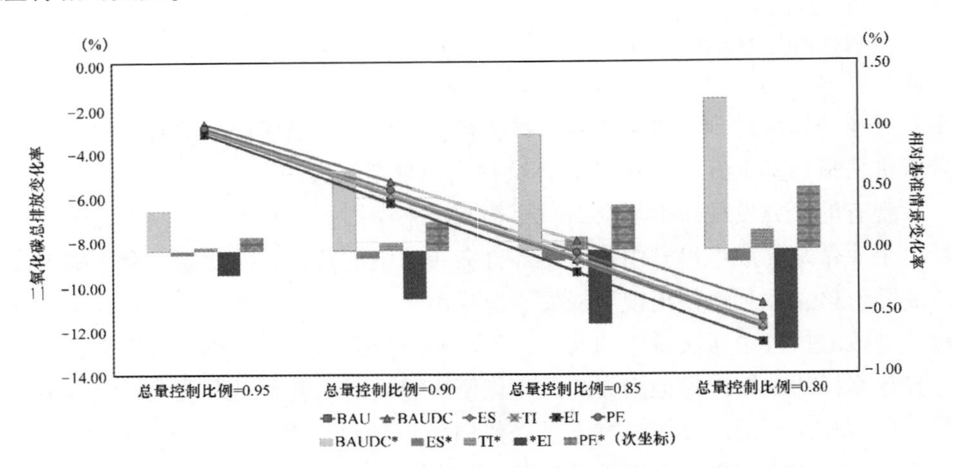

图8-6　不同行业覆盖情景下中国碳市场的碳减排效应

资料来源：Qian，H. Q.，Zhou，Y.，Wu，L.，“Evaluating Various Choices of Sector Coverage in China's National Emissions Trading System（ETS）”，*Climate Policy*，Vol. 18，2018，pp. 7-26.

3. 可计算一般均衡模型的局限性

CGE模型的局限性主要体现在以下三个方面。

① Fujimori，S.，Masui，T.，Matsuoka，Y.，“Gains from Emission Trading under Multiple Stabilization Targets and Technological Constraints”，*Energy Economics*，Vol. 48，2015，pp. 306-315.

第一，难以刻画微观个体异质性。传统的 CGE 模型假设各个部门中的个体同质，在一般均衡分析框架中整个部门的收支变化所体现的便是个体的行为变化。但实际上部门中各微观个体行为存在很强的异质性。例如生产部门中各厂商的生产技术存在异质性；居民部门中各消费者的经济状况、消费行为等存在异质性。这些异质性无法在 CGE 模型中体现。

第二，参数校准受主观性影响。CGE 模型中各经济主体目标函数的参数均需校准，参数校准后目标函数应能较为准确反映现实世界的经济运行情况。但在参数校准过程中，难免会受到模型设计者的主观性影响。例如生产部门的生产函数，如果假设该生产函数为常替代弹性生产函数，则其中各要素的替代弹性可以直接参考其他模型组的假设，也可以使用现实数据进行估计，或者由模型设计者自己设定。不同方法下的参数值差异极大，最终导致均衡结果的千差万别。

第三，数据更新频度慢。CGE 模型的求解需要用到投入产出表。中国和各省份的投入产出表每五年才编制一次，而且这些表只刻画了该区域内各部门的价值流向。[①] 如果要构建多区域 CGE 模型研究中国问题，还需要使用中国各省份拓展投入产出表。常用的全球投入产出数据库有 GTAP（Global Trade Analysis Project）数据库[②]和 WIOD（World Input - Output Database）数据库[③]，同样存在更新速度慢的问题，无法实时研究最新的世界经济动态。

（二）动态随机一般均衡模型

1. 动态随机一般均衡模型的基本原理

随着应对气候变化问题从理念变为迫切的现实要求，气候政策的宏观经济影响也越来越受到重视。在这样的背景下，各国政府以及国际组织对于经济模型的预测能力提出了更高的要求。动态随机一般均衡模型（Dynamic Stochastic General Equilibrium Model，DSGE）正是为了适应这方面的需求，而在传统的 CGE 模型基础上发展起来的。DSGE 模型严格依据一般均衡理论，利用动态优化方法对各类经济主体的行为决策进行描述，得到微观经济主体在资源、信息

① 中国投入产出表更新的年份为 2002 年、2007 年、2012 年等，以此类推每五年更新一次。

② 截至 2019 年 9 月，GTAP 数据库已更新到 GTAP10 版本，其中最新的数据只到 2014 年。资料来源：https：//www. gtap. agecon. purdue. edu/databases/default. asp。

③ 截至 2019 年 9 月，WIOD 数据库中最新的数据只到 2014 年。资料来源：http：//www. wiod. org。

约束下的最优化决策，并采用适当的加总技术获得宏观总量的动态行为，保证了宏观与微观经济分析的一致性。DSGE 模型具有多样性，根据模型结构、外生参数设定、冲击形式、动态调整机制、预期形成等方面的不同，可以用于分析不同情境下，随机冲击（比如，生产率或者货币供应量的波动）对宏观经济的短期、长期影响。DSGE 模型被广泛应用于政策分析中，是有力的宏观调控分析工具。

Kydland & Prescott（1991）最先提出了 DSGE 模型（动态随机一般均衡模型）的概念，在他们之后，DSGE 模型首先在货币政策分析领域得到了广泛的应用，进入 21 世纪以后，才逐渐被用于气候政策的评价。DSGE 模型与 CGE 模型的关键区别在于是否在模型中加入随机性，两者在解释力方面各有侧重。其中 DSGE 模型中的经济变量服从特定的概率分布，具有随机波动的特征，从而反映实际经济运行过程中的不确定性。相比而言，CGE 模型没有体现经济系统的不确定特征，但对外生冲击下不同地区、不同部门间的要素替代关系的揭示则更为详尽。

2. 动态随机一般均衡模型的局限性

DSGE 模型的局限性与 CGE 模型类似，同样存在无法刻画微观异质性和参数校准的问题，实际上这也是自上而下的宏观经济模型的固有缺点。另外，DSGE 模型主要关注随机的外生冲击对宏观经济的影响，主要关注经济增长部分，对碳市场其他效应的评估较弱。

（三）气候变化综合评估模型

1. 气候变化综合评估模型的基本原理

气候变化综合评估模型（Integrated Assessment Model，IAM）尝试将社会和经济发展与气候变化相结合，探讨二者之间的内在联系和相互影响。2018 年的诺贝尔经济学奖颁给了耶鲁大学的威廉·诺德豪斯（William Nordhaus）教授，其获奖理由是“将气候变化纳入到长期宏观经济分析中”，相关的主要成果便是 DICE（The Dynamic Integrated Climate - Economy model）和 RICE（Regional Integrated model of Climate and the Economy）模型。在 DICE 和 RICE 模型中，经济增长会导致温室气体排放并影响气候变化，如地表升温等现象。气候变化会造成直接的产出损失，如农作物对温度的不适应导致的农场收入锐减，同时也会增加企业的减排成本，因此气候变化进一步影响了经济增长。将实际社会经济运行参数纳入模型，结合自然科学领域温室气体对气候变化影响的研究，便形成了一个集成了气候变化影响的经济系统。当政府采取政策干预时，与 CGE 模型类似，同样会对整个系统中各主体的行为与模型中各参数造成影响，模型的结果随之发生变化，决策者便可通过对模型模拟结果的分析评估政策的有效性。在专栏 8－4 中，我们给出了一个基本的 DICE 模型对碳市场经济效应的评估案例供读者参考。

专栏 8－4　DICE 模型介绍

以下模型介绍的是诺德豪斯教授最新调整的 DICE 2016 版本，基本的 DICE 模型包含经济系统模块和气候变化模块：

一　经济系统模块

（一）居民部门（消费者）

居民福利 W 为

$$W = \sum_{t=1}^{T_{max}} U(c(t), L(t))R(t) \quad \text{（式 1）}$$

其中 $R(t) = (1+\rho)^{-t}$ 表示贴现系数，消费者效用函数 $U(t)$ 设定为

$$U(c(t), L(t)) = L(t)(c(t)^{1-\alpha}/(1-\alpha)) \quad \text{（式 2）}$$

$L(t)$ 为 t 时期的人口总量，$c(t)$ 为 t 时期的消费，α 是消费边际效用弹性，消费者的目标便是使其福利 W 最大化。其中假设人口增长率 $g_L(t)$ 逐年递减，且人口总量在未来会达到一个上限。

（二）生产部门

企业生产函数为

$$Q(i) = (1-\Lambda(t))A(t)K(t)^{\gamma}L(t)^{1-\gamma}/(1+\Omega(t)) \quad \text{（式 3）}$$

$A(t)$ 为希克斯中性技术进步，即全要素生产率，$K(t)$ 为资本存量，γ 为资本替代弹性，并同样假设生产率增长率 $g_A(t)$ 逐年递减，资本存量的变化则由以下恒等式得出：

$$Q(t) = C(t) + I(t)$$

$$c(t) = C(t)/L(t)$$

$$K(t) = I(t) - \delta_K K(t-1), \quad 0 < \delta_K < 1. \quad \text{（式 4）}$$

其中 I（t）为企业在 t 年的投资，δ_K 为资本折旧，C（t）是总消费，c（t）是人均消费。企业的目标是使其产出 Q（t）最大化。Ω（t）和 Λ（t）分别表示为气候变化给企业带来的损失以及企业的减排成本，其具体含义会在后文给出。

二 气候变化模块

DICE 模型的气候变化模块是基于自然科学领域常用的大气环流模型（General Circulation Model，GCM）简化版，其中包含大气层、地表层和深海层的二氧化碳储量变化（碳循环）以及温室气体对气温变化的影响。

（一）碳循环

大气层、地表层和深海层的二氧化碳储量分别为 M_{AT}（t）、M_{UP}（t）和 M_{LO}（t），二氧化碳在 t 时期的排放总量为 E（t），碳循环过程可以通过以下简化的三个式子表示：

$$
\begin{aligned}
M_{AT}(t) &= \beta_{11}M_{AT}(t-1) + \beta_{21}M_{UP}(t-1) + E(t) \\
M_{UP}(t) &= \beta_{12}M_{AT}(t-1) + \beta_{22}M_{UP}(t-1) + \beta_{32}M_{LO}(t-1) \\
M_{LO}(t) &= \beta_{23}M_{UP}(t-1) + \beta_{33}M_{LO}(t-1)
\end{aligned}
\qquad \text{（式 5）}
$$

其中各参数 β_{ij}（i，$j=1$，2，3）为外生给定。

（二）温室气体与气温变化

大气中的二氧化碳储量 M_{AT}（t）与辐射强迫变化 F（t）的关系如下：

$$F(t) = \eta_1 Log_2(M_{AT}(t)/M_{AT}(1750)) + F_{EX}(t) \qquad \text{（式 6）}$$

M_{AT}是 1750 年的大气二氧化碳储量，η_1 是外生给定的参数，F_{EX}（t）则是除二氧化碳外其他外生变量对辐射强迫变化的影响。当辐射的上升会令大气温度 T_{AT}（t）与浅海温度上升，浅海温度的变化则带动深海温度 T_{LO}（t）上升。三者之间的关系（与原式相比，本书中有所简化）如下：

$$
\begin{aligned}
T_{AT}(t) &= \varepsilon_{11}T_{AT}(t-1) + \varepsilon_{12}T_{LO}(t-1) + \varepsilon_e F(t) \\
T_{LO}(t) &= \varepsilon_{21}T_{AT}(t-1) - \varepsilon_{22}T_{LO}(t-1)
\end{aligned}
\qquad \text{（式 7）}
$$

其中 ε_{ij}（i，$j=1$，2）为外生给定。

三　经济系统模块与气候变化模块的结合

在经济系统模块的企业生产函数中，$\Omega(t) = \Psi_1 T_{AT}(t) + \Psi_2(T_{AT}(t))^2 > 0$ 与大气温度相关，因此气温的上升必然会对企业生产带来损失。$\Lambda(t)$ 则是企业减排成本，满足 $\Lambda(t) = \theta_1(t)\mu(t)^{\theta_2}$。其中 $\theta_1(t)$ 为二氧化碳减排成本系数，$\mu(t)$ 为碳减排幅度，θ_2 为外生给定的参数，是碳减排幅度的幂。企业的生产决策和减排决策最终决定企业排放 $E_{Ind}(t)$：

$$E_{Ind}(t) = \sigma(t)(1-\mu(t))A(t)K(t)^{\gamma}L(t)^{1-\gamma} \quad (式8)$$

同样假设碳排放强度 $\sigma(t)$ 的增长率为负，并逐年下降。具体含义是，企业的碳排放强度随着企业技术的进步不断下降，但下降幅度逐年降低。二氧化碳总排放 $E(t) = E_{Ind}(t) + E_{Land(t)}$，其中 $E_{Land}(t)$ 表示由于森林被破坏导致的二氧化碳排放上升，这一项初始值和增长率变化均为外生给定，与经济活动无关。

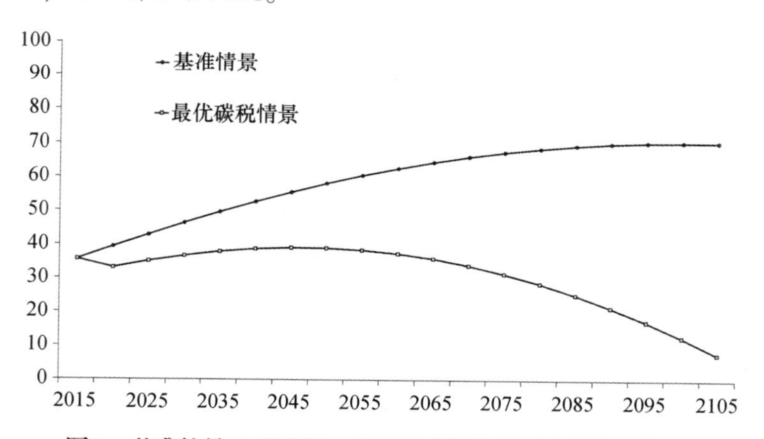

图1　基准情景（无碳税）和最优碳税情景下碳排放量变化

以上便是一个基本的DICE模型框架，各个式子中一部分参数是事先给定的，例如在气候变化模块碳循环与温室效应的各个参数可以从自然科学家已有的研究结论中获取。但是在经济模块中的参数，需要我们根据实际的经济数据进行估算，比如初始资本存量、替代弹性等。在参数校准后，一个简单的气候变化综合评估模型便已经初步建立完成。图8－7展示的是 DICE 2016 模型模拟的最优碳税情景与无碳税基准情景下，全球碳排放量的变化趋势。从图中可以看出，在设定碳税之后，全球碳排放在 2050 年前后达峰值，之后便逐年下降，相比于无碳税情景碳排放差异巨大，因此从减排的角度设立碳税可以有效降低全球二氧化碳排放。

通过这一模型，我们可以进行敏感性分析，比如研究某一参数的变化对排放、消费或生产的影响，而模型另一个重要的用途便是进行政策评估。

以初始分配方法为拍卖的碳市场为例，可以通过设定一定的减排量 $\mu(t)$，并假设企业需要支付一定的减排成本（拍卖购买碳配额的成本），这一结果会影响企业的最优生产决策，同时导致气候与居民消费的动态变化。在求解过程中通过不断的迭代循环，模型最终达到新的稳态，此时企业生产和居民消费行为以及经济增长路径均发生了改变，便可得到实施碳市场情景下的经济增长与碳排放变化，并与基准情景进行比较分析，以此判断政策的有效性。

资料来源：https：//sites. google. com/site/williamdnordhaus/dice - rice.

2. 气候变化综合评估模型的局限性

IAM 模型的局限性主要体现在以下两个方面。

第一，参数校准问题。IAM 模型与 CGE 模型和 DSGE 模型类似，都存在参数校准问题。不仅如此，IAM 模型中还包含气候变化模块，需要考虑气候变化对经济的预期影响，该部分参数的设定会在很大程度上影响模型结果。

第二，模型会高估气候变化缓解成本。随着技术的发展，未来的能源利用率会不断提高，同时企业创新也会带来更多的潜在节能机会。IAM 模型未考虑社会进步所带来的技术变革，因此使得模型过高地预期气候变化缓解成本，导致评估结果出现偏误。

二　自下而上的能源系统模型

（一）MARKAL 模型

在自下而上的能源经济模型中，MARKAL（MARKet ALlocation）系列模型是一类应用非常广泛的动态线性优化模型，由国际能源署（IEA）“能源技术系统分析计划”（Energy Technology Systems Analysis Program，ETSAP）开发设计，计算能源系统成本最小化时的技术选择和演化路径。目前来自 27 个国家的 50 多个机构选择使用 MARKAL 模型对各类能源问题进行研究。MARKAL 模型的优化对象涵盖了能源系统的各个过程，包括能源的采集、转换、传输、分配以及终端使用，同时能够对能源技术在应用过程中产生的各项成本（如投资成本、操作和维护成本等）进行考察，因此应用该模型进行政策规划有助于从经济全局角度出发，协调能源系统内各部门间的利益分配，实现能源系统的整体最优。其基本的目标函数为：

$$\min \sum C_i X_i, \quad i = 1, \cdots, n \qquad （式 8-8）$$

其中 X_i 表示从能源采集到能源终端使用之间各个环节的能源流动向量，而 C_i 则是能源技术在应用过程中的各项成本。这是一个线性规划问题，在能源供给总量约束、终端能源需求约束和污染物排放约束等约束条件下，给定应用过程中的成本系数 C，即可对现有各环节的能源流动向量 X 进行优化。图 8-7 展示的便是“能源技术系统分析计划”中提供的基本参考能源系统，其中包含天然气等能源来源、电厂等能源转换技术、能源传输以及工业和家庭等部门的终端使用。

基础的 MARKAL 模型可以对一个国家或地区的能源发展战略进行综合评估，并对可能实施的不同战略进行情景模拟和比较分析。MARKAL 模型也可以对具体的能源问题进行专题分析，比如温室气体减排、碳捕获与封存（CCS）应用的可行性等。MARKAL 模型在全球范围也得到了广泛应用。例如国际能源署发布的《能源技术展望》便建立了全球 15 个地区的 MARKAL 模型，涵盖了 1000 项技术，用于评估能源政策的实施效果以及新技术应用的影响。欧盟的 CASCADE MINTS 项目运用包括 MARKAL 在内的十多个能源模型，分别对欧盟地区可再生能源、核能、CCS 以及绿色能源政策等在解决能源与环境问题中的作用进行了系列研究。

（二）TIMEs 模型

TIMEs 模型（The Integrated MARKAL-EFOM System）是在 MARKAL 模型和 EFOM 模型（The Energy Flow Optimization Model）基础上共同发展出来的更为高级的集成模型。它既包含了 MARKAL 模型中的能源技术变量，也涵盖了 EFOM 模型中相关变量之间的流向关系，能够更加灵活地设计能源转化的过程

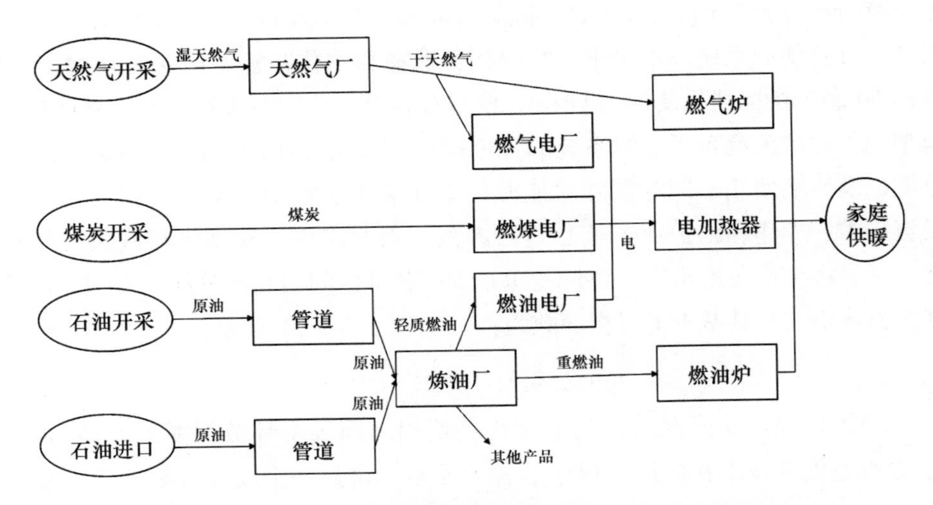

图8-7　一个基本的参考能源系统（Reference Energy System）

资料来源：Loulou，R.，Goldstein，G.，& Noble，K.，"Documentation for the MARKAL Family of Models"，*Energy Technology Systems Analysis Programme*，2004，pp. 65-73.

以及约束条件。运用 TIMEs 模型，我们能够在已知能源技术的成本、效率、二氧化碳排放率以及能源需求等信息的基础上，在一定的约束条件下（如碳排放约束、载荷约束）对能源系统进行优化，使其成本最小、社会福利最大，从而得到最优能源系统中的能源技术比例、能源价格、碳排放等信息，为政府决策提供有用信息。

近年来，在 MARKAL 的基础上发展起来的 TIMEs 模型在各个国家得到了广泛应用，它们既可以针对二氧化碳减排、能源政策效果等问题进行专项研究，也可以对单个能源部门（如发电、供热部门）进行考察，还可以对地区、国家甚至全球范围能源系统的长远发展进行优化设计。

三　混合模型

随着能源经济学研究的不断深入发展，新开发出的模型在上述两种类别之间的界限越来越模糊。在自上而下的模型中，一些 CGE 模型（如 MERGE 模型和 SGM 模型）已经开始引入详细的能源技术分类。而另一方面，一些自下而上的模型也开始研究整个能源系统的经济效应。例如，TIMES 模型就引入了具有价格弹性的终端需求，即当能源价格发生变化时，就会对能源需求产生影响。这些同时具有“自上而下”和“自下而上”特点的模型，我们称为“混合模型”，比如 MARKAL – MACRO 模型、TIAM 模型。混合模型可以更好地反映出宏观经济指标对微观部门的影响，从而能够更加科学地预测出细分部门的能源需求量，使模型更加贴近现实情况。

具有代表性的混合能源模型是由美国环境能源署（EIA）/能源部（DOE）开发的 NEMS 模型和奥地利国际应用系统分析研究所（the International Institute for Applied Systems Analysis，IIASA）与世界能源委员会（the World Energy Council，WEC）合作开发的动态线性规划的能源—经济—环境模型（IIASA – WECE3）。这类模型是对整个能源—经济—环境系统的模拟和仿真。此外，TIAM 模型（The TIMES Integrated Assessment Model）也是目前世界上最前沿、最先进的能源经济学模型之一，是 TIMES 模型和 CGE 模型相融合的更加高级的混合模型。它使用一般均衡方法测算出终端需求，然后再代入 TIMES 模型求解能源系统的最优化问题。

四　计量分析模型

前面所介绍的模型主要用来评估气候变化与经济运行之间的相互关系，模型设定十分复杂且在实际应用过程中存在一定的局限。相对于上述模型，计量分析方法有着更强的普适性。好的计量模型可以帮助我们准确识别因果效应，确定两个因素之间的相互影响关系。而采用哪种计量方法进行实证研究，则取决于将要研究的问题。

（一）确定研究维度和研究问题

衡量碳市场对社会经济效应的影响，首先需要确定研究维度和研究问题。从微观视角出发，由于碳市场的实施对象是企业，因此有许多学者研究碳市场对企业生产行为的影响。由波特假说可知，碳市场作为环境政策，主要影响的是企业的投资决策和生产决策：第一，碳市场会激励企业改变投资结构，将更多的研发资金投向低碳清洁技术的开发上；第二，企业在政策约束下有动力在生产过程中使用更为环保的能源及中间品，企业生产过程随之改变。而从宏观视角出发，由于微观企业生产行为的改变进一步会影响宏观经济，因此也有学者直接研究碳市场对经济增长及居民福利的影响。对于不同的研究维度和研究问题，如何才能判断碳市场与其他社会经济变量之间的因果关系成为关键所在。

(二) 选择合适的计量模型

衡量碳市场对社会经济效应的影响，要选择合适的计量模型。由于碳市场的实施会影响多个主体，而观察碳市场的效应需要一定的时间维度，因此学者一般使用面板数据（Panel Data）进行研究。

常用的面板数据计量估计方法和模型根据估计方法划分有最小二乘估计方法（OLS）、极大似然估计方法（MLE）和广义矩估计方法（GMM）等；根据个体效应、时间效应是否服从特定的随机分布，可以分为固定效应模型（不服从）与随机效用模型（服从）；根据研究问题情境与变量特征，可以使用双重差分法（Differences - in - Difference，DID）、logit 模型和匹配方法等方法。

对于政策实施带来的影响，如果某些个体受到了政策干预，那么双重差分法能够很好地描述政策实施后受干预个体的行为变化。比如双重差分法模型的设计便可以将 2011 年碳市场试点宣布这一信息作为政策冲击，考察碳市场试点地区与非试点地区碳排放量变化的差异以验证碳市场试点的有效性。[①] 除了双重差分法外，也可以使用匹配方法将参与碳市场的企业与未参与碳市场的企业进行匹配。匹配后两类企业的属性基本一致，可直接将我们所关注变量（比如企业排放等）的差异作为碳市场实施所产生的效应。[②]

专栏 8 - 5　碳市场政策的因果性识别问题

计量实证分析的核心问题在于因果性的识别。在现实中，除了我们关心的政策之外，还有大量的其他因素也会对因变量产生影响。因此，我们希望通过一定的实证方案设计，将其他干扰因素的影响从分析中“剥离”出去，进而识别出某一种环境政策对经济的真实作用。

然而，传统的数理统计推断只能证明变量之间具有统计意义上的显著

① Zhang, Y. J., Peng, Y. L., Ma, C. Q., & Shen, B., “Can Environmental Innovation Facilitate Carbon Emissions Reduction? Evidence from China”, *Energy Policy*, Vol. 100, 2017, pp. 18 - 28.

② Calel, R., & Dechezlepretre 收集了近 4000 家参与欧盟碳市场的企业信息，结果发现参与欧盟碳市场的企业，低碳专利数显著高于未参与碳市场的企业。Calel, R., & Dechezlepretre, A., “Environmental Policy and Directed Technological Change: Evidence from the European Carbon Market”, *Review of Economics and Statistics*, Vol. 98, No. 1, 2016, pp. 173 - 191。

相关性，无法直接证明因果性，除非数据来源于控制良好的随机实验。目前，利用政策工具实施后形成的“准自然实验”数据来检验政策的经济影响，已经成为政策分析的重要思路。准自然实验是指，由于经济中发生了外生的政策冲击或其他突发事件，使得经济中的个体被近似随机地划分到了实验组或对照组中，从而研究者可以通过对比实验组与对照组个体表现的平均差异，分析政策的净效应。比如说，当碳市场在我国特定省份开展试点时，这些受到碳市场试点政策冲击的省份就构成了实验组，而未进行碳市场试点政策的省份就组成了对照组。一般意义上来说，我们可以通过构造政策虚拟变量，对实验组样本和对照组样本进行区分，利用双重差分模型进行分析验证。

下面我们举一个使用双重差分方法研究欧盟碳市场成立后对德国制造业企业生产效率与经营表现的影响的例子。在本例中 i 表示企业，s 表示企业所在的行业分类，t 表示年份，并预期碳市场政策在 2005 年开始对企业产生实际影响，因此时间虚拟变量 I_t 可以表示为：

$$I_t = \begin{cases} 1 & i \geqslant 2005 \\ 0 & i < 2005 \end{cases} \qquad \text{（式 1）}$$

根据是否纳入碳市场，可以构造政策虚拟变量 ETS_i：

$$ETS_i = \begin{cases} 1 & i \in \text{实验组} \\ 0 & i \in \text{对照组} \end{cases} \qquad \text{（式 2）}$$

双重差分模型是基于面板回归的。面板是根据数据的构成形式命名的。当数据既包括了时间维度，又包括了个体维度时，我们称这样的数据为面板数据。考虑政策虚拟变量后，面板回归的计量方程式可以表述为：

$$y_{it} = \beta_0 + \beta_1 \cdot ETS_i + \tau \cdot ETS_i \cdot I_t + \varphi_t + \eta_s + \eta_{st} + \varepsilon_{it} \qquad \text{（式 3）}$$

其中，y_{it}为因变量，在本例中设置为企业生产的无效率项，具体而言，y_{it}是企业效率距和生产可能性边界的距离，受到政策的冲击和个体、行业等因素的影响。ETS_i 为政策虚拟变量，用来区分实验组（受到管制的）与对照组（未受到管制的）样本。I_t 为时间虚拟变量，β_0 为截距项。系数 β_1 反映了实验组与对照组的组间平均差异。τ 反映了 EU ETS 的建立对实验组样本的影响，是我们关心的核心问题。当回归系数显著并且模型拟合效果较好时，说明ETS对因变量的影响在统计意义上显著。φ_t 和 γ_s 分别为时间固定效应和行业固定效应。η_{st}反映了行业固定效应可能存在的随时间的变化。图1解释了控制组间差异、时间固定效应和行业固定效应的重要性。纵轴为 $\bar{y}$，表示因变量的平均值。横轴为 t，表示时间。$\bar{y}_{treatment}-\bar{y}_{control}$表示在初始状态下实验组样本和对照组样本之间的平均个体差异。而且，两类样本因变量在时间维度上具有共同的趋势，表现为递增趋势。在控制了上述因素后，政策对实验组样本的平均影响程度表现为 τ 的估计值 $\hat{\tau}$。如果不控制时间趋势和行业差异，我们会错误地估计出政策的影响。

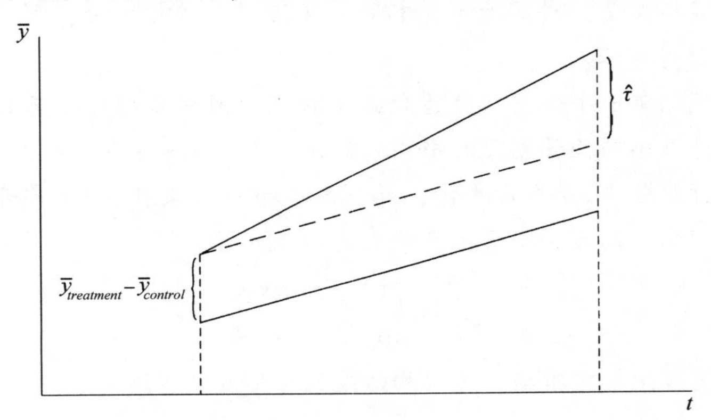

图1　ETS对企业效率影响系数 τ 的示意图

通过双重差分模型，我们发现EU ETS的建立对德国制造业企业的平均经济表现并不存在显著的负向影响。事实上，EU ETS还改善了部分行业的企业经营表现。这一结论符合强“波特假说”的理论机制，即碳市场刺激了企业通过投资、产品研发等方式提升生产效率，进而提高了企业的经济表现。未来，学者们还可以将这一研究拓展到全球其他国家，对碳市场的冲击效应进行更深入的探索与检验。

资料来源：Löschel A.，Lutz B. J.，Managi S.，“The Impacts of the EU ETS on Efficiency and Economic Performance – An Empirical Analyses for German Manufacturing Firms”，*Resource & Energy Economics*，2018.

（三）量化环境政策的方法

在实证研究中，另一个关键问题在于如何将碳市场问题构造为适用于计量分析的形式。环境政策带来的影响早有学者关注，主要的思路是将环境政策量化后考察环境政策变化对污染排放、经济增长和居民效用的影响。量化环境政策的方法包括：

1. 指数构建法

从不同角度将不同维度的环境政策进行量化，根据一定规则共同构成一个指数。比如经济合作与发展组织（OECD）数据库对28个OECD成员国和6个金砖国家（BRICS）1990—2012年的环境政策严格程度进行量化构建了环境政策严格指数（Environmental Policy Stringency Index），该指数便是基于14项环境政策工具进行构建。

2. 代理变量

由环境库兹涅茨曲线的假设，排放会在居民收入达到一定程度后逐渐下降。这一方面是因为企业技术进步带来的排放强度下降；另一方面的原因则是居民日益增长的对良好环境的需求迫使政府提出严格的环境政策控制污染。因此有一些学者将居民收入或是人均GDP作为环境政策指标的代理变量。

3. 问卷调查

通过问卷调查的形式直接得到居民满意度，也可以通过居民的反馈获知其对环境的支付意愿。在实际应用中，以我国碳市场试点为例，其作为一种环境政策可以作为虚拟变量纳入模型以探究碳市场这一政策的实施带来的影响。又比如说，企业在参与碳市场交易过程中会购买碳配额以支付过量的排放，因此也可以将碳交易价格作为企业投入要素价格纳入计量模型中考量，研究碳价变化对企业生产行为的影响。

五　投入产出模型

在对碳市场社会经济效应的评估上，上述提到的自上而下的宏观经济模型、自下而上的能源系统模型、混合模型和计量模型较为常用，还有一种方法是投入产出模型。与其他方法不同的是，投入产出模型主要基于投入产出表进行分析。其中投入产出表刻画的是经济部门之间的投入产出关系，因而可以核算经济体中某一行业的碳排放量，也常用来研究某一行业经济活动变化对其他行业碳排放的影响。投入产出模型由里昂惕夫提出（Leontief，1953）[①]，自20世纪70年代起，有很多学者对投入产出模型进行了扩展，通过在传统的投入产出表中引入环境影响作为新增的部门，分析污染物、温室气体排放对社会福利、劳动力供给，以及宏观运行的影响，包括Miller & Blair（1985）[②] 和Pearson（1989）[③] 等。投入产出表具有非常详细的行业结构，因而有助于对环境、气候变化对不同行业带来的影响进行研究。

1. 投入产出模型的基本原理

投入产出分析基于的是投入产出表。对于碳市场带来的影响，一个简单的模型如下：在碳市场实施后，排放超标的企业需要在市场中购买碳配额，排放未超标的企业也需要加大环保成本投入以达成政府设定的减排目标，这将导致产品成本上升，超出的价格最终会传导给消费者，令消费者的需求向国外产品转移，本国产出出现损失。在以上传导路径下，首先通过投入产出模型核算最终产品的单位碳排放，之后根据碳价格计算出碳市场设立后生产最终产品增加的成本，最终根据本国产品与国外产品的替代弹性，可以核算出本国产出的损失。以上只是一个简化的经济模型，用以描述投入产出模型如何评估碳市场的影响，现实中的模型还需要考虑更多因素和主体。

2. 该方法的应用与评估效果

投入产出模型可以用于研究碳市场成立后对区域间碳流动的影响，同时也可以测算区域间碳排放转移。由于当前有关地区碳配额的划分均是以区域本土碳排放为核算基准，忽略了区域间碳排放转移的潜在影响，致使区域碳减排责任难以清晰地加以界定，当前众多学者针对区域碳排放转移问题展开了较为详细的研究。例如，汤维祺等设定了一个两地区两要素和两部门的多区域CGE模型考察最优减排政策，发现以拍卖的形式分配碳配额有利于鼓励产业升级和

---

① Leontief, W., "Domestic Production and Foreign Trade: The American Capital Position Re - examined", *Proceedings of the American philosophical Society*, Vol. 97, No. 4, 1953, pp. 332 - 349.

② Miller Ronald, E., Blair, P. D., *Input - Output Analysis: Foundations and Extensions*, Cambridge University Press, 2009.

③ Pearson, P. J., "Proactive Energy - Environment Policy Strategies: A Role for Input—Output Analysis?", *Environment and Planning A*, Vol. 21, No. 10, 1989, pp. 1329 - 1348.

技术进步，但同时也会使高耗能产业向中西部转移。[①] 就流向而言，我国各省市的碳排放转移规模都比较大，且碳排放转入总量比转出总量要大。碳排放净转移为正的省市主要位于东部和中部发达地区，碳排放净转移为负的省市大多位于西部和中部欠发达地区。[②] 还有一些学者采用投入产出等模型测算了英国、美国等发达国家对中国的碳排放净转移量，结果显示其值在7%—23%。

除了分析碳市场带来的社会经济影响外，投入产出表还可以帮助完成碳市场规则设计。碳市场有着多种分配方式，当采用祖父制分配方法对区域进行碳排放权分配时，需要考虑各地区的历史排放情况。但是在现实的经济活动中，碳排放的责任分配是始终困扰政策制定者的一个问题。举例来说，对于能源生产省份，虽然其生产了大量能源，但这些能源同时也通过省际贸易由能源消费省份所消费，因此在进行碳排放权分配时同样需要考虑这部分转移出去的能源。因此，在涉及责任分配时，需要使用投入产出模型核算区域隐含碳排放，以防止出现责任分配不明确的情况。

3. 模型的局限性

第一，投入产出模型中各部门之间的关系为固定比例关系，因此不能反映价格变动引起的供求变化和替代效应，也不能反映要素收入对最终使用商品的需求的关系。[③]

第二，与CGE模型相同，投入产出模型同样受到投入产出表编制时间的限制，无法反映最新的经济运行状况。

延伸阅读

1. 陈锡康、杨翠红主编：《投入产出技术》，科学出版社2011年版。

2. 克里斯托弗·斯奈德、沃尔特·尼科尔森：《微观经济理论：基本原理与扩展》，北京大学出版社2015年版。

---

① 汤维祺、吴力波、钱浩祺：《从“污染天堂”到绿色增长——区域间高耗能产业转移的调控机制研究》，《经济研究》2016年第6期。

② 孙立成、程发新、李群：《区域碳排放空间转移特征及其经济溢出效应》，《中国人口·资源与环境》2014年第8期。

③ 张欣：《可计算一般均衡模型的基本原理与编程》，格致出版社2017年版。

3. 刘斌:《我国 DSGE 模型的开发及在货币政策分析中的应用》,《金融研究》2008 年第 10 期。

练习题

1. 简述碳泄漏、碳排放转移的含义及发生机制。

2. 简述协同效应的含义,什么是狭义的协同效应,什么是广义的协同效应?

3. 结合生活经验,讲述一个温室气体与污染物减排协同效应案例。

4. 根据地方温室气体减排实施计划,某焦化公司将关闭 2 座 66 - 5B 型焦炉,预计减少 2.389 万吨燃煤消耗,该公司使用的燃煤平均硫分为 0.6%,煤炭燃烧率为 0.8。该公司关闭焦炉预计实现多少二氧化碳减排量,同时将实现多少二氧化硫协同减排量?

5. 碳市场从哪几个方面对宏观经济产生影响?

附　　录

英文缩写对照表

AAU	Assigned Amount Units	分配数量单位
APCR	Allowance Price Containment Reserve	配额价格控制储备
ARB	Air Resources Board	空气资源局（加利福尼亚州）
BAU	Business as usual	基准情景
CAI – Asia	Clean Air Initiative for Asian Cities	亚洲城市清洁空气行动
CCER	Chinese Certified Emission Reduction	国家核证自愿减排量
CCR	Cost Containment Reserve	成本控制储备
CCX	Chicago Climate Exchange	芝加哥气候交易所
CDF	Clean Development Fund	清洁发展基金
CDM	Clean Development Mechanism	清洁发展机制
CEMS	Continuous Emission Monitoring System	排放连续监测系统
CER	Certification Emission Reduction	核证减排量
CERES	Coalition for Environmentally Responsible Economics	环境责任经济联盟
CFI	Carbon Financial Instrument	碳金融工具合约
CGE	Computable General Equilibrium	可计算一般均衡
COATS	CO2 Allowance Tracking System	碳配额跟踪系统
CPF	Carbon Price Floor	碳价格下限
DEA	Data Envelopment Analysis	数据包络分析
EB	Executive Board	执行委员会
ECR	Emissions Containment Reserve	排放控制储备
ECX	European Climate Exchange	欧洲气候交易所
EEX	European Energy Exchange	欧洲能源交易所

续表

EIA	Energy Information Administration	能源信息署（美国）
EITE	Emission – intensive and Trade – exposed Industries	排放密集型和贸易暴露型行业
EPA	Environmental Protection Agency	国家环境保护局（美国）
ERUS	Emission Reduction Units	排放减量单位
ET	Emission Trading	排放贸易机制
ETS	Emission Trading System	排放权交易体系
EU	European Union	欧盟
EU ETS	European Union Emission Trading System	欧盟排放权交易体系
EUA	EU allowance	欧盟配额
EUAAs	EU Aviation allowances	欧盟航空配额
EUAs	EU allowances	欧盟配额
GDP	Gross Domestic Product	国内生产总值
GRP	Gross Regional Product	地区生产总值
IAM	Integrated Assessment Model	综合评估模型
ICAP	International Carbon Action Partnership	国际碳行动伙伴组织
IGES	Institute for Global Environmental Strategies	全球环境战略研究所
IIASA	International Institute for Applied Systems Analysis	国际应用系统分析研究所
IMF	International Monetary Fund	国际货币基金组织
IPCC	Intergovernmental Panel on Climate Change	联合国政府间气候变化专门委员会
JI	Joint Implementation	联合履约机制
JICA	Japan International Cooperation Agency	日本国际协力机构
KETS	Korea Emissions Trading Scheme	韩国碳排放权交易体系
LULUCF	Land Use, Land – Use Change and Forestry	土地利用、土地用途变化与林业
MOU	Memorandum of Understanding	谅解备忘录
MRV	Monitoring, Reporting and Verification	监测、报告与核查
MSR	Market Stability Reserve	市场稳定储备
NDC	Nationally Determined Contribution	国家自主贡献
OECD	Organization for Economic Co – operation and Development	经济合作与发展组织
PDD	Project Design Document	项目设计文件

续表

PMR	Partnership for Market Readiness	市场准备伙伴计划
PRCEE	Policy Research Center for Environment and Economy, Ministry of Ecology and Environment of the People's Republic of China	中国生态环境部环境与经济政策研究中心
RGGI	Regional Greenhouse Gas Initiative	区域温室气体减排行动
TCTP	Tokyo Cap – and – Trade Program	东京都排放量取引制度
TCX	Tianjin Climate Exchange	天津排放权交易所
UNFCCC	United Nations Framework Convention on Climate Change	联合国气候变化框架公约
VCM	Voluntary Carbon Market	自愿性碳市场
VER	Voluntary Emission Reduction	自愿减排量
WCI	Western Climate Initiative	西部气候倡议
WEC	World Energy Council	世界能源委员会